JN429021

NCS 기준에 맞춘

제 선 공 학

김종찬 · 정우현 · 윤진상 · 김종관

삼원북스
SAMWON BOOKS

Preface

한국철강협회는 우리나라의 철강 산업이 POSCO 제1고로에서 선철이 처음으로 출선된 이후 급속히 발전하여 조강생산 능력이 8천만 톤이 넘어서고 있으므로 제철 기술이 비약적으로 발전하고 있다. 최근 중국의 저가이면서 품질이 떨어지는 철강 수입과, 미국 등에서 여러 가지 압력을 가해 오고 있다. 이러한 어려운 점을 극복하고 2010년부터는 현대제철이 고로를 가동하기 시작하여 철강 산업의 핵심적 역할을 담당하는 우리의 제철 기술은 양적으로나 기술적으로 세계 제일 수준에 도달하고 있다.

한편 정부에서는 산업현장에서 직무를 수행하기 위해 요구되는 지식, 기술, 태도 등의 내용을 국가가 체계화한 국가직무능력표준(NCS)를 제정하고 이를 모든 산업현장에 적용하고 있다. 제선 분야도 [재료-금속재료-금속제조] 분류하고 [제선]을 세분류로 하여 능력단위를 편성하고 있다. [제선]의 능력단위는 '제선 공정관리'부터 '제선 안전관리'까지 24개의 능력단위로 편성되어 있다.

이와 같은 환경의 변화에 따라 본 저자들은 그 전에 발간한 '최신제선공학'을 NCS 능력단위에 맞도록 새로이 출판하기에 이르렀다. 본 저서에서는 [제선] 능력 단위에 맞추어 제1장 제선원료, 제2장 소결조업, 제3장 코크스 제조, 제4장 고로 설비, 제5장 고로내 반응, 제6장 고로 조업법, 제7장 화입 및 종풍 조업, 제8장 장입 계산과 정산, 제9장 신제철법 등으로 편성하였다.

이 책을 바탕으로 철강 산업에 입문하고자 하는 공학도들과 현장 실무자들이 활용하는데 많은 도움이 되고 또한 국가기술자격증 검정 시험을 대비하는 수험생들에게 수험대비용 참고도서로의 지침서가 되기를 바란다.

끝으로 이 책을 펴내기까지 많은 도움과 자료를 제공해 주신 제철 산업의 선·후배 및 동료 여러분에게 감사를 드린다. 또한 출판에 수고하여주신 삼원북스 대표님과 직원 여러분께 감사를 드리는 바이다.

저자 일동

Contents

CHAPTER 01 제선원료

Section 01 철광석 ... 003
Section 02 부원료 및 잡원료의 종류와 특징 ... 008
Section 03 원료의 예비 처리 ... 011
Section 04 원료의 적치 및 관리 ... 018

CHAPTER 02 소결 조업

Section 01 소결 기초 ... 031
Section 02 소결 이론 ... 034
Section 03 소결 설비 ... 041
Section 04 소결용 원료 배합 ... 051
Section 05 소결용 원료 장입 ... 060
Section 06 소결 조업 ... 064
Section 07 소결광의 품질 관리 ... 067
Section 08 소결광 냉각 및 파쇄 ... 072
Section 09 최근의 소결 기술 ... 076
Section 10 펠레타이징 ... 079

CHAPTER 03

코크스 제조

Section 01 코크스 제조 일반 ...087
Section 02 원료탄의 특징 ...092
Section 03 코크스 제조 ...098
Section 04 코크스 품질 관리 ...111
Section 05 코크스 소화작업 ...113
Section 06 부산물 처리 공정 ...126

CHAPTER 04

고로 설비

Section 01 고로 조업의 역사 ...139
Section 02 고로 설비 ...141
Section 03 열풍로 설비 ...149
Section 04 노전 작업 ...159
Section 05 고로 생성물 ...163
Section 06 송휴풍 및 사고 대책 ...169

CHAPTER 05

고로내 반응

Section 01 노내 반응 기초 ...183
Section 02 장입물 및 가스의 움직임 ...188
Section 03 노내 열 평형 ...191
Section 04 노내 상황 관리 ...193
Section 05 노내 장입물 관리 ...195
Section 06 융착대와 고로 조업 ...199
Section 07 슬래그 관리 ...201

Contents

CHAPTER 06

고로 조업법

Section 01 송풍 조업 기초 ...205

Section 02 고온 송풍 ...206

Section 03 고압 조업(Pressure Operation) ...208

Section 04 조습 송풍(Humidity Control) ...212

Section 05 보조 연료 취입(Fuel Injection) 조업 ...214

Section 06 전 코크스 조업법(All Coke Process) ...222

CHAPTER 07

화입 및 종풍 조업

Section 01 고로의 건조 및 충진 ...227

Section 02 종풍 조업 ...236

CHAPTER 08

장입 계산과 정산

Section 01 고로용 장입물의 평가 ... 243
Section 02 장입 계산 ... 248
Section 03 저선재 관리 ... 252
Section 04 출선재 작업 ... 255
Section 05 물질 정산(Material Balance) ... 256
Section 06 열 정산 ... 263

CHAPTER 09

신제철법

Section 01 용융 환원 기술 ... 269
Section 02 코렉스법 ... 271
Section 03 파이넥스법 ... 290
Section 04 기타 용융 환원법 ... 292
Section 05 기타 특수 제철법 ... 294

1

제선원료

Section 01 철광석
Section 02 부원료 및 잡원료의 종류와 특징
Section 03 원료의 예비 처리
Section 04 원료의 저치 및 관리

제선공학

Iron Making Engineering

CHAPTER

01

제선원료

Section 01 철광석

1 철광석의 분류

철광석이란 일반적으로 공업적 또는 경제적으로 철을 제조할 수 있는 적당한 광석을 의미한다. 철을 제품에 사용하기 위해서는 철 중의 유해 성분이 많이 함유되어 있지 않아야 한다. 지구상의 지표면에는 철이 대략 5% 정도로 다량 존재하고 있지만 실제로 제선 원료로 사용할 수 있는 광석의 양은 많지 않다.

직접 고로에 장입되는 철광석의 철분은 고품위일수록 좋으며 대부분 58~68% 철분을 함유한 철광석을 많이 사용하고 있다. 그러나 저품위의 철광석도 선광 과정을 거쳐 품위를 높인 후 사용할 수 있으며, 또는 사전 처리를 거쳐 분광 원료로 만들어 소결 과정을 거쳐 사용할 수 있다. 25~30%의 저품위 철광석도 사전 처리를 하여 펠릿(Pellet)으로 만들어 사용하는 경우도 있다.

철은 자연 금, 자연 구리와 같이 자연철로서 지각 중에 존재하는 경우가 매우 드물며, 오늘날 철광석으로 사용하고 있는 것은 대부분이 산화 광물(Fe_2O_3, Fe_3O_4)이고, 그 밖에 탄산철($FeCO_3$), 수산화철($Fe_2O_3 \cdot 3H_2O$), 황화철(FeS_2), 규산철($FeSiO_3$) 등의 광물이 있다. 산화 광물로는 적철광(Fe_2O_3)과 자철광(Fe_3O_4)이 있으며, 이들이 고로 제선의 주원료가 되고 있다.

Table 1-1 **철광석의 종류와 특징**

분류	화학식	철분(%)		경도	비중	색	결정구조
		계산값	광석				
자철광 (Magnetite)	Fe_3O_4	72.36	50~70	5.5~6.5	4.9~5.2	철흑색	등축, 정팔면체
적철광 (Hematite)	Fe_2O_3	69.94	45~65	5.5~6.5	4.9~5.3	적갈색	육방능면체 또는 판상
갈철광 (Limonite)	$2Fe_2O_3 \cdot nH_2O$	59.82	36~55	5.0~5.5	3.4~4.0	갈색	비결정질
능철광 (Siderite)	$FeCO_3$	48.20	30~40	3.5~4.0	3.7~3.9	황갈색	육방능면체

1) 자철광

외관상으로는 괴상 혹은 입상이며 불투명하고 적철광에 비해 조직이 치밀하기 때문에 환원이 어렵고 고로 내 열 분포를 악화시키므로 고로 내 원료로서는 적당하지 못하다.

그러나 소결 과정을 거치면서 산화할 때 다량의 열을 방출하기 때문에 분코크스를 절약할 수 있는 장점을 가진 원료라 할 수 있다. 또한 열을 받아 고온이 되면 자철광은 팽창하는 경향이 있어 확산 반응이 용이하여 확산형의 소결광을 얻기 쉽다.

우리나라 지역에 매장되어 있는 철광석의 대부분이 자철광이며 매장량은 극히 적은 형편이다.

2) 적철광

적철광은 자철광에 비해 조직이 치밀하지 않고 환원이 비교적 용이하여 고로 원료로서 가장 적합한 광석이라 할 수 있다. 대부분의 고로에서 사용하고 있는 철광석이 거의 적철광에 해당한다.

3) 갈철광

갈철광은 결정수를 함유할 뿐만 아니라 다량의 부착 수분을 가지고 있어 이 수분을 제거하기 위해서 다량의 열을 소비하고 또 결정수가 제거될 때 붕괴 현상이 발생하여 고로내 통기성을 저해하기 때문에 가공하지 않은 자연 상태로는 고로 원료로 절대로 사용해서는 안 된다.

소결의 경우에도 결정수나 부착 수분을 제거하기 위하여 다량의 열을 필요로 하므로 분코크스 사용량이 증가하여 원단위 상승의 원인이 된다. 또한 가열에 의하여 현저히 수축하기 때문에 확산 반응에 의하여 입자를 결합시키는 것은 거의 불가능하고 소결광은 극도로 산화도가 낮아 피환원성이 나쁜 용융제로 된다. 따라서 갈철광은 직접 고로 원료로서 사용하지 않고 소결 원료로서 소량씩 사용해 왔다.

갈철광은 동남아 지역에 매장량이 50억톤이 넘게 매장되어 있어 중요한 철자원이므로 이를 활용할 방법에 대한 연구가 활발히 진행되어, 최근에는 갈철광을 다량 사용한 소결 기술이 개발되어 저가 원료로서 중요한 몫을 차지하고 있다.

4) 능철광

능철광은 현재 거의 사용하고 있지 않으며 담황색, 황갈색, 암갈색이며 광택을 가지고 있다. 가열하면 쉽게 분해를 일으키고 400~600℃에서 탄산 가스(CO_2)를 방출하여 FeO로 되고, 공기 중에서는 즉시 적철광으로 산화되며, 환원 분위기에서는 자철광으로 변한다.

고로내에서 분해될 때는 흡열 반응을 일으키고 방출한 탄산 가스가 용해 손실(Solution Loss)의 원인이 되어 고로 원료로서는 적당하지 않다.

이 능철광은 철분이 낮아 소결 과정을 거쳐 철분의 품위를 높게 하고 있다.

2 철광석의 구비조건

광석은 유용 광물인 광석 광물과 함께 상당량의 불필요한 맥석 광물로 되어 있다. 철광석은 순수한 상태로 산출되는 것이 아니라, 50~65%의 철분 외에도 맥석류 등의 불순물을 함유하고 있으므로, 고로에 장입되는 철광석은 다음과 같은 성질을 가지고 있는 것이 좋다.

1) Fe 함유량이 높을 것

철(Fe) 성분은 높을수록 좋으나, 용광로의 경제적 조업 운영에는 보통 철 함유 량이 55~65%의 철광석이 사용되고 있다. 맥석 성분 중에서 SiO_2, Al_2O_3 등은 조재제와 연료의 사용량이 많아지므로 좋지 않으나, 산화칼슘(CaO)과 산화망가니즈(산화망간, MnO) 등은 조재제와 탈황의 역할을 하므로 들어 있는 것이 좋다.

2) 해로운 불순물을 적게 함유할 것

황(S), 인(P), 구리(Cu), 비소(As) 등은 고로 안에서 환원되어 선철에 들어가 그 품질을 해치므로, $S < 0.1\%$, $P < 0.01\%$, $Cu < 0.2\%$의 범위가 좋다.

3) 피환원성이 좋을 것

철광석의 피환원성은 기공률이 클수록, 입도가 작을수록, 산화도가 높을수록 좋아지며, 환원이 어려운 철감람석(fayalite, $2FeO \cdot SiO_2$), 티탄철석(limenite, $FeO \cdot TiO_2$) 등이 있으면 나빠진다. 철광석의 환원도, 환원율, 금속화율은 다음과 같이 구할 수 있다.

① $\text{환원도} = \dfrac{(\text{시료 중 전 } O_2\text{의 양} / \text{시료 중 전 Fe의 양})}{(Fe_2O_3 \text{ 1몰 중 } O_2\text{의 양} / Fe_2O_3 \text{ 1몰 중 Fe의 양})} \times 100$

② $\text{환원율} = \dfrac{\text{환원으로 제거된 산소량}}{\text{철광석 중의 전 산소량}} \times 100$

③ $\text{금속화율} = \dfrac{\text{환원철 중의 금속철}}{\text{환원철 중의 전 철분}} \times 100$

4) 맥석의 함량이 적을 것

SiO_2, Al_2O_3, TiO_2 등의 맥석 성분은 슬래그 량의 증가를 수반하므로 적을수록 좋다.

5) 품질이나 성분이 균일할 것

노 안의 조업의 장기 안정화를 위해서는 성분이 균일해야 한다.

6) 적당한 크기를 가질 것

노 안의 통기성, 피환원성 등을 고려하여 크기가 일정해야 한다.

7) 적당한 강도를 가질 것

저장 및 운반 중의 붕괴나 노 안에서 환원 분화 현상 등이 없어야 한다.

3 철광석 원료의 형태별 사용 경로 및 특징

1) 괴광 (ROM : Run of Mine)

광산에서 채광된 상태에서 크게 가공을 하지 않은 상태로 통상 200mm 전후의 크기이다. 괴광(ROM)은 파쇄 선별을 거쳐 8~30mm와 8mm 이하의 크기로 선별된다.

2) 정립광 (SO : Sized Ore)

ROM을 1차로 파쇄하여 30mm 이하로 만든 광석으로, 반드시 선별하여 8mm 이상과 이하로 구분하여 사용한다.

3) 분광 (F : Fine)

통상 8~10mm 이하의 크기로 구성되어 있으며 쇄광 과정에서 발생하는 분광과 저품위 광석의 고품위화를 위한 자력 선광을 통하여 생산된 분광이 있다. 이것들은 반드시 소결 과정을 거쳐야 고로에 장입될 수 있다.

4) 펠릿 (Pellet)

선광 및 채광 과정 중 발생하는 극미분광을 소성시켜 만든 광석으로 통상 5~20mm 크기로 되어 있다. 펠릿은 정립화되어 있어서 고로에 직접 장입할 수 있다.

4 불순물 원소의 영향

고로에서 철광석 중 산화물의 환원 시 불순물 중에는 고로에서 환원되어 선철 중에 함유되는 것도 있으며 또 환원되지 않은 것은 슬래그로 된다.

1) 노내에서 환원되지 않는 것

강한 염기성을 나타내는 알칼리류나 알칼리 산화물로서 CaO, MgO, Na_2O, K_2O, Al_2O_3 등이 이에 해당한다.

이 중에서 Na_2O나 K_2O는 노벽 침식이 강하여 연와의 손상을 크게 하므로 장입 계산 시 규제하고 있다.

Al_2O_3는 유동성이나 용융성에 큰 영향을 주기 때문에 15% 이내로 제한하고 있다.

2) 노내에서 환원되는 것

S 및 P의 화합물은 노내에서 용이하게 환원되어 선철 중에 합금을 형성하지만 강의 성질을 해치는 주 원인이 된다. 그 외 Ni, Cu, Zn, Sn 등도 환원되어 선철 중에 들어가지만 Zn은 노내에서 증발하여 노벽을 크게 손상시키므로 장입 시 규제하고 있는 성분이다.

3) 노내에서 일부 환원되는 것

규산염이나 SiO_2, TiO_2, S, Mn, Cr 등의 화합물은 노내에서 일부 환원되어 선철 중에 들어가고 그 외는 슬래그로 된다.

4) 수분

수분은 결정수와 부착수가 있는데 결정수는 다량의 분해열을 요하고 분해할 때 장입 광석이 분화되기 쉬워 노내 통기성을 악화시키는 요인이 되며, 부착수는 보통 습분이라고 하는데 광석표면의 부착수는 100℃에서 건조할 때 증발한다.

Section 02 부원료 및 잡원료의 종류와 특징

부원료 및 잡원료는 철광석 이외의 함유 철분을 이용하거나 고로 및 소결의 슬래그 양을 조정하기 위해서 사용되는 원료를 말한다.

1 석회석

대부분의 석회석($CaCO_3$)은 국내에서 생산을 하고 있으며, 제강용으로 사용되는 석회석은 비결정질(비정질 치밀 석회석)이다.

고로 및 소결에서는 결정질 및 비결정질 두 종류 모두를 사용하고 있다. 고로에서는 염기도 조정용으로 소량 사용할 뿐이며 거의 대부분 소결에서 CaO 조정용으로 사용하고 있다.

소결용 석회석의 입도는 3mm 이하가 바람직하며 3mm 이상의 것을 사용할 때는 분코크스 소요량이 증가한다.

2 사문암

사문암($Mg_3Si_2O_5(OH)_4$)의 산지는 대부분 3곳(광천, 울산, 안동)으로 소결광의 MgO 및 SiO_2 조정용으로 사용되고 있으나 최근에는 석면 등의 환경 문제로 사용이 제한되고 있다.

3 사철

사철은 소결에서 TiO_2 원으로 사용되어 소결광 중 적당량의 성분(0.11~0.30%)을 함유시키므로, 고로에서 노저 보호의 역할을 하게 된다.

소결광 중 TiO_2 함유량이 0.3% 이상이 되면 소결광 환원 분화 지수(RDI)의 악화를 초래하게 되므로 주의해야 한다.

4 Mill Scale

압연 또는 기타 제품 생산 공정에서 발생하는 부산물로 철분 함유율이 70.0% 이상이므로 Fe 및 FeO원으로 사용한다.

소결과정에서 격렬한 산화를 받아 발열 반응을 일으키므로 분코크스 원단위가 감소하고 소결성도 좋아 강도 확보를 위해서 효과가 크다.

5 Mn광

Mn광은 고로에서 용선 중의 Mn 성분의 증가, 노내에서 탈황, 슬래그 유동성 증가, 인성 증가 등의 요인이 된다.

6 자선 분광(전로 슬래그)

전로 취련 시 발생되는 슬래그로서 파쇄 처리하여 자선된 것을 자선 분광이라 하고, 부산물로 발생된 것을 전로 슬래그 또는 Non Metal Slag라고 하며 소결 과정에서 사용한다.

7 생석회

소결 배합 원료 혼합 및 조립 시 의사 입자 향상을 위한 점결제로 사용하고 있어 소결 생산성 증가에 절대적인 역할을 하고 있다.

8 규사

규사는 소결광의 SiO_2 조정용으로 사용하고 있다. 이전에는 규석을 파쇄하여 사용하였으나 입도가 불균일하여 규석 대체용으로 사용하고 있다.

9 고로 연진(BF Dust)

고로 연진은 고로 발생 가스로부터 Dust 형태로 포집된 것이며 철원료보다 열원으로서 소결에서 사용하고 있다.

1차 제진기에서 얻어진 것을 Dust라 하고 습식 제진기에서의 Dust는 Thickener에서 침전되어 슬러지(Sludge)로 회수하고 있지만 Zn, Pb 등의 불순물이 높아 대부분 폐기하다가 최근에는 재활용을 위하여 회수하고 있다.

10 분 백운석 및 분 석회석

분 백운석 및 분 석회석은 석회 소성 공정에서 발생되는 20mm 이하를 3mm 이하로 파쇄하여 소결광의 MgO 및 CaO 조정용으로 사용한다.

11 소각 슬러지(Sludge)

압연 등의 공정에서 발생되는 슬러지에 유분이 다량 함유되어 있어 소각로에서 소각한 후 소결에서 Fe 원으로 사용하고 있으나 겨울철에는 동결 현상이 극심하여 사용하지 않는다.

12 Mini－Pellet

제철소 내에서 발생되는 소결 집진 연진, 원료 집진 연진, 전로 연진, 전로 슬러지 등 미분을 원료로 적정 수분을 첨가하여 Pelletizer로 조립한 것을 소결에서 사용하고 있다.

Section 03 원료의 예비 처리

1 원료 처리의 개요

철광석 및 부원료는 야드(Yard)에 적치되어 고로나 소결 빈(Bin)에 들어가기 전에 정립화되어야 한다. 산지로부터 육상 또는 해상으로 수입된 원광석은 괴광(ROM)의 경우 파쇄 선별을 거친 후 정광은 고로에 직접 장입하고, 분광은 소결 과정을 거쳐 고로에 장입된다.

그러나 분광은 소결 과정을 거치기 전에 균일한 혼합을 위하여 사전에 혼합(Blending) 공정을 거쳐 소결 Bin에 들어가게 된다.

2 파쇄

선광석을 필요에 따라 큰 것을 작게 부수는 것을 분쇄(Comminution)라고 한다. 분쇄를 효과적이며 경제적으로 실시하기 위해서는 큰 덩어리를 단번에 목적의 크기까지 부수지 않고 쇄광기로 대강의 크기까지 부순 다음에 목적의 크기 이상의 것만 골라 다시 잘게 부수어 요구하는 크기 이하로 하는 것이 보통이다. 이것을 단계파쇄(Stage Crushing)라고 한다. 광석의 파쇄 계통도는 [그림 1-1]과 같다.

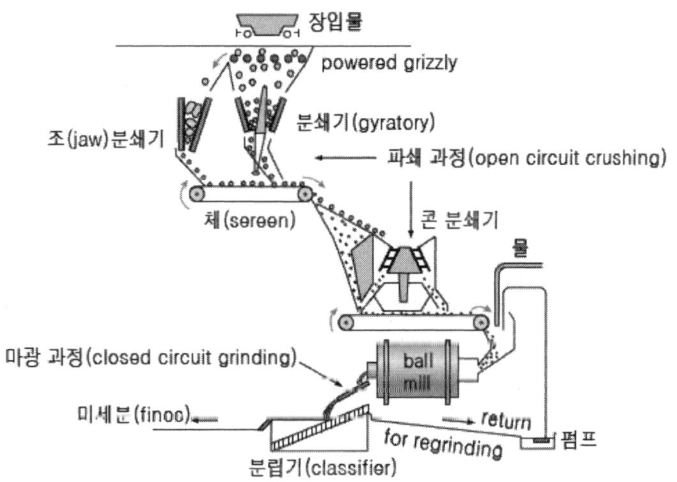

Fig. 1-1 광석의 파쇄 계통도

1) 조쇄 (Coarse Crushing), 1차 파쇄기

상당히 큰 괴광을 50~100mm의 크기까지 부수는 작업으로 다음 중쇄의 예비과정이며, 인력에 의한 방법과 기계에 의한 방법이 있다.

인력에 의한 조쇄는 동력을 필요로 하지 않으므로 수시로 어디서나 할 수 있는 이점이 있으나 쇄광기계가 보급된 현재는 별로 이용되지 않고 있다.

가) 조 크러셔 (Jaw Crusher)

두 개의 파쇄면 즉, 턱이 있다. 프레임에 고정된 고정턱(Fixed Jaw)과 짧은 거리를 왕복하는 가동턱(Movable Jaw)이 있어 그 사이에 광석을 넣으면 물고 씹는 모양의 파쇄를 한다.

나) 자이러토리 크러셔 (Gyratory Crusher)

조 크러셔보다 후에 발달하고 개량된 것으로 처리 용량이 크다.

다) 싱글롤 크러셔 (Single Roll Crusher)

2) 중쇄 (Intermediate Crushing), 2차 파쇄기

조쇄한 50~100mm의 것을 6~20mm로 부수는 것을 말한다.

가) 콘 크러셔 (Cone Crusher)

중쇄기로서 가장 널리 사용되고 있으며 자이러터리 크러셔와 비슷한 구조를 이루고 있다.

나) 크러싱 롤 (Crushing Roll)

두 개의 크기가 같은 원통형의 롤을 그들 축이 평행이며, 동일 수평면 위에 있게 하고 서로 반대방향으로 회전시켜 이 두 롤 사이에 적당한 급광을 하면 광석이 물려들어 분쇄된다.

다) 사이몬스 디스크 크러셔 (Symons Disk Crusher)

라) 임팩트 크러셔 (Impact Crusher)

3) 미분쇄 (Fine Grinding), 3차 파쇄기

중쇄기에서 파쇄한 6~20mm의 것을 1mm정도 이하로 부수는 것으로 중쇄와 분쇄 중간의 산물을 포함시키는 경우도 있다.

가) 볼밀 (Ball Mill)

나) 로드밀 (Rod mill)

다) 도광기 (Stamp)

3 광석의 사분작업

1) 분립

파쇄와 분쇄된 광립들을 그 크기에 따라서 분류하여 놓을 필요가 있다. 이때 광립의 대·소를 그 크기에 따라 분류하는 작업을 사분(Screening)이라 하고 이와는 달리 수중이나 공기 중에서 광립의 낙하속도에 따라 크기를 분류하는 것을 분급(Classifying)이라 한다. 사분과 분급을 총칭하여 분립(Sizing)이라 한다.

2) 체질

체질작업은 일정한 크기의 구멍을 가진 체를 통하여 광립을 대소 두 부분으로 분리하는 방법이다. 체질한 결과 체눈을 통과한 것을 망하산물(Under Size Product), 체위에 남은 것을 망상산물(Oversize Product)이라고 부른다. 체는 철판에 원, 정사각형, 직사각형, 긴 타원형의 구멍을 뚫은 것도 있고, 구멍이 가늘 때는 가는 철사로 그물을 짜서 만든다. 체의 총면적과 그 속의 구멍의 총면적의 비율을 백분율로 나타낸 것을 공극률이라고 한다.

$$\phi = \frac{s}{S} \times 100[\%]$$

- s : 체 구멍의 총면적
- S : 체의 총면적

체눈의 크기는 인치(Inch) 또는 mm를 단위로 하고 있으나, 타일러 표준체에서는 길이 1인치의 위에 있는 체눈의 개수로 나타내는 메시(Mesh)로 나타낸다.

공업용 체로서 일반적으로 요구되는 성질은 다음과 같다.

① 체질이 정확하고 효율이 클 것
② 처리광량이 클 것
③ 작업 중의 고장이 적고, 취급과 수리가 쉬울 것. 즉, 유지비가 적을 것
④ 건물에 심한 진동을 미치지 않을 것
⑤ 설비비가 쌀 것

3) 분급 (Classification)

수중이나 공기 중에서 광립이 침강하는 속도가 주로 광립의 크기에 따라서 다른 것을 이용한 것이나 비중이 각기 다른 광물의 집합체라면 광물의 비중 또한 침강속도에 영향을 준다. 체나 분급기는 분립을 목적으로 한 것이지만 비교적 조립을 취급할 때는 체를 이용하고, 체로서는 분립될 수 없는 세립은 분급기에서 취급하는데 한계는 실제 20~400메시로 생각한다.

분급기에는 다음과 같은 종류가 있다.

① 기계적 분급기
② 침적 분급기
③ 수력 분급기
④ 원심 분급기
⑤ 공기 분급기

4 선광

선광이란 품위가 낮은 광석에서 맥석 성분을 최소화시켜 품위를 향상시키는 것으로 광석을 파쇄 처리하여 분상으로 만든 후 각종 선광 방법에 의해 처리된다.

1) 세광 (Washing)

광석에 혼입된 점토 및 부착 불순물을 제거하기 위하여 물로 씻는 과정을 세광이라고 한다.

2) 수선(Hand Pickling)

광석 중에서 유용 광물과 맥석 등을 광석의 무게, 광택, 색 등으로 식별하여 손으로 직접 가려내는 것을 수선이라고 한다.

3) 비중 선광

광석의 비중을 이용해서 선별해내는 방법을 말한다. 광석 입자의 크기가 서로 비슷할 때 비중이 다른 2종의 광석에 대하여 외력을 작용시키면 서로 다른 운동을 나타낸다. 즉, 물속에서는 무거운 입자나 큰 입자는 물의 저항을 적게 받으므로 빨리 낙하하게 되고, 가벼운 입자나 작은 입자는 물의 저항을 많이 받아 천천히 낙하하게 된다. 이러한 현상을 이용하여 선별하는 것을 비중 선광이라 한다.

4) 자력 선광

자력 선광은 자철광(Fe_3O_4)의 강자성을 이용하며, 강력한 자석에 의하여 비자성인 맥석과 분리되는데 널리 이용되고 있다. 따라서, 그 대상은 주로 자철광이나 사철에 적용된다. 자철광은 모래의 입도 정도로 분쇄하고, 사철은 그대로 자선하여 철분을 50~60%로 높인다. 또 적철광, 갈철광 등의 비자성 광석은 자화 배소 후 이용한다.

5) 부유 선광

광물을 분쇄시켜 미립자를 물에 넣고 적당한 부선제를 첨가시키면 수많은 기포를 발생시킨다. 이 기포 표면에 필요한 광물의 입자를 붙게 하고 물 표면으로 뜨게 하여 맥석과 분리 회수하는 방법이다. 이때 소량의 발포제를 첨가하면 더욱 효과적이며 거품과 함께 분리되는 정광은 포집제를 첨가하여 회수된다.

6) 중액 선광

비중의 차이를 이용해서 선별하는 방법으로 비중 선광이 물을 이용하는 대신 두 광물 비중의 중간 정도의 비중을 갖는 액체 속에서 선별해내는 방법을 중액 선광이라 한다. 철광석의 중액으로는 약 15% Si의 Fe－Si이 사용된다.

5 하소 및 배소

철광석 중의 결정수 제거와 탄산염을 분해하여 CO_2를 제거할 목적으로 금속 원소와 산소와의 반응이 별로 일어나지 않는 온도 범위로 가열 처리하는 것을 하소(Calcination)라 하며, 이보다 높은 온도로 가열하여 광석 중의 유해 성분(S, As 등) 제거, 치밀한 광석을 다공질의 환원이 용이한 상태로 만들기 위하여 또는 비자성의 광석을 강자성으로 자화하여 자력 선광을 이용할 목적으로 여러 가지 분위기 상태에서 그 가스 성분과 금속 원소를 반응시키는 것을 배소(Roasting)라 한다.

하소와 배소의 목적은 다음과 같다.

① 갈철광 중의 결정수를 제거하고 탄산염광 중의 탄산염 분해에 의해 CO_2를 제거(하소)

$$FeCO_3 \rightarrow FeO + CO_2$$

② 저품위 철광석을 자화하여 자력 선광에 이용(환원 배소)

$$3Fe_2O_3 + CO \rightarrow 2Fe_3O_4 + 4CO_2$$

③ 자철광 중의 S의 산화 갈철광 중의 As의 휘발에 의한 유해 성분의 제거(산화 배소)

④ 자철광의 치밀성을 다공질의 환원되기 쉬운 적철광의 상태로 한다(산화 배소).

6 정립 (Sizing)

통기를 저해하는 분광석을 제거하고 환원 속도가 늦은 괴광석을 파쇄 선별하여 고로 조업에 적절한 입도로 처리하는 작업이다. 일반적으로 정립광은 8~30mm로 관리하고 소결광은 5~50mm로 관리한다. 고로내 장입물의 입도는 [표 1-2]와 같다.

Table 1-2 **고로내 장입물의 입도**

분류	하한	상한
철광석	8~10mm	25~300mm
소결광	5~6mm	50~75mm
코크스	15~30mm	75~90mm

7 괴성화 (Agglomeration)

철광석의 자원 측면에서 세계적인 철강 증산에 따른 부광의 부족 및 빈광의 증가와 정립 및 선광에 의한 분광의 발생으로 분광석의 괴성화는 필요하다.

분광석을 괴성화하는 방법으로는 현재 소결법(Sintering)이 가장 많이 이용되고 있으며 기타 방법으로는 단광법(Briquetting), 펠레타이징(pelletzing)법 등이 있다.

1) 소결법 (Sintering)

소결법은 8mm 이하의 분광 원료에 분코크스를 연료로 하여 소성을 하는 방법으로, 대량생산에 적합하고 고로 장입 원료로 가장 우수하며 자용성 소결광의 개발에 의해 소결 공정은 고로 조업에 있어서 필수의 공정이다.

2) 단광법 (Briquetting)

단광법은 분광에 적당량의 수분 또는 점결제를 첨가하여 혼합한 후 가압 성형하고 방치 또는 가열 소성에 의해 경화시키는 방법이다. 단광법은 소결법이나 펠라타이징법에 비하여 대량생산 방식은 아니지만 원료 조건에 따른 원료의 특성을 활용하는 소규모의 분광 괴성화법이다.

3) 펠레타이징법 (Pelletizing)

저품위 처리에 따라 발생하는 미분광이나 배소에 의해 발생하는 미분 등을 펠레타이저(Pelletizer)에서 물과 점결제를 첨가하여 10~20mm의 그린볼(Green Ball)로 만든 후 가열 소성하여 경화시키는 방법이다. 사용 원료의 입도로써 100~170mesh를 경계로 조분광은 소결용으로, 세분광은 펠릿용으로 구분되고 있다.

4) 각종 괴성화법의 비교

Table 1-3 **각종 괴상화법의 비교**

	소결법	단광법	펠레타이징법
특징	비교적 조분광을 처리하는 데 적합		미분원료 처리에 적합
보급도	가장 많이 사용	거의 이용하지 않음	미국에서 개발
결합의 종류	반용융슬래그 생성과 결정입자의 성장에 의한다.	가압성형시켜 수산화 반응에 의한다.	기계적으로 구상화된 원료를 소성한다.
성품의 형상	해면상 괴상	난자형	구상
강도	양호	고로에 사용 불가	소결광보다 다소 좋음
환원성	양호		양호
탈황율	90% 이상		80~90%

Section 04 원료의 적치 및 관리

1 원료 이송 설비 (Belt Conveyor)

벨트 컨베이어(B·C)는 분, 곡류, 광석, 석탄 등 여러 가지 물건이나 재료 원료 등을 일정한 방향으로 연속적으로 운반하는 기계 장치이다.

연속적이며 대량 운반 장치인 벨트 컨베이어는 제철소, 발전소, 시멘트 공장, 제지 공장, 화학 공장 및 이와 비슷한 산업에 폭넓게 사용되어 능률 및 안전의 향상, 운반비의 절감 등에 의한 총원가 절감의 핵심적인 역할을 하고 있다.

2) 요소 및 종류

벨트 컨베이어는 확장력, 강도, 굴곡선, 계수효율이란 4요소가 있으며, 재질의 차이에 따라 고무 벨트 컨베이어, 스틸 벨트 컨베이어, 마포 벨트 컨베이어, 금강 벨트 컨베이어, 특수 벨트 컨베이어인 내열 벨트 컨베이어(150~200℃) 및 내상 벨트 컨베이어(−40℃)로 구분할 수 있다. 일반적인 벨트 컨베이어는 65℃까지 사용할 수 있지만 50℃를 넘으면 고무 분자가 분해하거나 중합 반응을 일으켜 변질되게 된다.

3) Belt의 접속

조업 중 벨트 컨베이어가 절단되거나 손상되었을 때는 가류 접속(Endless)이나 금구 접속(Fastener)을 하는데, 금구 접속은 상체 손상, 롤러(Roller) 및 풀리(Pully) 손상이 발생하거나 운전 중 잡음이 발생하거나 장력에 의한 손상을 초래한다는 단점이 있다.

벨트 컨베이어의 수명은 여러 가지 요소에 의해 종합적으로 결정되지만 대체로 다음과 같은 원인에 의해 결정된다.

① 심체의 재질

② 심체의 구조

③ 피복 고무의 두께와 길이

4) 일반적인 구조

벨트 컨베이어는 일반적으로 [그림 1-2]와 같이 헤드(Head)부, 인장(Tension)부, 미단(Tail)부 등 3개로 나눌 수 있다.

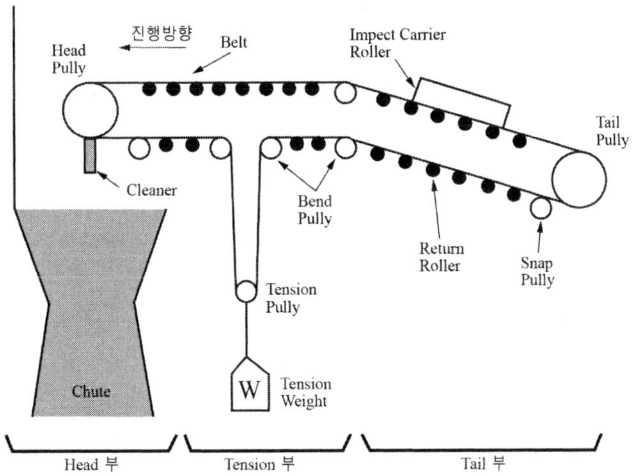

Fig. 1-2 B.C(Belt Conveyor)의 구조

2 야드 (Yard) 관리

1) 개요

해상이나 육상으로 운송된 각종 원료는 하역 후 일단 야드(Yard) 내에 적치되었다가 그 원료를 필요로 하는 공장에 벨트 컨베이어에 의해 수송 운반되며 일부는 사전 처리를 위하여 파쇄나 선별 설비 및 블랜딩(Blending) 설비로 운반된다.

야드는 각종 원료의 수입과 저장 및 불출을 원활하게 하기 위한 넓은 면적의 저장소이며 원료의 소요량, 안전 재고 일수, 운반 거리, 원료의 종류, 환경 관리 및 그 지역의 기상 관계 등을 고려하여 효율적으로 관리될 수 있도록 만들어야 한다.

2) 야드 설비

야드 설비는 다음의 4가지로 나눌 수 있다.

① **하역 설비** : Unloader, Stacker, Train Hopper

② **불출 설비** : Reclaimer, 비상 Tripper

③ **수송 설비** : Belt Conveyor, Tripper

④ **부대 설비** : 살수 설비, 조명 설비, 옹벽 등

가) 스태커 (Stacker)

스태커는 해상 또는 육상으로 수송된 원료를 벨트 컨베이어를 통하여 야드에 적치하는 역할을 하며, 주행 장치와 선회 장치가 있어 원료 적치 작업을 원활히 할 수 있다.

나) 리클레이머 (Reclaimer)

리클레이머는 스태커에 의하여 야드에 적치된 원료를 불출 대상 공장의 소요 시점에 맞추어 불출하기 위한 설비이다. 이송 순서는 Boom 선단에 위치한 Rotary Bucket Wheel → Boom 벨트 컨베이어 슈트(Chute) → 지상 벨트 컨베이어를 통하여 각 공장에 원료를 불출한다.

다) 하역기 (Unloader)

언로더는 해상으로 수송된 광석을 선박으로부터 하역하는 설비이다. 언로더는 [그림 1-3]과 같이 일반 언로더인 그랩 언로더(GTSU : Grab Type Ship Unloader)와 연속식 언로더(CSU : Continous Ship Unloader)로 나누어진다.

일반 언로더와 연속식 언로더의 차이점은 [표 1-4]와 같다. 일반 언로더의 경우 연속식 언로더에 비해 하역 능력이 낮으나, Hold 내 마무리 작업 효율은 우수한 경향을 보이고 있다. 하지만 하역 작업 중 분진 발생 등 각종 환경오염을 발생할 수 있어 연·원료에 따라 하역기를 구분해서 사용하고 있다.

Table 1-4 **언로더의 특징**

	일반 언로더(그랩 언로더)	연속식 언로더
하역기 능력	2,000 톤/hr	3,000 톤/hr
장점	Hold 내 마무리 작업 효율 우수	분진 발생을 최대한 억제하여 친환경의 하역 설비
단점	하역 작업 중 분진 등 각종 환경오염 발생	Hold 내 마무리 작업 효율 부족

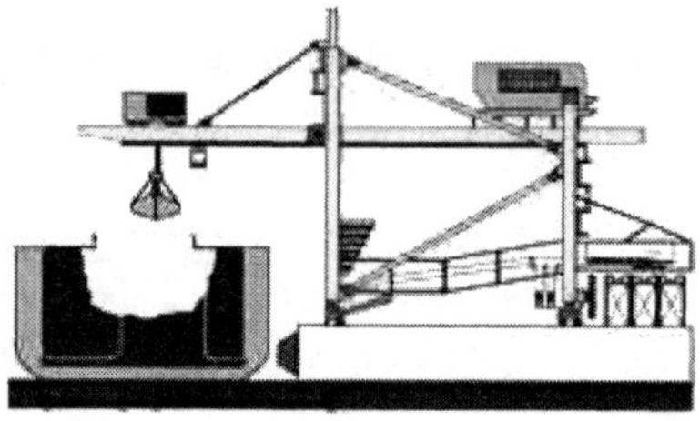

(a) 그랩 언로더

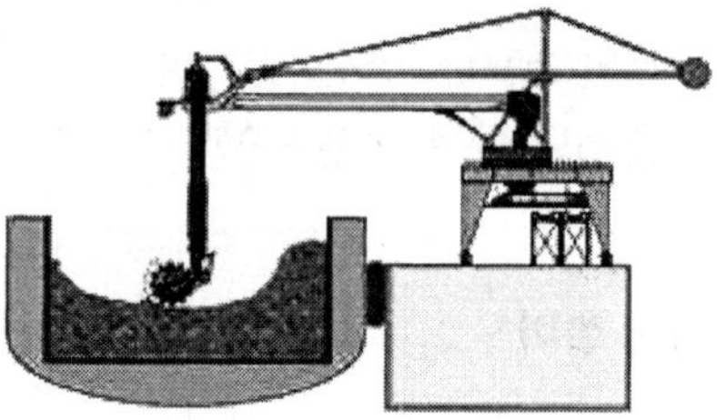

(b) 연속식 언로더

Fig. 1-3 **하역기(언로더)의 종류**

3) 야드 저장 계획

야드 광석을 저장할 때 일반적으로 다음 사항들을 고려하여야 한다.

① 원료의 불출 능력에 따라 야드 공간이 생기는 시간적 여유

② 야드내 도저(Dozer) 작업 고려

③ 원료의 사용처 가깝게 저장 위치에 선정을 고려

④ 종류별 원료의 독립된 Pile로 적치
⑤ 원료반입주기 및 선박이나 회차에 의한 1회 반입량
⑥ 원료의 비중, 안식각
⑦ 스태커, 리클레이머의 Boom 높이 및 선회각도와 반경
⑧ 야드 보호벽 유무에 따른 야드 면적당 이용 효율

4) 야드 저광 능력

가) 야드의 이용률

야드의 이론 최대 능력은 다음과 같이 표시할 수 있다.

$$T_{eff} = T_{\max} \times h$$

- T_{max} 최대능력
- T_{eff} 유효능력
- h : 야드의 이용률

주업 중에는 원료가 리클레이머에 의해 불출되고 있으므로 Pile의 형상이 이론적으로 될 수 없기 때문에 실제로 유효하게 사용되는 것은 이론치의 80%에 불과하다. 따라서 최대능력은 다음과 같이 표시할 수 있다.

$$T_{\max} = \frac{T_{eff}}{0.8}$$

나) 광종별 보기 비중 및 안식각

안식각은 원료를 적치할 때 아래로 흘러내리지 않고 적치될 수 있는 최대 각도를 말한다. 안식각은 원료의 모양 및 크기에 따라 달라지는데 대부분의 원료들의 안식각이 [표 1-5]과 같이 36~37° 정도이지만 펠릿의 경우 구형의 형태를 이루고 있기 때문에 쉽게 아래로 굴러 떨어지므로 안식각이 26° 정도로 다른 원료에 비해 상당히 작다. 또한 안식각에 따라 저광 능력을 좌우한다.

Table 1-5 **광석별 보기 비중 및 안식각**

구분 / 광종	괴광	Pellet	분광	전립광	사하분	석회석	분석회석	Mn 광	백유석	고로회	밀스케일
비중	2.3	2.3	2.5	2.4	2.5	1.7	1.5	2.0	1.5	1.2	2.8
안식각	36°	26°	37°	36°	36°	36°	36°	36°	36°	37°	36°

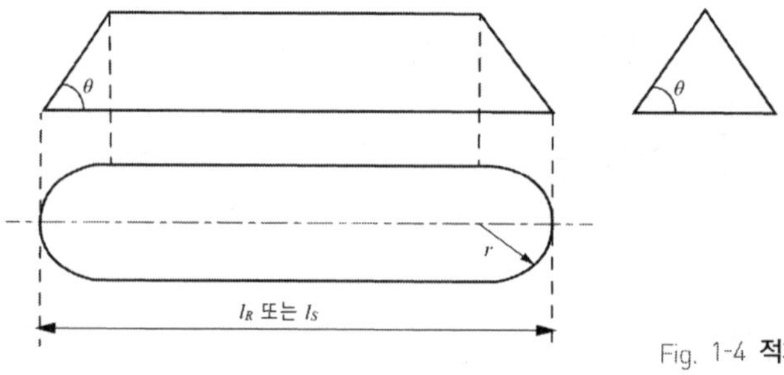

Fig. 1-4 적치에 따른 안식각

[그림 1-4]와 같이 안식각이 작으면 야드 길이가 길어지고, 안식각이 크면 야드 길이가 작아진다.

3 블랜딩(Blending) 설비 및 관리

1) 개요

블랜딩이란 원료 야드에 적치된 각종 소결 원료를 혼합 적치하는 것인데 원료의 입도 편석, 원료의 부분 불출로 인한 편석, 원료 자체의 성분 변동을 감소시키는 소결용 원료의 사전 처리 공정이다.

또한 블랜딩 공정 과정은 혼합 효율을 향상시키는 결과가 되므로 물질의 안정을 기할 수 있다. 이러한 블랜딩 광은 소결 원료의 약 80%를 차지하므로 소결의 품질 및 성분 변동에 큰 영향을 미치게 된다. 즉, 소결광을 80% 이상 사용하여 조업하고 있는 고로의 경우 노황 안정 및 조업 성적 향상을 기하기 위해서는 소결광의 품질이 안정되어야 하므로 블랜딩의 품질 안정은 매우 중요한 것이다.

2) 블랜딩 설비

블랜딩 설비는 다음과 같이 구성되어 있다.

① 저광조(Blending Bin) 및 정량 절출하는 장치(C.F.W)

② 원료를 단계적으로 적부시키는 스태커(Stacker)

③ Prisum형으로 적부된 Pile을 일단으로 원료를 긁어내릴 수 있는 리클레이머(Reclaimer)

3) 블랜딩 이론

블랜딩 작업은 원료의 수급 밸런스, 야드 저광 능력, 설비 능력 및 원료 성상 등에 의해 많은 제약을 받고 있다. 즉, 압하 스케줄 변동에 따른 블랜딩 적치 계획의 차질, 원료의 안식각, 비중, 입도 차이에 따른 층후 분포의 불균일 등 블랜딩 광의 품질을 저하시킬 수 있는 요인이 상당히 많으므로 다음과 같은 블랜딩 이론에 의해 블랜딩 작업을 해야만 한다.

가) 동시 블랜딩하는 품종(Brand)의 적정 혼합

각 품종간의 혼합 효율을 높이기 위해서는 2종류 이상의 품종을 동시에 블랜딩 해야 하며, 안식각 및 성분 차이가 있는 사하분, 부 / 잡원료는 구입 분광과 혼합하여 블랜딩해야 한다. 또한 소결 반광, 전로 슬래그 등 점착성이 없는 품종은 서로 혼합하여 블랜딩하지 말아야 하며, 고로 연진(Dust), Mn광 등 점착성이 강한 품종은 특수 품종과 혼합하지 않는다.

나) 단위 작업당 최대 적부량의 제한

다량 배합되는 품종은 두꺼운 층으로 적부되지 않도록 수회로 나누어 블랜딩해야 한다.

다) 특수 품종의 블랜딩 시기 제한

원료 자체의 성분 변동이 심하고 특정 성분이 다량 함유되어 있으며 소량 배합되는 특수 품종은 안식각 및 성분의 영향을 최소로 하기 위하여 Pile의 중간부에 블랜딩해야 한다. 특수 품종의 종류로는 고로 분진(Carbon), 전로 슬래그(CaO, SiO_2), 밀스케일(FeO), Mn광(Mn), 사문암(SiO_2, MgO), 규사(SiO_2), 자철광(FeO), 국내광(FeO, SiO_2), 잡광, 소결 반광, SiO_2 함유량이 많은 광석 등이 있다.

라) 스태커 주행 횟수(층수)의 관리

스태커가 Pile의 한쪽 단에서 다른쪽 단까지 1회 주행한 것을 1층(Layer)으로 하여 Pile 완료 시기까지의 스태커 주행 횟수 즉, 층수를 관리하여야 한다. 블랜딩 저광조의 정량 검출 장치(CFW)의 절출량을 적게 하여 층두께를 낮추어 층수를 증가시키면 블랜딩의 원료 끊김과 기시점, 종료점의 불일치에 의한 층두께의 영향을 감소시킬 수 있으므로 혼합 효율을 높일 수 있다. 그러나 스태커의 주행 횟수는 리클레이머의 불출 능력, 스태커의 적치 능력 등 설비 조건에 의해 제한을 받으며, 또한 스태커 주행 횟수(층수)를 증가시키기 위하여 정량 검출 장치의 절출량을 적게할 경우 제어 정도가 문제가 되므로 통상 500층 이상으로 층수를 제한하고 있다.

마) Pile 양단부의 재 블랜딩

Pile 양단부는 블랜딩 작업 특성상 안식각의 영향으로 균일하게 혼합되지 않아 성분 변동이 심하므로 다음 Pile에 재 블랜딩해야 한다. 단부 처리 능력은 소결 블랜딩 빈의 지속 시간, 리클레이머의 반전 소요 시간 등에 의해 제약을 받으나 가급적 많은 양을 처리하는 것이 좋다.

바) 원료 부족에 의한 끊김 방지

2층의 브랜드를 동시 블랜딩 시 블랜딩 빈의 공, 부착 등으로 스태킹 시에 Pile중간에서 원료가 혼합되지 않는 부분이 생기므로 블랜딩 광의 성분 변동 요인이 된다.

사) Pile 간의 원료 배합비 및 성분 차이 감소

Pile 교체시의 Pile 간의 성분 차이에 의한 소결광 성분 변동을 감소시키기 위해서는 압하 스케줄, 야드 저광 능력 등에 의해 제약을 받으나 가급적 Pile간의 원료 배합비 및 성분을 동일하게 관리할 필요가 있다.

4) 블랜딩 적치 방법

블랜딩 Pile의 적치 방식은 스태커 절환 Pile 양단부의 형태에 따른 적치 방식과 Pile 전체를 몇 블록으로 구성할 것인가에 의한 적치 방식 등 여러 가지로 분류할 수 있다.

가) 스태커 절환 위치에 따른 적치 방식

[표 1-6]은 스태커 절환 위치에 따른 적치 방식의 모양 및 특징을 나타낸 것이다.

① **스탠다드(Standard)법** : 면적당 최대의 저광량을 가장 용이하게 쌓을 수 있는 방법으로서 보통 행해지고 있는 방법이다. 하지만 단부에서 성분 변동이 발생되기 때문에 단부는 다시 블랜딩할 필요가 있다. 높이가 낮은 파일인 경우는 단부처리는 무시해도 좋다.

② **핀 컨트롤(Fin Control)법** : 전 광석을 동일의 안식각으로 쌓는 방법으로 습분의 변화, 혼합 상태의 변화 및 낙하 시의 관성효과 등으로 실제로는 어려운 방법이다.

③ **엑스트라 파인(Extra Fine)법** : 절단점보다 앞에서부터 베딩(Bedding)량을 가감한다. 각 광석의 안식각이 달라도 어느 정도 단부처리가 가능한 효과였으나 작업성 및 저광 능력점에서 문제가 된다.

Table 1-6 **스태커 절환 위치에 따른 적치 방식**

종류	적치 형태	특징
Standard 법	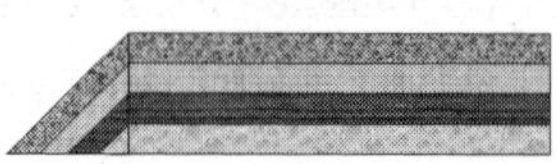	• 가장 일반적인 방법 • 면적당 최대 적부량으로 적치 가능 • 단부에서 성분변동이 발생하므로 재 블랜딩
Fine Control 법	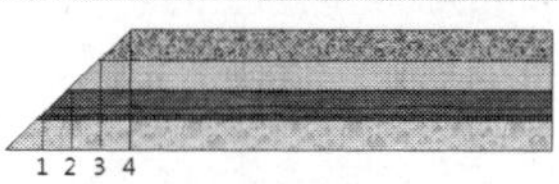	• 전원료를 동일한 안식각으로 적치하는 방법 • 혼합상태의 변화, 낙하 시의 관성효과 등으로 어려운 방법
Extra Fine 법	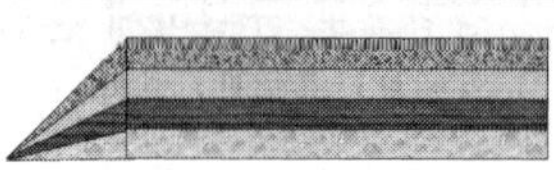	• 스태커 절한점 이전에서 적부량을 가감하여 적치 • 단부의 혼합효율의 저하를 감소 • 작업성 및 저광능력의 문제점이 있음

나) Pile 구성 방법에 따른 적치 방식

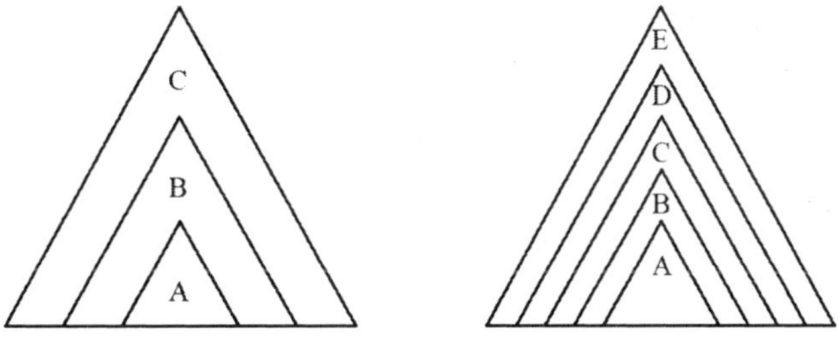

(a) 3Block System (b) 5Block System

Fig. 1-5 Pile 구성에 따른 적치 방식

다) Pile－Blending 방식

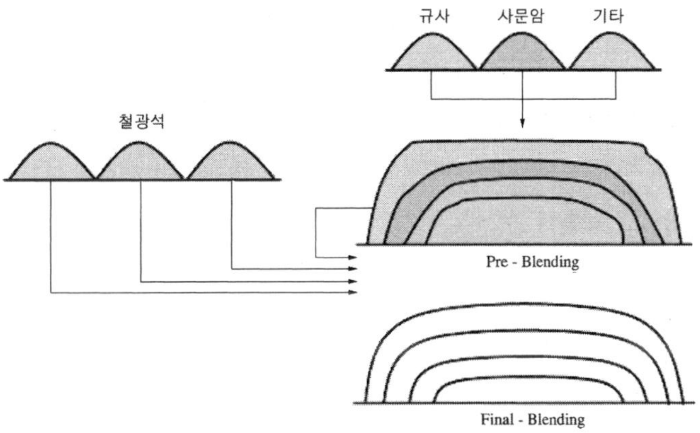

Fig. 1-6 Pile 블랜딩 방식

5) 적치 및 불출의 조건

① 적치 파일의 원료 공급은 항상 일정비율로 공급해야 하며 파일단에서 계속 균일하게 공급되어야 한다.

② 파일 내에서 Bed가 끊기지 않도록 할 것. 만일 끊겨도 영향이 없도록 1층의 양(T/M Bed)을 작게 한다.

③ 서광의 변석이 크면 클수록 스태커 왕복회수(층수)를 많이 해준다. 임의의 단면적을 갖게 되는 Bed 내에서는 층수가 많을수록 블랜딩의 인진한 정확도가 확실하게 얻어지게 되면 블랜딩 효율도 좋게 된다.

④ Bed의 횡단면은 평균성분을 나타낸다. 따라서 리클레이머는 균등하게 횡단면을 긁어낼 필요가 있다.

⑤ 원료 각출(긁어내림)은 일시에 Bed전 횡단면을 고르게 긁어내려야 하고 또한 이 횡단면으로부터 원료를 가능한 한 얇고 짧게 긁어서 벨트 위에 공급해야 단면적의 원료를 위에서 아래로 축과 축이 혼합되도록 행할 수 있다.

4 절출 장비

절출 장비는 설정된 속도로 원료의 정량 유동을 지속시키는 것이어야만 하기 때문에 장치 형식의 선정에는 원료의 입도와 분포상태, 밀도 접착성, 절출구 개폐조작의 용이 여부를 충분히 고려하여 사용 조건을 만족시키고 보수 상으로도 기구가 간단하고 취급이 용이한 장치를 사용해야 한다.

1) 정량절출장치 (Constant Feed Weigher, C.F.W)

이것은 벨트 공급기적 성격을 가지고 있지만 목적은 정량 절출을 하는 것이다. 동작 원리는 원료의 절출량에 의한 벨트의 처지는(하중) 상태와 벨트의 속도를 검출하여 그 변화에 따라서 자동적으로 벨트의 속도를 가감하는 것으로서 절출 정도는 매우 높다.

또 서로 다른 종류의 원료를 조합하여 배합하는 경우에는 수분보정을 하고 배합비의 변화에 대응하고 정비율 절출을 행하도록 자동제어가 가능하다. [그림 1-7]은 정량절출장치의 구조를 나타낸 것이다.

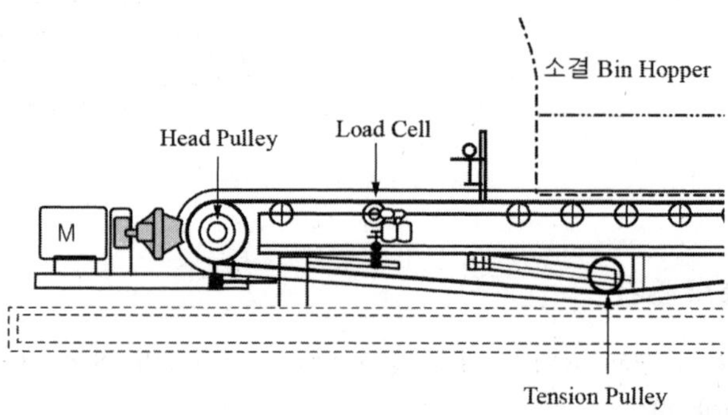

Fig. 1-7 정량절출장치(CFW)의 구조

가) 벨트 공급기 (Belt Feeder)

절출량의 가감은 Gate의 간격 또는 벨트의 속도에 의하여 결정된다. Gate의 간격이 점착성 원료가 들러붙어 변하거나 조(Bin) 내 체적량의 다소에 의하여 밀도의 변화로 비율 절출량이 잘 맞지 않는 일이 많다. [그림 1-8]은 벨트 공급기의 구조를 나타낸 것이다.

보통 벨트의 길이가 짧기 때문에 벨트 속도를 30m/min 이하로 한정하고 벨트의 표층수를 많게 하여야 하고, 표층 고무는 내마모성을 가진 것으로 선정하지 않으면 안 된다.

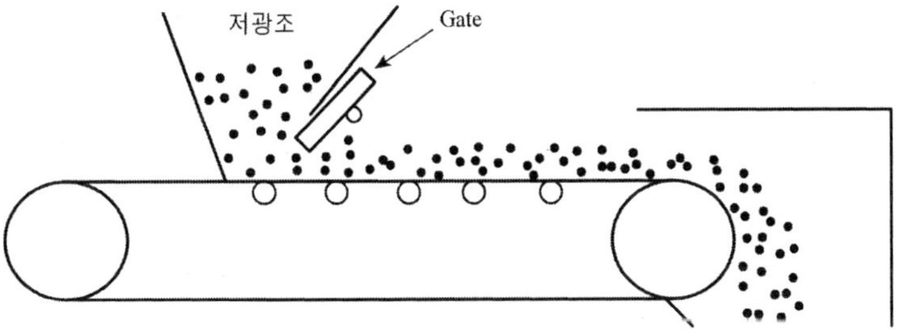

Fig. 1-8 **벨트 공급기(Belt Feeder)의 구조**

나) 테이블 공급기 (Table Feeder)

테이블 공급기는 저광조의 배출구로부터 적당한 간격을 두고 아래에 있는 원판을 회전시켜 그 위에 원추형으로 쌓이는 원료를 스크래퍼(Scraper)로 걸어서 떨어뜨리는 장치이다. 수송량의 설정은 스크래퍼(Scraper)를 걸쳐놓는 깊이로써 가감하고 비율 절출을 하는 경우는 Table의 속도를 변화시켜서 한다. [그림 1-9]는 테이블 공급기의 구조를 나타낸 것이다.

이 공급기는 구조가 간단하고 보수가 용이하다. 점착성 고온성의 것에도 적합하여 널리 사용되고 있지만 수송량의 설정이 어렵고 Table 속도에 의하여서는 원심력이 작용하기 때문에 절출량이 회전수에 비례하지 않고 변화하는 일이 많아 비율 절출을 하는 경우에는 정량절출 장비를 조합하여 사용하고 있다.

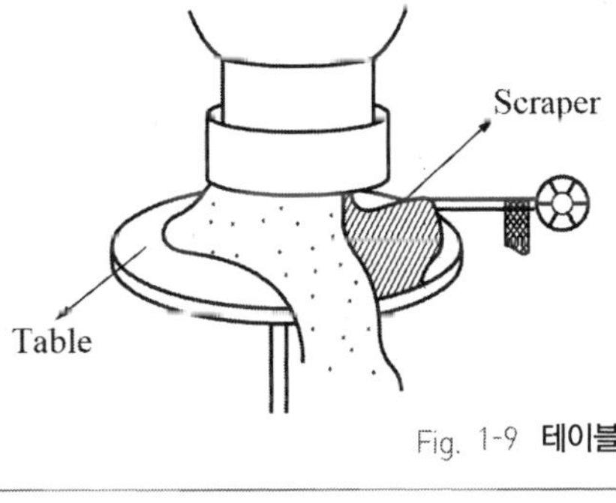

Fig. 1-9 **테이블 공급기(Table Feeder)의 구조**

다) 진동 공급기 (Vibrating Feeder)

이 공급기는 용량이 비교적 작은 호퍼(Hopper)의 하부에 약간 경사를 두고 슈트(Chute)를 설치하여 여기에 전자적 진동을 주어서 원료의 유동성을 증가시켜 유출시키는 장치이다. [그림 1-10]은 진동 공급기의 구조를 나타낸 것이다.

절출 속도는 슈트(Chute)의 경사각 및 진폭에 의하여 변하고 절출량은 호퍼의 출구에 있는 게이트(Gate)에 의해 제어된다. 진동 공급기는 고온의 원료를 취급할 수 있고 점착성이 없는 한 모든 종류의 크기에 제한없이 물질을 처리할 수가 있다. 또 슈트 위에 원료가 낙하하지만 수평방향의 이동이 적기 때문에 슈트의 마모가 적고 비교적 전력소모도 작은 장점이 있다.

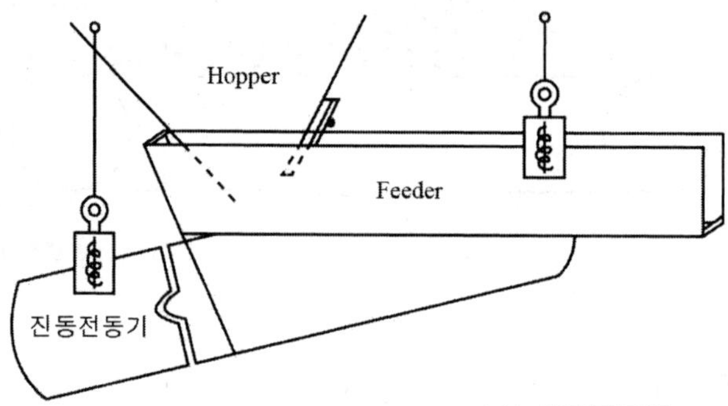

Fig. 1-10 **진동 공급기(Vibrating Feeder)의 구조**

2

소결 조업

Section 01 소결 기초
Section 02 소결 이론
Section 03 소결 설비
Section 04 소결용 원료 배합
Section 05 소결용 원료 장입
Section 06 소결 조업
Section 07 소결광의 품질 관리
Section 08 소결광 냉각 및 파쇄
Section 09 최근의 소결 기술
Section 10 펠레타이징

제선공학

Iron Making Engineering

CHAPTER

02

소결 조업

Section 01 소결 기초

1 소결조업 개요

소결이란 분(粉)상태의 철광석 및 부원료(규사, 사문암, 석회석, 생석회)와 결합재(무연탄, 분Coke)에 적당량의 수분을 첨가하여 혼합, 조립한 배합원료를 대차에 장입하여 점화로에서 착화 후, 주 송풍기(Main Blower)의 흡입에 의해 소결기가 진행되면서 괴상화하는 과정을 말한다. 소결설비는 크게 장입설비, 점화로, 소결기, 배풍장치, 핫 크러셔(Hot Crusher), 부대설비 및 고온의 소결광을 냉각하는 쿨러(Cooler)와 쿨러 팬(Cooler Fan)으로 구성되어 있다. 소결공장은 설비 외에 소결용 배합원료를 사전에 제조하는 전반설비, 소결광의 입도를 선별하는 후반설비로 구성되어 있다. 소결광(Sinter)은 일관 제철공정에서 고로(용광로)법 용선(쇳물)을 제조하기 위한 주원료로써 통상적으로 고로 장입 원료 중량비 기준 60%~85% 사용비를 점유하고 있는 중간 제품이라 할 수 있다. 제선 공정에서 철광석을 이용하여 용선을 제조하는 과정에서 소결광을 사용하는 목적 즉, 소결광 제조 목적은 원가 절감, 생산성 향상, 조업 안정 등 타 원료인 정립광과 펠릿(Pallet)에 비해 장점이 많기 때문이다. 전 세계적으로 고로 원료로써 사용되는 비율은 소결광 70%, 정립광 20%, 펠릿 10%이다.

소결법은 대량 생산방식으로 널리 채용되는 분광괴성법(紛鑛塊成法)의 일종으로, 세립(細粒)의 분철광을 부분용융에 의하여 괴성광으로 만드는 방법이다. 제품소결광은 클링커(Clinker)상의 기공률이 높은 외관을 가지며, 그 광물조성은 원료 분철광석과 다르다. 이 방법은 1906년 드와이트(Dwight) 및 로이드(Lloyd)에 의하여 동(銅) 및 연황화광(鉛黃化鑛)의 연속식 소결법으로 시작되어 오늘날의 드와이트 로이드(Dwight-Lloyd)식 소결기로 발전하였다.

이 방법은 생산성이 높고 코크스 원단위의 저하, 상온강도 및 피환원성의 향상 등 소결조업상의 이점이 고로 사용 효과와 함께 인정되고 있으며, 현재 고로에서의 소결광 배합비에 따라 염기도 1.2~2.0의 소결광이 생산되고 있다.

소결광은 고로 내 중간온도 영역인 400~700℃ 구간에서 환원 분화되어 고로 내 통기성을 악화시키기도 하나 기공률이 높고 입도가 균일하여 고로 내에서 환원이 용이하고, 소성과정에서 결합수, 탄산염 및 유해성분이 제거되어 고로 연비가 절감될 뿐만 아니라 용선 성분을 안정시킬 수 있는 장점을 가지고 있다.

2 소결 목적

철광석은 산지에서 대부분(80% 이상) 입도 8mm 이하의 분광형태로 채광이 된다. 고로는 고압의 열풍과 고열의 연소열을 이용하여 조업이 이루어지므로 입도가 작은 분광을 직접 장입 시 비산에 의한 손실과 고로 내 통기성 악화의 원인이 되므로 고로조업에 적합한 크기로 소성 또는 단광 처리한 소결광형태로 고로에 장입해야 한다.

철광석은 고로 생산성 및 피환원성 향상을 위해서 적정한 입도로 괴성화하여 고로에 장입해야 한다. 소결법은 분철광석에 열을 가함으로써 부분 용융시켜 괴성화시키는 공정으로 대량생산에 유리하며 용선성분을 안정시킬 수 있는 장점이 있어 고로원료의 예비처리방법으로 널리 채용되고 있다.

1) 철광석 입도가 제선조업에 미치는 영향

철광석의 입도가 작은 분광석은 제선조업 시 피환원성은 양호하나 통기성을 저하시키어 걸림(Hanging)의 원인이 되며, 철광석 입도가 크면 통기성은 양호하나 피환원성이 불량하게 되어 적정입도로 사전에 처리해야 한다.

고로에 장입되는 철광석의 적정입도는 자연 그대로의 광석인 정립광의 입도는 8~30mm가 적당하며, 입도 8mm 이하인 분광석은 고로 조업에 적합하도록 소결공정을 거쳐 5~50mm로 괴상화한 소결광을 제조한다.

2) 소결광의 장점

소결광은 기공률이 높고 입도가 균일하여 피환원성이 우수하여 대량생산에 유리하고, 소성 시 유해성분이 제거되어 원료비 절감 및 용선성분을 안정화 시킬 수 있으며 고로 조업에 적합한 강도, 입도, 성분이 유지되도록 한다.

3 소결 공정

소결광은 고로에 장입될 때까지 여러 번의 파쇄 및 낙하 과정을 거치고 고로 내에서 상당한 하중과 열 변형을 받으므로 일정한 크기와 강도를 가져야 한다. 소결광 입도가 작을수록 장입물의 강하가 불균일하게 되며, 입도와 강도가 지나치게 클 경우 고로 내에서 피환원성이 문제가 되므로 적정입도인 5~50mm로 파쇄하여 냉각시킨 후 고로로 보내진다.

소결광 제조공정은 [그림 2-1]과 같이 원료 혼합 및 조립 → 장입 → 점화 → 소결 → 배광 → 냉각 → 파쇄 → 체질 → 소결광 순으로 이루어진다.

소결조업에서 생산성과 품질은 원료의 조정 및 배합작업에 따라 결정된다. 소결작업은 주어진 원료의 최적 소결조건을 알아내고, 그 조건을 항상 유지하는 것이 중요하며 될 수 있는 한 변동이 적은 원료의 조정과 배합을 하여야 한다. 이를 위해 원료 야적장(Yard)에서 분광의 블랜딩(Blending)을 하는 것도 한 수단이며 구체적으로 신원료 배합을 정확히 하고, 반광 배합율을 정률로 유지하며 분코크스 입도를 일정하게 유지하여 최적 코크스 배합을 하고, 수분을 최적으로 첨가하여 충분히 혼합한 것을 소결기의 장입원료로 하여 통기성을 확보하도록 하여야 한다.

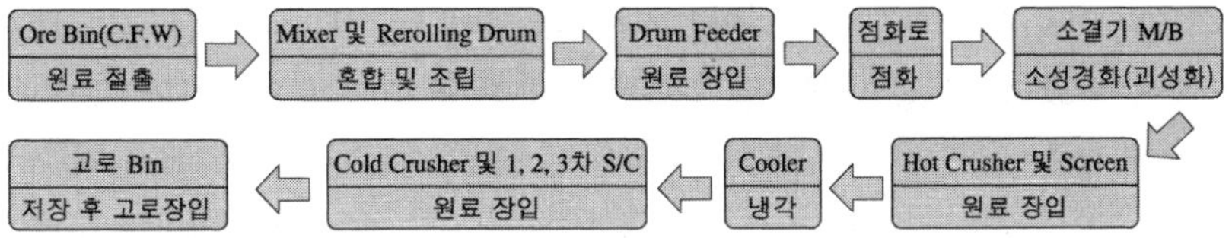

Fig. 2-1 소결 공정도

Section 02 소결 이론

1 결합의 종류

분 상태의 철광석, 부·잡원료 및 연료(코크스) 등을 사용하여 소결광 제조 시 확산 결합과 용융 결합에 의해 분 상태의 원료가 소성 경화된다. 즉, 소결광의 결합은 확산 결합과 용융 결합의 2가지로 나눌 수 있다.

1) 확산 결합

비교적 저온에서 소결이 행하여진 경우 입자가 용융되지 않고 입자 표면 접촉부에서의 확산 반응에 의해 결합이 이루어진다. 확산 결합은 동종 광물의 재결정이 결합의 기초로 되며, 재결정은 원자의 이동 즉, 원자의 확산에 의해 결정이 성장하는 현상이다. 재결정 현상은 소결 과정 중 고온이 되면 결정격자가 가열되어 격자 구성 원자의 진동이 심하게 이루어지면서 원자가 결정 격자의 점유 위치를 이탈하여 이동하는 확산 형태이다.

확산 결합은 소결 과정 중의 산화, 환원 등의 화학 변화에 의한 격자 변태의 경우, 결정격자 중의 원자의 이동도가 증가하여 확산 재결정이 일어나기 쉬우며, 또한 분광석의 입자를 미세하게 하여 원료 간의 접촉 면적을 증가시키면 확산 결합이 일어나기 용이해진다.

자철광의 경우 Fe_3O_4가 Fe_2O_3로 변할 때 격자 변태를 수반하여 그 체적을 약 2.5% 증가시키므로 입자 간의 접촉 상황을 좋게 하며 또한 발열 반응을 하므로 원자의 이동도를 증가시켜 강력한 확산 결합을 만들 수 있다.

일반적으로 확산 결합에 의한 소결광은 기공률이 높고 가스의 침투성이 양호하므로 피환원성은 좋으나 강도 면에서는 취약하다.

2) 용융 결합

고온에서 소결이 행하여진 경우 원료 중의 슬래그 성분이 용융되어 입자가 슬래그 성분으로 견고하게 결합하게 되는데 이러한 형태의 결합을 용융 결합이라고 한다. 미립의 자철광을 대량 배합할 때 용융 결합에 의한 소결광은 미세 기공률이 적고 큰 기공을 생성하여 환원율은 저하되지만 강도는 좋게 된다.

3) 반광의 결합과 역할

석회석, 규석 등은 고온이 아니면 용융되지 않는다. Hematite(Fe_2O_3)의 용융점은 1,550℃이고, SiO_2는 1,723℃, CaO는 그 이상의 용융점을 가진다.

하지만 소결 시 저온(1,300℃)에서 급속하게 용융 결합이 일어나는 것은 배합 원료 중 반광이 약 30% 정도 배합되어 그 작용에 의한 것이다. 즉, 반광은 각종 저융점 화합물과 고용체를 만들고 있어 부분적으로는 약 1,200℃에서 용융을 시작하기 때문이다.

2 소결 반응

1) 산화 환원 반응

소결기에 장입된 원료는 점화로에서 1,100~1,200℃의 온도로 장입 표층부의 분코크스에 착화된 후 상부에서 하층부로 소결 반응이 진행되며 소결의 화학 반응은 다음과 같은 순서로 진행된다.

① 부착 수분의 증발(100~300℃)

② 결합 수분의 해리(300~500℃)

③ 석회석의 분해(600~1,000℃)

$$CaCO_3 \rightarrow CaO + CO_2 - 760kcal/kg_f\ CaO$$
$$MgCO_3 \rightarrow MgO + CO_2 - 695kcal/kg_f\ MgO$$

④ 환원 반응(900~1,200℃)

$$3Fe_2O_3 + CO = 2FeO + CO_2 + 94kcal/kg_f\ 2Fe_2O_3$$
$$FeO + C = Fe + CO - 456kcal/kg_f\ FeO$$

⑤ 슬래그 용융(1,150~1,350℃) : 저용융 슬래그 화합물 생성

⑥ 산화 반응(1,200~600℃)

$$C + \frac{1}{2}O_2 = CO + 2240kcal/kg_f\ C$$
$$C + O_2 = CO_2 + 8100kcal/kg_f\ C$$
$$3Fe_3O_4 + \frac{1}{2} = 3Fe_2O_3 + 146kcal/kg_f\ Fe_3O_4$$
$$2FeO + \frac{1}{2}O_2 = Fe_2O_3 + 483kcal/kg_f\ FeO$$

⑦ Calcium Ferrite 등의 슬래그 성분 정출

⑧ 냉각, 재산화의 진행(~100℃)

소결 화학 반응의 특징은 환원과 산화 반응이 거의 동시에 일어나는 것이다. 흡인 공기에 의한 코크스의 연소는 극히 협소한 연소대에서 급격히 행하여지며 최고 온도가 1,200~1,400℃에 달한다. 이 온도는 바로 인접된 하부로 전달되어 C의 존재에 의해 국부적인 환원 분위기가 형성되어 극히 제한된 환원 반응이 진행되며 연소에 의해 C가 소실되면서 산화 반응으로 전환된다.

재산화는 소결의 중요한 화학 반응이며 Magnetite(Fe_3O_4)가 Hematite(Fe_2O_3)로 산화된다. 재산화 반응에 의해 생성된 Hematite는 소결광의 환원 분화를 촉진시키게 되므로 재산화 Hematite의 생성량을 적게 하여야 한다.

2) 소결 과정 중 불순물 제거

가) 탈황 반응

철광석 중의 유황은 유화물과 유산염의 2가지 형태로 존재하며 기타 연료 중의 유황으로 유기 S로서 존재하는 것도 있다.

탈황 반응은 일반적으로 다음과 같이 진행된다.

- S가 산화되어 SO_2로 된다.
- 석회에 의해 일부 SO_2가 흡수되어 $CaSO_4$ 생성
- $CaSO_4$의 분해

나) 기타 불순물의 제거 반응

$2Pb + O_2 = 2PbO$

$4P + 5O_2 = 2P_2O_5$

$2Zn + O_2 = 2ZnO$

$4Na + O_2 = 2Na_2O$

$S + O_2 = SO_2$

$4As + 3O_2 = 2As_2O_3$

$4K + O_2 = 2K_2O$

비소(As)는 광석 중에 As_2O_3, FeAs 등의 형태로 존재하며 비소의 승화점은 615℃, As_2O_3의 승화점은 198℃이므로 상당량 제거가 가능하다. 코크스 배합이 많을수록 소결 온도가 높게 되어 탈비 속도는 상승되며 석회석 첨가에 의해 온도 저하 및 As_4O_6의 안정된 화합물을 만듦으로 탈비율은 현격히 저하된다.

기타 저 비등점의 불순물로 Zn(904℃), Pb(1,470℃), K(760℃), Na(880℃) 등이 있으며 Na, K, Zn 등의 알칼리 성분은 고로 노벽에 부착물을 형성하여 연와를 손상시키며 노황 변동의 요인이 되므로 관리를 철저히 해야 한다.

소결 과정 중 Na_3K는 약 30%, Pb는 약 25% 정도 제거가 가능하다.

3 소결 과정에서의 반응대

1) 소결 과정

장입 원료의 표면에 열을 가하여 원료가 점화되면, 코크스가 연소되면서 아래쪽 흡인에 의해 열은 밑으로 이동하고, 소결 원료는 [그림 2-2]와 같이 연속된 층으로 분리된다. [그림 2-3]과 같이 표면의 연소대가 밑으로 이동하면, 젖은 원료는 부착수를 잃고 건조되어 하소대에서 화합수 및 휘발분이 분해되며, 1,200~1,300℃의 최고 온도가 되는 연소대에서는 입자의 일부가 용융해서 규산염과 반응하여 슬래그를 만들어 광물 입자를 서로 결합시킨다.

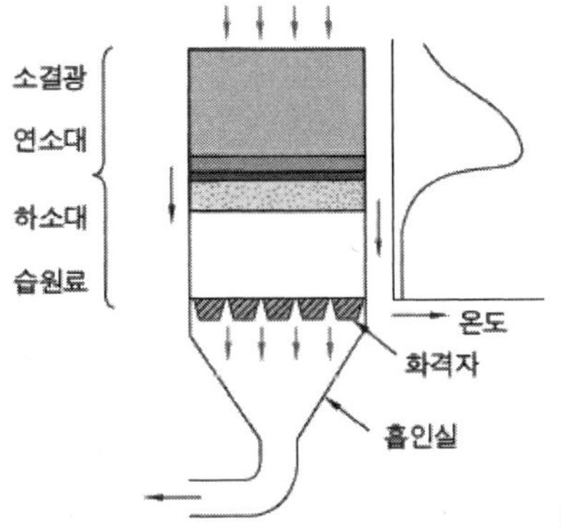

Fig. 2-2 소결과정과 온도분포

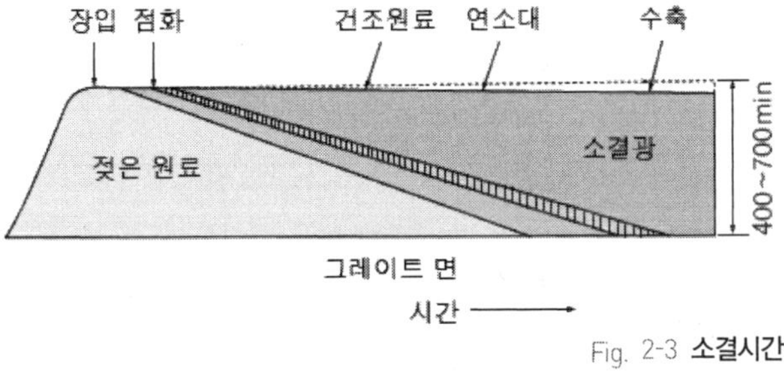

Fig. 2-3 소결시간에 따른 소결 과정

2) 소결 반응대

소결 과정에서의 반응대는 [표 2-1]과 같이 습윤대, 건조대, 예열대, 연소대, 산화대 A, 평형대, 산화대 B, 냉각대, 소결광대의 순으로 나타나게 된다. 각각의 반응대 별 온도 분포를 살펴보면 [그림 2-4]와 같이 평형대에서 가장 높게 나타난다.

Table 2-1 **소결 반응대**

순	반응대	온도	조성
1, 2	습윤대	일정함(2~3℃ 상승)	수분을 함유한 장입물
3	건조대	100℃로 상승	장입물은 건조됨
4	예열대	연료의 착화 온도로 상승	
5	연소대	연료의 연소, 온도 급격 상승, Fe_2O_3 환원	결함없이 입자가 배열상태
6	산화대 A	Fe_3O_4가 산화온도로 상승	연한 밀착소결광
7	평행대	Fe_2O_3, Fe_3O_4 평형 온도 일정	
8	산화대 B	온도저하, Fe_3O_4 산화	소결광 경화
9	냉각대	온도저하	
10	소결광대	온도저하	작은 궤열이 생긴 냉소결광

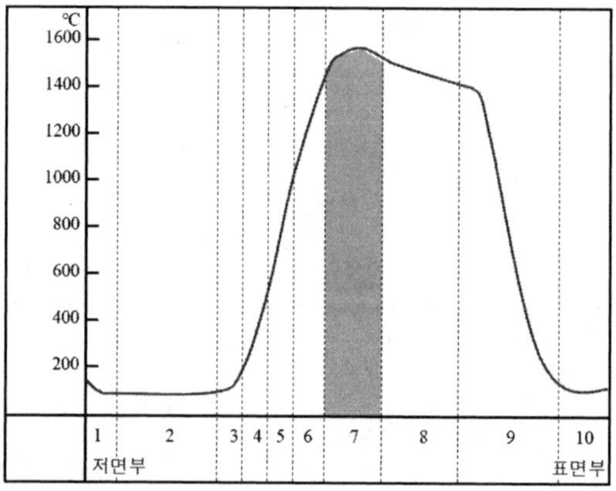

Fig. 2-4 **소결층내 온도분포**

가) 습윤대 및 건조대

장입물 하층 습윤대에서의 수분 증발은 10% 정도이며 예열대에서 오는 열 가스는 건조대에서 수분이 급격히 증발하며 가스의 현열은 대부분 소실된다.

나) 예열대

연소대에서 오는 열 가스는 연료의 착화 온도까지 상승한다. 분코크스의 착화 온도는 약 600℃ 이다.

다) 연소대

원료 입자는 결합력이 없는 성질을 갖고 있으며 장입 원료와 함께 장입된 코크스는 연소되어 열이 발생한다.

분위기는 환원성으로 Fe_2O_3의 환원 반응이 일어나며 연료는 상층부에서 오는 공기의 현열과 함께 연소열에 의해 장입물을 가열시킴과 동시에 열 가스를 하층부에 공급한다.

연료의 입도가 조립인 경우 연소 시간이 길어지고 부분적인 과열을 일으키게 되므로 연료의 입도는 통기성을 저해하지 않을 정도로 가급적 작게 하는 것이 바람직하다.

라) 산화대 A

연료가 연소된 후 산화성 분위기로 되어 산화대를 형성하며 여기서 Fe_3O_4가 Fe_2O_3로 되면서 발열 반응에 의해 열이 발생된다. 산화의 진행에 의해 온도가 상승하고 산화는 억제된다.

마) 산화대 B

통과 공기가 냉각 효과를 갖기 시작하면 Fe_3O_4에서 Fe_2O_3로 산화 조건이 형성된다. 여기서 발생된 산화열은 소결광의 냉각을 지연시킨다.

바) 냉각대

산화 반응이 끝나면 냉각대가 생성된다. 온도의 저하는 통과 공기량에 비례한다.

사) 소결광대

공기의 온도와 같은 온도로 되었을 때 소결광대가 생성된다.

4 소결광의 광물 조직

1) 자용성 소결광에서의 광물 생성 과정

가) Hematite (Fe_2O_3)

소결광 중의 Hematite는 원료 자체에 함유된 Hematite가 그대로 성품의 Hematite로 남는 것(1차 Hematite)과 일단 FeO로 환원된 후 재산화된 Hematite(2차 Hematite)가 있다. Hematite는 환원성은 양호하지만 환원 시 분화되는 성질을 가지고 있으며 특히 2차 Hematite의 경우 분화되기 쉽다.

나) Wustite (FeO)

분코크스 배합비를 높게 하여 소결 온도를 높일수록 소결광 중 FeO 함유량이 증가하며, 소결광의 강도는 높아지지만 피환원성이 저하된다. FeO는 소결층에서 환원 용해된 Magnetite가 냉각 과정에서 재산화되지 않고 잔류한 것이다.

저염기도 소결광은 FeO가 높으며 SiO_2가 다량 존재하면 Fayalite($2FeO \cdot SiO_2$)가 형성된다. 고염기도 소결광의 경우 Fe_2O_3 비가 증가된다.

코크스 배합비 외에 층후를 높이면 열효율이 향상되어 소결 최고 온도가 높아지므로 소결광 중 FeO 함유량이 증가한다.

다) Fayalite ($2FeO \cdot SiO_2$)

석회석이 첨가되지 않거나 또는 극히 적을 경우 생성되며 용융 온도는 1,205℃로 낮고 가스에 의한 환원율이 나쁘다.

라) Calcium Ferrite ($CaO \cdot Fe_2O_3$)

석회석 첨가를 증가시켜 염기도가 1.0 이상이 되면 Calcium Ferrite 생성량이 증가되고 염기도 1.5 이상에서 급증한다. Calcium Ferrite는 2차 Hematite의 환원 분화성을 억제하는 동시에 피환성을 좋게 한다.

Calcium Ferrite에는 다음과 같은 3종류가 있다.

Table 2-2 **Calcium Ferrite의 종류**

성분	용융점	환원성
$CaO \cdot 2Fe_2O_3$	1,226℃	우수
$CaO \cdot Fe_2O_3$	1,216℃	양호
$2CaO \cdot Fe_2O_3$	1,449℃	낮음

기타 Olivin 등의 고용체가 있다. Olivin 고용체는 다음과 같은 3종류가 있다.

- $2CaO \cdot SiO_2$
- $2MgO \cdot SiO_2$
- $2FeO \cdot SiO_2$

Section 03 소결 설비

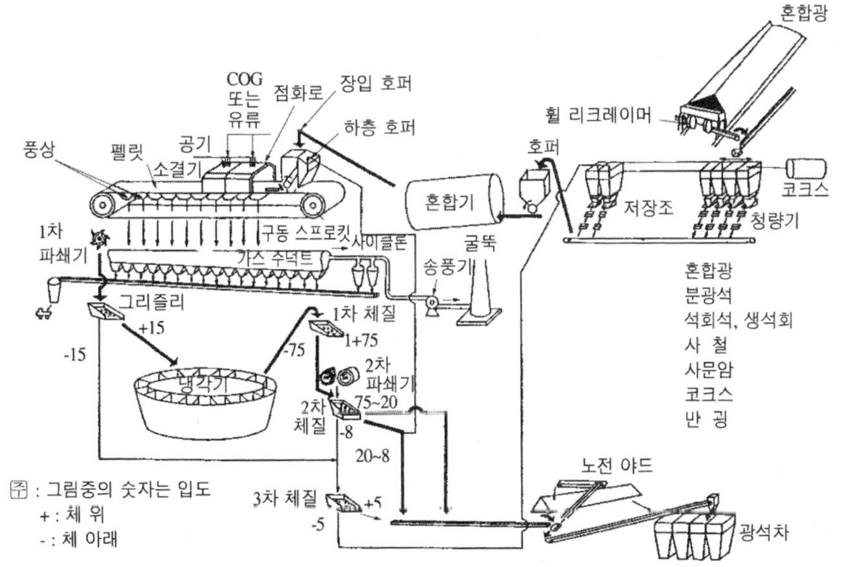

Fig. 2-5 **드와이트-로이드식 소결기의 조업 공정**

소결기에는 그리나 발트식(Greena Walt Pan), AIB식(All mäma Inginiörs Byron Disc) 및 드와이트 로이드식(Dwight Lloyd Machine)이 있으나 현재는 대량 생산 방식인 DL식을 가장 많이 사용하고 있다. DL식 소결기는 [그림 2-5]와 같이 본체, 장입장치, 파레트(Pallet)와 구동 장치, 점화 설비, Wind Box 및 주배풍 설비, 파쇄 및 선별 설비로 구성되어 있다.

5 드와이트 로이드식(DL식) 소결기

1) 개요

연속식 소결기로서 대량생산 및 조업의 자동제어가 용이하여 세계 각 제철소에서 많이 채용하고 있다. 이 소결기에는 장입장치 및 점화장치가 정위치에 있고 원료장입부로부터 배광부까지 연속된 대차(Pallet)가 장입측 스프로킷 휠(Sprocket Wheel)에 의해 구동된다.

이동하는 대차의 그레이트 바(Grate Bar) 위에 원·료를 장입하여 점화와 동시에 그레이트 바 하방으로부터 공기를 빨아내서 소결하고 배광부의 가이드 레일(Guide Rail)에서 대차가 반전하면서 소결된 광석을 배출하고 레일을 통해 급광부로 돌아간다.

이렇게 생산된 소결광은 냉각기와 파쇄기 등의 설비에 의해 냉각과 파쇄가 이루어지고, 고로에 적합한 입도로 선별되어 고로에 장입된다. 소결시간은 약 30분 정도 소요된다.

2) 장점

① 연속식이기 때문에 대량 생산에 적당하다.
② 고로의 자동화가 가능하다.
③ 인건비가 적다.
④ 방진 장치 설치가 용이하다.

3) 단점

① 배기장치 누풍량이 많다.
② 기계 부분 손상 마모가 크다.
③ 1개소의 고장으로 전부가 정지한다(자동제어).
④ 소결 불량 시 재점화가 불가능하다.
⑤ 전력비 소모가 크다.

6 그리나발트식 (GW식) 소결기

1) 개요

그리나발트식 소결기는 [그림 2-6]과 같이 소결냄비가 정위치에 있고 이동 장입차와 점화차에 의해 각각 장입 및 점화를 하고 소결냄비 하방으로 배풍기에 의하여 흡인하여 위층에서 아래층으로 소결한다. 소결이 끝나면 소결냄비를 180° 회전해서 소결광을 배출하여 큰 덩어리를 파쇄하여 사용한다.

2) 장점

① 항상 동일한 조업상태로 작업이 가능하다.
② 소결냄비가 고정되었기 때문에 장입밀도에 변화없이 조업이 가능하다.
③ 1기가 고장이라도 기타 소결냄비로 조업이 가능하다.
④ 배기장치 누풍량이 석다.

3) 단점

① DL식 소결기에 비해 대량생산에 부적합하다.
② 조작이 복잡하여 많은 노력이 필요하다.

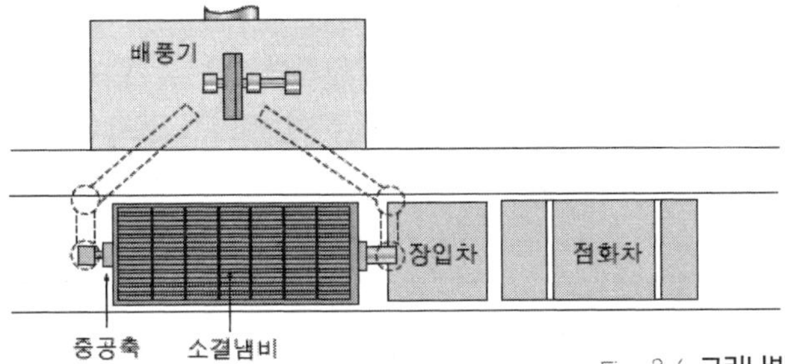

Fig. 2-6 그리나발트식 소결기 구조

7 소결 원료 작업 및 설비

소결 작업은 원료로부터 성품에 이르기까지 수송 작업이 많아 수송 작업을 정확히 이해할 필요가 있다.

원료 공장으로부터 실려온 광석은 원료 저장조(Ore Bin)에 입조되어 다시 믹서(Mixer)를 거쳐 파레트에 장입되어 소결광이 된 광석은 다시 파쇄, 선별 설비를 거쳐면서 수송되어 고로 Bin에 입조하게 된다.

이렇게 많은 수송 과정을 거치다보면 수송 설비의 벨트(Belt)에서 슬립(Slip) 및 사행이 일어날 수 있다.

1) 슬립의 원인

① 벨트 장력 부족
② 벨트가 젖었거나 또는 오물에 의한 벨트 풀리 표면의 마찰 계수 저하
③ 구동 벨트 풀리 표면 마모
④ 이물이 끼어들어 주행 저항 증가
⑤ 과적재로 인한 과부하(Over Load)

2) 사행의 원인

① Return Roller, Head 풀리의 부착물
② Head 풀리 취부불량 및 미모
③ 슈트(Chute) 출구 불량에 의한 편하중
④ 벨트 자체의 결함
⑤ 프레임(Frame)의 결함

8 팬 컨베이어 (Pan Conveyor)

소결 공장에서 Hot 반광과 같이 뜨거운 원료를 운반할 때 내열 벨트로는 불가능하므로, 팬 컨베이어는 고온 물질을 운반할 때 사용하며 에이프런(Apron)의 깊이를 깊게 하여 버켓(Bucket)과 같은 모양으로 되어 있으며 30~60° 정도의 경사에 사용하고 있다.

9 로드밀 (Rod Mill)

로드밀은 회전 원통 분쇄기로서 소결 원료인 분코크스를 분쇄하는 데 사용한다. 원통 내부에 봉강을 넣어 회전시키면서 장입된 코크스(Size 25mm 이하)가 로드의 충격에 의해 분쇄 배출된다.

로드밀의 길이는 직경의 2~4배 정도이며 로드밀의 직경은 80~90mm, 길이는 거의 밀의 길이와 비슷하고(3.5~4.0m), 밀 내용적의 40~45%(135~145톤 : 중량 170~180kg_f/EA)를 차지하고 있다.

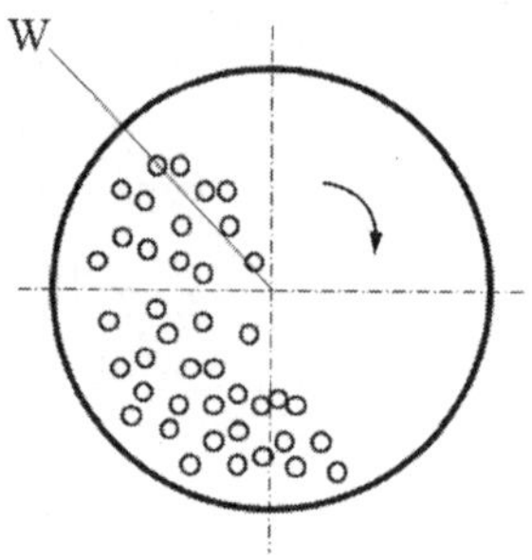

Fig. 2-7 Rod 운동경로

[그림 2-7]과 같이 로드밀의 회전 속도에 의해 로드밀 내부의 높은 곳까지 올라갔던 로드가 중력에 의하여 바닥에 낙하하여 코크스에 충격을 주어 분쇄하는 방법이다.

10 배합 설비

원료 공장으로부터 수입된 원료는 각 저광조(Ore Bin)에 입조되어 절출 장치에 따라 벨트 컨베이어(B·C : Belt Conveyor)를 통해 드럼 피더(Drum Feeder)에서 장입되게 된다.

1) 정량 절출 장치 (Constant Feed Weigher)

저광조(Ore Bin)로부터 원료가 벨트상에 배출되면 벨트가 처지는 상태를 검출하여 그 변화에 따라서 자동적으로 벨트의 속도를 가감하여 목표 절출량에 맞게 절출하는 장치이다.

2) 벨트 피더 (Belt Feeder)

저광조로부터 원료를 최초로 받는 벨트이며 절출량의 가감은 벨트의 속도뿐만 아니라 게이트(Gate) 간격에 의해서도 결정된다. 벨트 컨베이어(B·C)의 기장이 짧기 때문에 B·C의 속도를 30m/min 이하로 한정하고 내마모성을 가진 것으로 선정해야 한다.

3) 테이블 피더 (Table Feeder)

저광조에서 원료가 배출될 때 적당한 간격을 두고 아래에 있는 단판을 회전시켜 그 위에 원추형으로 쌓이는 원료를 스크래퍼(Scraper)로 걸어서 떨어뜨리는 장치이다.

4) 진동 피더 (Vibrating Feeder)

호퍼(Hopper)의 하부에 약간의 경사를 두고 슈트(Chute)를 설치하여 여기에 전기적 진동을 주어서 원료의 유동성을 증가시켜 유출시키는 장치이다.

11 믹서 (Mixer)

소결 원료로는 여러 가지 종류가 있기 때문에 각각을 목표 성분에 대한 배합비에 의하여 Table Feeder, Belt Feeder, Constant Feeder Weigher 등으로 절출을 하는데 이때 반광 및 코크스도 소정의 배합비에 의하여 절출된다. 이렇게 여러 광석 및 코크스 반광이 섞여서 믹서에 장입된다. 믹서는 주로 드럼 믹서(D/M : Drum Mixer)를 사용한다.

D/M은 원통형으로 약간의 경사(2~6°)를 두고 회전하여 드럼 내의 원료를 원심력으로 높은 곳까지 올렸다가 낙하시킨다. 이 작업이 반복되면서 혼합 및 조립 작업이 이루어진다.

원통내에서는 Blade가 취부되어 있어 회전할 때 원료를 긁어 올리는 역할을 하며 살수대가 있어 물을 분사시켜 혼합 및 조립 작업이 이루어진다.

12 소결기 (Sinter Machine)

1) 급광 장치

급광 장치는 혼합 및 조립 처리된 배합 원료의 상부광을 소결기에 급광하는 장치이다. 상부광의 급광 장치로는 상부 호퍼 및 컷 게이트(Cut Gate)가 있으며 배합 원료의 급광 장치로는 급광 호퍼, 드럼 피더, 셔틀 컨베이어(Shuttle Conveyor) 등이 있다.

소결기에 급광되는 배합 원료의 장입 입도 분포 및 장입 밀도의 불균형은 통기도에 영향을 준다. 통기도가 좋고 균일하면 소결 반응은 신속히 이루어져 소결 시간이 단축된다.

따라서 원료를 급광할 때에는 첫째, 통기성을 양호하게 하여야 하고, 둘째, 폭방향으로 연료 및 입도의 편석이 없도록 하여야 하며, 셋째, 수직 방향으로는 정도 편석을 시켜 상층부에 분코크스 함유량을 증가시키고 동시에 조립이 적도록 하여야 한다.

가) 드럼 피더 (Drum Feeder)

드럼 피더는 롤러 피더(Roller Feeder)라고도 한다.

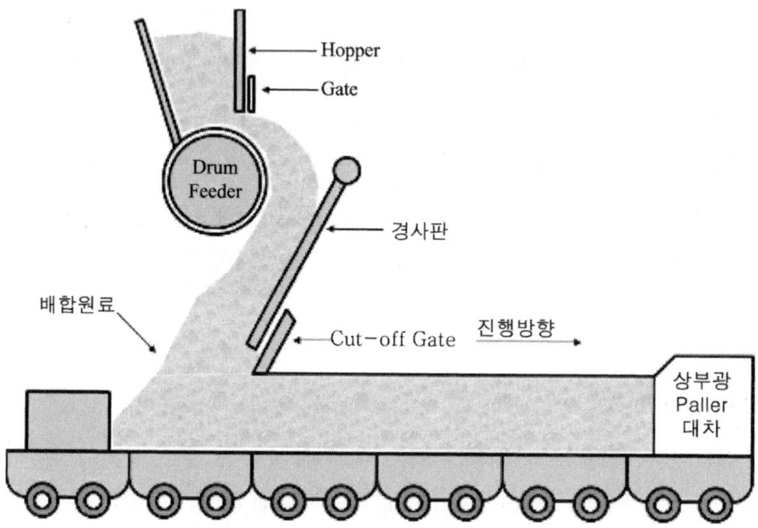

Fig. 2-8 Drum Feeder의 개략도

[그림 2-8]과 같이 드럼의 회전과 동시에 원료는 드럼 직상의 마찰에 의하여 내부로부터 인출되어 밑으로 배출되게 하는 장치이다. 급광량은 드럼의 회전속도와 게이트의 개구도에 의하여 조절되며 드럼 피더의 속도는 파레트 속도의 변화와 연동되게 되어 있다. 경사판의 각도는 50~70°의 범위 안에서 선정된다.

Cut off Plate는 원료가 파레트에 장입되는 두께를 일정하게 유지하도록 하며 소결 상황에 따라 장입 두께의 변경이 가능하도록 되어 있다.

나) 셔틀 컨베이어 (Shuttle Conveyor)

이 장치는 [그림 2-9]와 같이 벨트 컨베이어에 차륜을 설치하여 일정 거리의 레일 위를 소정의 속도로 왕복 운동 하도록 되어 있는 장치이다. 이 장치는 호퍼 내의 입도 편석을 방지할 목적으로 설치되어 있다.

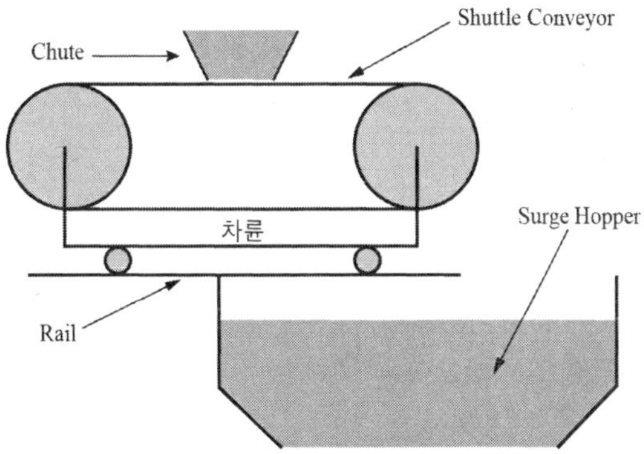

Fig. 2-9 셔틀 컨베이어의 개략도

다) 컷 게이트 (Cut Gate)

컷 게이트란 상부광을 파레트에 장입하는 피더로서 사용하고 있는 형식의 일종이다. 게이트의 개도에 의하여 호퍼 내의 상부광을 파레트의 진행과 동시에 순차적으로 절출하는 장치이다. 또한 컷 게이트는 상부광의 두께를 일정하게 유지하기 위하여 고르개 판의 역할을 겸하고 있다.

2) 점화 장치

점화로는 소결을 하기 위해 장입 원료의 표면에 착화하는 역할을 하는 노로서 연료로는 COG나 BFG를 사용하고 있다.

형식에는 직화식과 반사식이 있다. 직화식은 장입 원료의 표면에 직접 화염을 불어 점화하는 형식이고 반사식은 화염과 복사열에 의해 착화하는 형식이다.

연소 온도는 1,200~1,400℃ 전후이다.

점화 장치에는 노내 연소 속도를 증가하고 고온의 화염을 얻기 위하여 또 폭발을 방지하기 위한 관점에서 공기 송풍기를 포함하고 있다. 가스 압력이 낮은 공장에서는 가스 부스터(Gas Booster)를 설치하는 것이 좋다. 점화로의 과열을 방지하기 위해 빔(Beam)을 설치하여 이 내부에 냉각수를 넣어 연와가 과열되는 것을 방지하고 있다.

3) 본체

소결기 본체는 구동 장치, 레일, Wind Box, 기밀 유지 장치, 전장 조정 장치, 파레트 크리너, 안전 장치 등으로 구성되어 있다.

소결기 본체에서 중점 관리 장치는 첫째, 배광부의 커버 레일에 있는 파레트의 마모 방지 및 전장 조정 장치, 둘째, 파레트와 Wind Box 사이의 누풍 방지 기구, 셋째, 열팽창에 대한 기구로 구성되어 있다.

가) 구동 장치 및 레일

소결기는 통상 소결 상황에 따라 속도 조정을 하기 때문에 가변속 전동기에 의하여 구동된다. 파레트의 구동은 주축에 연결된 좌우 두 개의 스프로켓 휠(Sprocket Wheel)에 의하여 행하여진다. 레일은 급광 및 배광측의 커버 레일을 제외하고 직선 레일을 사용하고 있다.

나) 기밀 유지 장치

소결 반응을 능률적이고 효과적으로 수행하기 위해서는 파레트 상부로부터만 공기를 흡입해야 한다. 그러기 위해서는 이동하는 파레트와 정지하고 있는 Wind Box 상부와의 사이에 완전히 기밀을 유지할 필요가 있다.

다) 대차 (Pallet)

점화로에서 착화된 소결광을 열간 크러셔(Hot Crusher)까지 이동시키는 대차이며 통상 1기의 소결기에는 50~160대의 파레트로 구성되어 배광부까지 연결되어 있다. 파레트는 연속적으로 반복되는 급격한 가열, 방냉, 충격 작용 때문에 특수한 구조로 되어 있지 않으면 안 된다.

라) 화격자 (Grate Bar)

그레이트 바는 파레트 대차 내에 장입된 배합 원료를 받쳐주는 역할을 하는데 구비해야 할 필요 조건은 첫째, 장기간 반복하여 가열, 냉각해도 변형이나 균열이 발생하지 않아야 하며, 둘째, 고온에서도 강도가 높아야 하고, 셋째, 고온에서 내산화성이 커야 한다.

마) 윈드 박스 (Wind Box)

파레트 위의 소결 원료 층을 통하여 공기를 흡입하는 장치로서 열에 강한 내식성, 내열성 강판재로 되어 있다.

바) 배광측 커브 레일 및 전장 조정 장치

파레트를 상부 레일로부터 하부 레일에 반출시키기 위해 통과하는 반원형의 레일을 커브 레일(Curved Rail)이라고 한다.

파레트는 열팽창에 의해 전장이 늘어나는데 파레트 마모나 조업 조건에 따라 변한다. 파레트 간격이 커지면 낙하 충격이 증가하고 수명을 단축시키며 누풍을 초래하여 구조물에 충격 하중을 주게 되므로 이 간격을 조정하는 장치를 전장 조정 장치라 한다.

사) 열간 크러셔 (Hot Crusher) 및 열간 스크린 (Hot Screen)

크러셔는 배광부에서 낙하되는 소결광을 150mm 이하로 파쇄하는 역할을 하며 고열의 충격을 받으면서 파쇄를 하므로 내열성, 내충격성 및 내마모성을 갖추어야 한다. 따라서 축의 내부에 물을 통과시켜 내열 및 내마모를 방지하고 있다.

스크린은 크러셔에서 파쇄된 소결광을 진동 스크린으로 선별하는 설비로서 5mm 이하는 팬 컨베이어를 통해 반광 저장고로 입조되며, 5~150mm는 냉각기로 이송된다.

아) 냉각설비 (Cooler)

열간 스크린으로부터 이송된 약 700~800℃의 소결광을 30~40℃로 냉각시키는 설비로서 냉각 방법은 Bin 타입의 원형 회전 테이블을 사용하고 있다.

이 방법은 냉각광 층을 두껍게 하여 흡인 통풍 방식에 의해 소결광의 균일 냉각을 하는 것이다. 본체를 V자 형으로 구분한 호퍼 내에 고온 소결광을 넣고 약 1.5시간 보유시키는 동안에 호퍼 좌우의 내, 외부에서 찬공기를 흡인하여 냉각시키는 것으로 냉각된 소결광은 호퍼 저면의 턴테이블에 연속적으로 긁어 떨어뜨린다.

4) 파쇄 및 선별 설비

가) 냉간 스크린 (Cold Screen)

냉각기에서 냉각된 소결광을 선별하는 장치로서 50mm 이하는 2차 냉간 스크린에서 처리하고, 50mm 이상의 크기는 냉간 크러셔(Cold Crusher)로 이송되어 다시 파쇄한다.

나) 냉간 크러셔 (Cold Crusher)

냉간 스크린에서 이송된 50mm 이상의 소결광을 50mm 이하로 파쇄하여 2차 냉간 스크린으로 이송하거나 고로에 직송한다.

다) 2, 3차 냉간 스크린

냉간 스크린이나 냉간 크러셔를 거쳐 나온 소결광은 2차 스크린에서 10mm 이하는 3차 냉간 스크린으로 이송되고, 5mm 이상은 고로 Bin으로, 5mm 이하는 냉간 반광으로 반광 Bin에 입조된다. 2차 스크린에서 10~15mm의 상부광을 선별하여 상부 Bin으로 입조시킨다.

5) 주 배풍기 (Main Blower)

배풍기는 소결기에서 발생된 배기가스를 Wind Box, 배풍 지관, 배풍 본관 등을 통하여 흡인해서 연돌로 내보내는 역할을 하고 있다.

배기 가스의 온도는 일반적으로 120℃ 정도이며 성분은 CO_2, O_2, SO_2, N_2 등이지만 일반적으로 CO_2를 약 5% 정도 포함하고 있는 공기로 취급할 수 있다.

소결기로부터 흡인되는 배기 가스 중 연진의 배분은 고정 챔버(Settling Chamber), E.P 등에서 제거되지만 배풍기 입구에서의 가스 중에는 0.05~0.5g/m^2의 연진이 포함되어 있다.

배풍기의 흡인 풍량은 소결기의 능력 및 조업 조건에 따라 다르지만 흡입 압력의 증감은 소결광의 생산량과 직접 비례하고 소요 동력이 증가하기 때문에 생산량에 대한 경제적인 전력 소비량이 고려되어야 한다.

소결기의 조업 조건에 따라 배풍기의 흡입 풍량이 감소할 경우 배풍기 입구에 설치되어 있는 댐퍼가 열려 있는 상태로 있으면 서징(Surging) 현상이 발생하는 일이 있으므로 배풍기의 특성으로서는 Surging 한계 풍량이 50~60mm 이하의 것이 바람직하다.

6) 집진 설비 (E.P : Waste Gas Electrostatic Precipitator)

소결기 본체내에의 연진 처리를 위한 집진 설비로서 주 배풍기에서 가스 중에 함유된 연진과 Wind Box를 통해 가스를 흡입할 때 가스 중에 혼합된 연진 입자가 E.P 박스 내의 양극(+, −)관에 충돌하면 장치내에서 정전기가 발생하고, 발생된 정전기는 플라즈마를 형성하면서 미세먼지를 집진판에 흡착시켜 집진이 이루어진다.

Section 04 소결용 원료 배합

1 소결 원료

1) 소결 원료의 분류

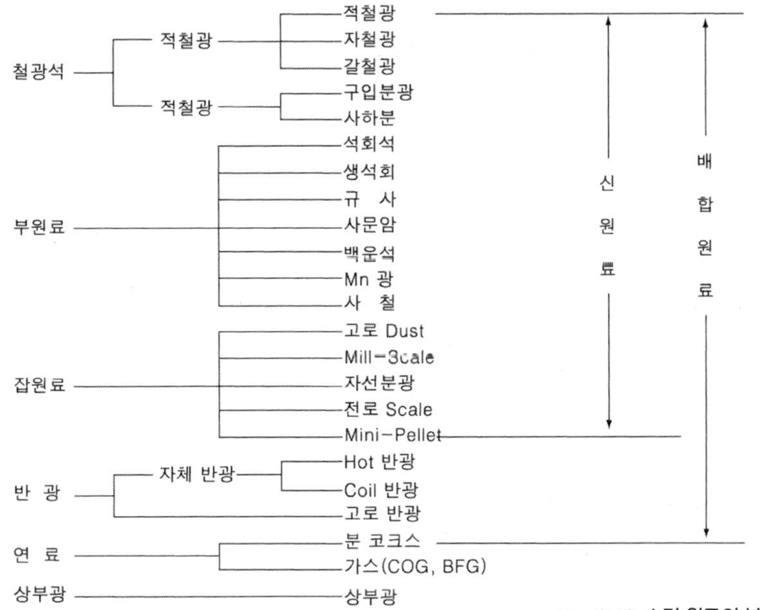

Fig. 2-10 **소결 원료의 분류 방식**

2) 소결 원료의 특성

가) 철광석

① **적철광** : Fe_2O_3가 주성분으로 Fe가 62~68% 정도 함유되어 있어야 한다. 외관상 보통 치밀조직으로 적색 또는 적흑색이며, 피환원성은 자철광보다 양호하나. 우리나라에서 수입하는 광석의 대부분이 적철광계이다.

② **자철광** : $Fe_3O_4(=Fe_2O_3+FeO)$가 주성분으로 Fe_2O_3가 70% 정도이며, Fe는 62~68% 정도 함유되어 있어야 한다. 매우 경하고 자성이 풍부하며 색은 회흑색 또는 흑색이다. 조직은 매우 치밀하여 고로에 장입하였을 경우 환원 가스 의한 반응성이 나빠서 환원이 어려운 광석이다.

③ **갈철광** : $2Fe_2O_3 \cdot 3H_2O$가 주성분으로 Fe_2O_3가 85.5%, H_2O가 14.5%, Fe가 59.5% 정도이다. 적철광이 풍화 분해된 것으로 As, P, 화합수 등을 많이 함유한 것으로 그대로는 고로에 사용할 수 없다.

④ **능철광**($FeCO_3$) : FeO가 62.1%,(Fe 48.2%), CO_2가 37.9% 정도이다. 일명 탄산 철광이라 불리우며, 석회 Mn분을 함유하고 있으며 P가 적은 광석이다.

나) 부원료

① **석회석** : 소결광의 CaO조정용으로 사용(CaO 50~55%)

② **생석회** : 소결 원료 혼합 조립시 의사입화 향상을 위한 점결제로 사용

③ **규사** : 소결광의 SiO_2 조정용으로 사용(SiO_2 88%)

④ **사문암** : 소결광의 MgO, SiO_2 조정용으로 사용 (MgO 34%, SiO_2 42%)

⑤ **백운석** : 소결광의 MgO_3, CaO 조정용으로 사용(MgO 26%, CaO 32%)

⑥ **Mn광** : 소결광의 Mn 조정용으로 사용

⑦ **사철** : 고로 노저 연와 보호를 위한 TiO_2 원으로 사용하나 소결광 환원 분화(RDI)를 촉진한다.

다) 잡원료

① **고로 연진**(Dust) : 고로 발생 가스로부터 포집된 연진으로서 Carbon이 30~50% 함유되어 있으므로 열원으로 사용된다.

② **밀 스케일**(Mill Scale) : 압연 공정에서 발생되는 부산물로 FeO 함유량이 많으므로 소결 사용 시 소요 열량을 감소시키나 오일이 함유되어 있어 전기 집진기 내의 화재를 유발할 우려가 있으므로 사용상 주의를 요한다.

③ **자선 분광과 전로 슬래그** : 전로 취련 시 발생되는 슬래그로서 파쇄 자선 처리된 것은 자선 분광, 자선 처리 시 부산물로 발생된 것은 전로 슬래그라 하며 공히 P성분이 많으므로 사용상 제한을 많이 받는다.

Table 2-3 **자선분광과 전로 슬래그의 성분**

	T.Fe	CaO	P
자선 분광	42.5%	29.5	0.45
전로 Slag	22.5	40.0	0.05

④ **미니 펠릿**(Mini-Pellet) : 제철소 내에서 발생되는 소결 집진 연진, 고로 슬러지(Sludge), 전로 슬러지, 전로 연진 등 미분 원료를 적정 수분 및 점결제를 펠레타이저(Pelletizer)로 조립한 것으로 고로에 유해한 Zn이 높아 사용상 제한을 받는다.

라) 반광

① **자체 반광** : 적정한 입도의 성품 소결광을 제조하기 위해 필연적으로 발생하는 것으로 성품 처리 계통에서 발생되는 반광을 Cold 반광이라 한다. 반광의 입도는 신원료에 비해

조대하기 때문에 소결 원료의 통기성을 향상시켜 생산성 및 품질을 개량하는 역할을 하기 때문에 적정한 반광 발생은 필요한 것이다.

② **고로 반광** : 고로에 장입되기 전 최종적으로 발생되는 반광을 말한다.

마) 분코크스

소결 연료로서 가장 적합한 것으로 소결 연료용 코크스로는 휘발분이 적고 고정 탄소(Fixed Carbn)가 높으며 최고 도달 온도가 높고 그 온도의 지속 시간이 길어 원료가 충분히 소결될 수 있어야 한다.

특히 분코크스의 입도는 배합 원료의 통기성을 크게 좌우하며 연소과정 또는 최고 도달 온도 등에도 영향을 끼치기 때문에 균일한 입도가 요구된다.

바) 상부광

소결기 그레이트바(Grate Bar) 상에 깔아주는 조립의 원료로서 성품 소결광 중 10~15mm 정도의 것을 골라 사용하고 있으며 역할로는 그레이트바의 막힘 방지, 적열 또는 용융 부착 방지, 세립 원료가 빠져나가는 것을 방지 등의 역할을 한다.

3) 소결 연료

소결 연료로서 가장 적합한 분코크스로는 휘발분이 적고 고정 탄소(Fixed Carbn)가 높으며, 최고 도달 온도가 높고 그 온도의 지속 시간이 길어 원료가 충분히 소결될 수 있는 것이어야 한다. 특히 분코크스의 입도는 배합 원료의 통기성을 크게 좌우하며 연소과정 또는 최고 도달 온도 등에도 영향을 끼치기 때문에 균일한 입도가 요구된다.

연료용 분코크스로 입도 15~25mm 이하의 것을 보통 로드 밀(Rod Mill)에서 분쇄하여 사용한다. 분쇄 후 전동 스크린(Screen)을 사용하여 미분을 완전히 제거하는 곳도 있다. 분코크스 입도는 평균입도는 5mm 이상으로 관리한다. 이것은 코크스 입도가 배합 원료의 입도와 관계가 있고, 생산율 및 코크스 원단위와 관계가 있기 때문이다. 분코크스의 배합률은 3~10% 정도이며, 조업자의 경험이나 과거의 실적에 따라 결정하고 있다.

4) 소결 원료 구비조건

소결용 원료의 가치를 평가할 경우에는 물리적인 성상, 화학적 성분을 평가해야 하며 소결성이 좋은 원료는 다음과 같이 조건을 갖추어야 한다.

- 생산성이 높은 원료
- 강도가 높고, 분율이 낮은 소결광을 제조할 수 있는 원료
- 적은 원료로써 소결할 수 있는 원료

가) 물리적 성상

소결광은 고로 내 조업을 원활하게 하기 위하여 우수한 기공률이 요구된다. 다른 광석에 비해 기공률이 높아 고로 내에서 가스환원이 용이하고 고로 가스와의 열교환도 촉진되기 때문에 고로 연료비가 저하하고 생산성이 증가한다.

그리고 고로 조업에서 요구되는 적정한 입도를 요구하고 있어 소결 처리설비를 거쳐 입도 5~50mm 정도로 정립되어야 한다. 소결광의 입도는 고로 노 내 통기성에 큰 영향을 주므로 입도면에서 요구되는 조건은 가루가 적고(−5mm ≤ 5%), 큰 덩어리(대괴)가 적은(+50mm ≤ 5%) 적정 입도로 정립되어 있어야(5~50mm) 한다. 입도 5mm 이하의 분광석이 증가하면 고로 내에서 가스의 흐름을 저해하여 장입물의 강하가 불균일하여 노황이 불안정하게 되며, 입도 50mm 이상인 대괴가 증가하면 노 내에서 가스와의 접촉면적이 적어 피환원성이 나쁘게 되는 요인이 된다.

나) 화학적 성분

소결원료의 화학적 성분으로 유용성분인 Fe, Mn, CaO 등이 많아야 하고 유해성분은 P, S, As, Cu, Zn, K_2O, Al_2O_3 등이 적어야 한다. 이와 같은 원소들은 로내에서 철광석이 환원되면서 선철 중에 유입이 되며 이후 공정에서 제거하기가 곤란하고 제품의 품질에 악영향을 미치므로 유해성분이 적은 원료일수록 좋다.

조재성분으로서 원료 중의 CaO, SiO_2, Al_2O_3, MgO는 생산율, 코크스 원단위 및 제품강도에 영향을 미친다. 생산율은 CaO, SiO_2의 증가에 따라 향상하고, Al_2O_3, MgO가 증가하면 생산성을 저해한다. 일반적으로 갈철광에는 결합수와 Al_2O_3가 많고, 또 입도구성이 나쁘므로 소결성이 나쁘다. 코크스 원단위는 CaO가 증가하면 배합원료의 융점이 저하하여 코크스량은 저하하지만, Al_2O_3, MgO가 증가하면 강도를 높이기 위하여 코크스량은 증가한다.

제품강도는 CaO, SiO_2는 증가시키고 Al_2O_3, MgO, 결정수는 저하시킨다. 조재성분의 조절이 필요할 때에는 CaO에 대하여 석회석, SiO_2에 대하여 규석 및 고로재, MgO에 대하여 사문암, 돌로마이트(Dolomite) 등을 첨가한다. 특히 SiO_2 및 MgO성분의 조정은 고로에서의 광재량 및 성분과 직결되며, Al_2O_3 저하 또는 점성의 저하에 의한 탈황대책으로 중요하다.

다) 소결용 철광석의 구비조건

① **철의 함유량이 높아야 한다.**

철분이 낮은 철광석은 맥석을 다량으로 함유하고 있기 때문에 회수율이 작아지고 맥석도 용융하여야 되기 때문에 연료비가 상승하고 슬래그 처리량도 증가한다.

② **부착수분, 결합수분이 적어야 한다.**

철광석의 수송비는 습량을 기준하여 지불하게 되므로 수송비 부담이 커지고 결합수분이 높을수록 통기성을 저해하고 연료비 증가요인이 된다.

③ **맥석이 용융되기 쉬운 성분이어야 한다.**

고로 슬래그(Slag)의 유동성은 슬래그 중의 $A1_2O_3$가 13~15% 정도일 때가 가장 좋으며, $A1_2O_3$ 성분이 높으면 용융점이 상승하고 슬래그 유동성이 악화된다. 그러므로 광석 중의 $A1_2O_3$ 성분이 낮을수록 좋다.

④ **피 환원성이 좋아야 한다.**

철광석은 고로 내에 체류하는 동안에 환원이 되면서 순수한 철로 되는데 피 환원성이 좋은 광석일수록 연료비 저하에 기여할 수 있고, 환원성이 나쁘면 광석 상태로 노저에 하강하므로 풍구 파손의 피해를 준다.

⑤ **열 강도가 좋아야 한다.**

고로 내에서의 철광석 하중에 잘 견디어야 하고 하부 열풍에 통기성을 제공키 위해서는 열간 강도가 좋아야 한다.

2 소결 원료의 배합

1) 혼합과 조립

저광조(Bin)로부터 절출된 각 원료는 소결기에 장입되기전 원료 배합 과정에서 혼합, 조립된다. 원료의 배합 상태는 소결 조업, 품질에 큰 영향을 미치므로 원료가 저광조로부터 설정값대로 균일하게 연속적으로 절출되어야 하고 믹서에서 충분히 혼합시켜 배합 원료 중의 코크스 반광, 부원료 및 수분 등이 균일하게 분포되도록 하여야 한다. 또한 원료의 절출, 혼합 이외에 배합 과정에서의 원료의 조립 상태(의사 입화)는 소결 생산성 및 코크스 연소성을 좌우하게 되므로 믹서에서 충분히 의사 입화시켜 소결 베드(Bed) 내의 통기성을 향상시켜야 한다. 소결 과정에서 중요한 요인인 원료의 혼합 및 의사 입자화를 향상시키기 위해 설비 및 조업 측면에서 여러 가지 방법이 시도되고 있으나 이중 기대 효과가 큰 것은 생석회 첨가와 믹서 설비 능력 증강이라 할 수 있다.

2) 의사 입자

원료 배합 과정에서 적정 수분 첨가 및 롤링에 의해 원료 중의 입자가 큰 대립의 핵이 되며, −0.25mm의 미립이 핵입자 주위에 부착되어 의사 입자를 형성하는 것을 의사 입화라 한다.

가) 전입도와 의사 입도의 구성 상태

Table 2-4 **입도의 구성 상태**

전입도(mm)	역할	구성 상태
+1	핵입자	의사 입자의 핵을 구성하는 1~3mm가 핵으로 적당하다.
0.2~1	중간입자	핵으로도, 부착층으로도 되기 어렵다.
−0.2	부착입자	핵입자에 부착되어 부착층을 형성하는 입도

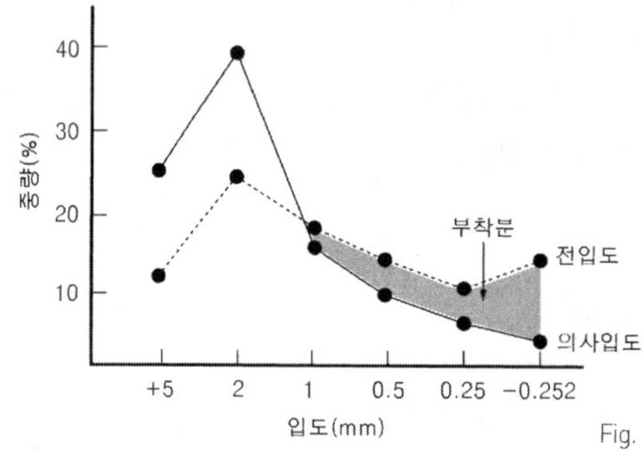

Fig. 2-11 **입도의 구성 상태**

나) 의사 입자의 형태

① S형 의사 입자

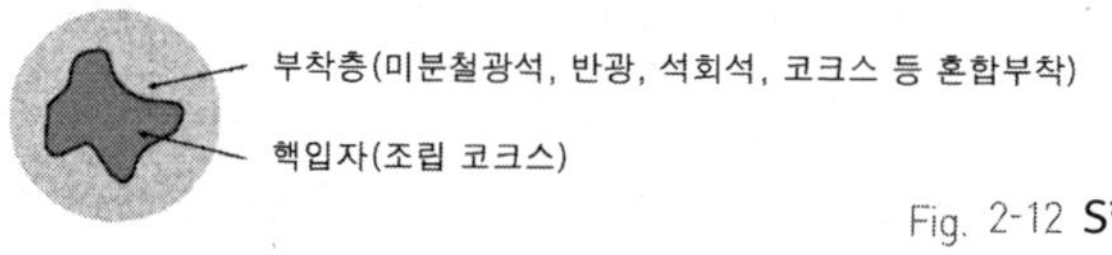

Fig. 2-12 **S형 의사 입자의 형태**

② C형 의사 입자

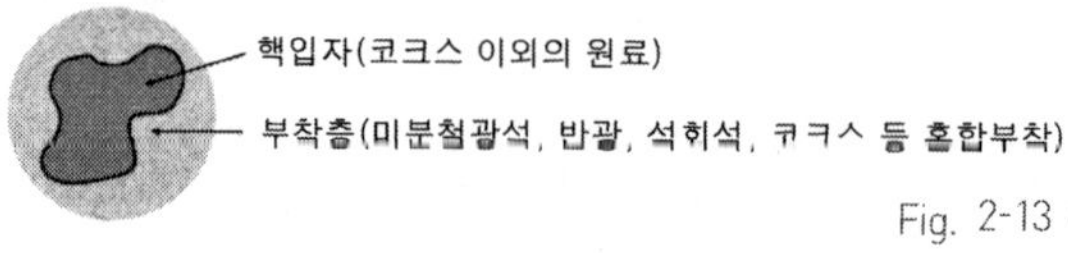

Fig. 2-13 **C형 의사 입자의 형태**

③ P형 의사 입자

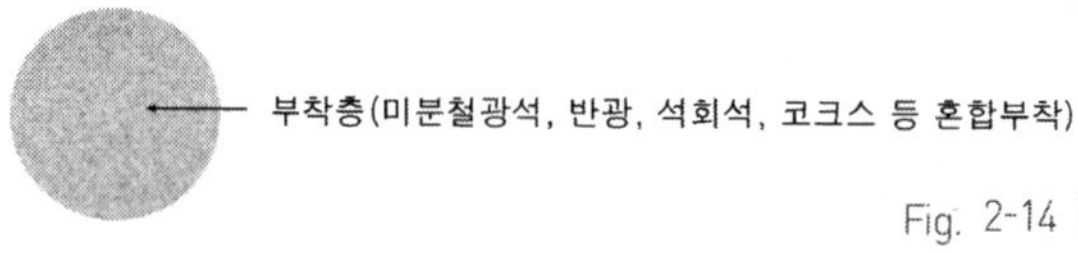

Fig. 2-14 **P형 의사 입자의 형태**

다) 의사 입자의 역할

S형 의사 입자는 코크스가 핵입자가 되고, 부착층으로 미분철광석, 반광, 석회석, 코크스 등으로 형성된다. 이것이 증가하면 코크스 연소 속도와 연소 시간이 떨어지고 반면 열 교환 시간은 증가한다. 따라서 열 편석과 베드(Bed)내 열 패턴(Heat Pattern)이 불균일해 진다.

C형 의사 입자는 핵입자로는 광석, 반광, 석회석 등 코크스 이외의 것이며, 부착층으로 미분철광석, 반광, 석회석, 코크스 등이 형성된다. 이 입자는 미분 코크스의 부착으로 연소 표면적이 커져서 베드 내 열 패턴이 균일해진다. 그러나 연소 속도는 증가되고 열 교환 시간과 연소 시간은 떨어진다.

P형 의사 입자는 철광석, 반광, 석회석, 코크스 등의 미분이 혼합된 입자로, 코크스의 연소성 악화로 생광석이 존재하기도 하며, 열 패턴의 불균일을 초래하므로 의사입자 중 조업상 가장 불량한 입자이다.

의사 입화는 조립성 향상, 성분 균일화로 충진층의 통기성을 향상시켜 층후를 올려 연소 상태를 개선한다. 이렇게 되면 생산성 및 회수율 향상, 원단위 절감, 품질 향상을 가져오게 된다.

2) 생석회 첨가

생석회는 유효 CaO 90% 이상의 성분 조정을 갖고 있으며 소결 원료 중에 접착제(Binder)로서 첨가되어 믹서에서 혼합 조립 시 물과 반응하여 강력한 점착력을 가지므로 소결 원료의 의사 입화성을 향상시켜 소결 베드 내의 통기성 및 코크스 연소성을 향상시킨다.

가) 의사 입화 촉진

생석회는 믹서 내에서 첨가수와 반응하여 1mm 이하의 미세 결정의 $Ca(OH)_2$로 변하여 원료 입자와 잘 결합하므로 의사 입화를 촉진한다.

나) 의사 입자 강도 향상

생석회는 물과 반응 시 발열 반응을 하므로 이 발열 반응에 의해 부착층 간의 수분이 증발되어 원료 입자 간의 결합을 더욱 강하게 한다.

다) 소결 베드 내에서의 의사 입자 붕괴량 감소

의사 입자의 강도가 향상됨에 따라 소결 베드 내로 장입 시 의사 입자가 붕괴되는 현상을 감소시킬 수 있다.

라) 환원 분화(RDI) 개선 및 성분 변동 감소

첨가수와 반응하여 생성된 미세한 $Ca(OH)_2$는 균일하게 분산되며 Ca－Ferrite의 생성을 촉진하므로 환원 분화 개선 및 성분 변동이 감소된다.

3) 수분 첨가

소결의 일상 조업 관리에 있어서 수분 제어는 코크스 배합비와 함께 가장 기본적인 관리 항목으로 배합 원료에 수분 첨가는 다음과 같은 소결 공정에서 중요한 의미를 갖는다. 첫째로 수분 첨가에 의해 미분 원료의 응집에 의한 통기성 향상, 둘째로 소결 층 내의 온도 구배를 개선하여 열효율 향상, 셋째로 소결층의 연진 흡인 비산을 방지한다.

가) 통기성 향상

소결 원료 중에는 입경이 0.25mm 이하의 미분이 20% 이상으로서 이 미분의 원료가 조립 원료의 공극을 메우고 있으므로 건조한 상태에서는 통기성이 극히 바쁘다. 이러한 원료에 적정의 수분을 첨가하면 물의 표면 장력에 의해 미분 원료가 응집하거나 조립 원료에 부착하여 원료 입자 사이의 공극률을 증가시켜 통기성을 향상시킨다.

따라서 수분이 첨가된 원료는 건조한 원료에 비하여 용적이 증가하게 된다. 이것을 물에 의한 원료의 팽윤이라 한다.

나) 열효율 향상

수분을 첨가하지 않은 경우 소결대에서의 최고 온도가 떨어지고 배가스 온도가 상승하여 열효율이 나쁘게 되며 소결광 품질을 저하시킨다.

3 소결원료 혼합 및 조립 장치

철광석 빈(Bin)에서 불출된 소결원료는 혼합(Mixing) 및 조립(Granulation)하는 장치로 조립 효과가 우수하고 대형화가 가능한 드럼 믹서(Drum Mixer)가 널리 채용되고 있다. 드럼 믹서(Drum Mixer)를 거친 소결원료는 리롤링 드럼(Rerolling Drum)에 의해 혼합과 조립이 이루어진다.

1) 드럼 믹서 (Drum Mixer)

가) 형식

드럼 믹서(혼합기)는 원료절출장치에서 다양한 종류의 소결원료를 소정의 배합비로 절출 후 반광, 수분 등을 적당히 첨가하여 혼합하는 설비로 원통형의 드럼을 경사를 주어 회전하면 드럼 내의 원료는 원심력이 작용하여 높은 곳까지 올라가서 중력에 의해 낙하하면서 혼합과 조립이 이루어진다.

나) 믹서의 적정 능력

믹서의 능력은 체류 시간과 점유율로서 나타내고 있으며 최근에는 의사 입화에 의한 통기성 향상뿐만 아니라 원료의 균질화를 위하여 체류 시간을 길게 하는 경향이 있다.

주의해야 할 사항은 회전수가 빠를 경우 원료가 원심력에 의해 똑바로 위까지 올라가서 낙하하기 때문에 충격을 주어 좋지 않다. 또한 매우 빠를 경우 원심력이 중력을 이기고 내벽에 부착하여 혼합 및 조립은 말할 것도 없고, 원료의 진행거리가 짧아져 혼합과 조립이 낮아진다.

다) 믹서의 믹싱 기간

배합 시간이 증가하면 배합 원료 중의 SiO_2와 탄소 입도의 변동 폭이 감소된다. 또한 배합 시간과 의사 입화의 관계는 배합 시간이 증가하면 미부착분이 감소되어 의사 입화가 향상되며 8분까지는 배합 효과가 있다.

2) 리롤링 드럼 (Rerolling Drum)

드럼믹서에서 혼합된 원료를 리롤링 드럼에 장입하여 수분을 첨가하면서 드럼을 회전시키면 가변성이 생겨 배합원료 중에 포함된 비교적 사이즈가 큰 원료나 코크스분, 반광을 핵으로 하여 주위의 분광이 부착하여 구상화한다.

Section 05 소결용 원료 장입

1 원료의 장입

장입 원료 베드를 여러층으로 나누어 조사하여 보면 각층은 각각 다른 입도 및 탄소 분포를 가지고 있다.

입도 분포, 탄소 분포, 가스 저항, 통기 속도 및 소결 반응 등에 따라 각층의 소결 진행 속도가 변하고 생산 및 품질에 큰 영향을 미치므로 장입 작업은 소결 공정에서 중요한 작업이라 할 수 있다.

조립과정을 마친 배합원료는 장입장치를 거쳐 소결기에 장입된다. 소결층의 통기성 및 열효율을 개선하기 위해서는 [그림 2-15]와 같이 소결기의 하부층에 대립이, 상부층에 미립이 위치하는 수직편석을 조장하여야 한다. 즉, 미립의 코크스가 상부층에 위치함으로서 점화로에서 착화가 용이하게 되고 하부층에 대립의 철광석이 많이 위치하게 됨에 따라 하부층의 열량 과잉이 방지되고 통기성이 좋아지게 된다. 소결기의 폭방향으로는 입도편석이 없도록 장입하여야만 균일 소성이 이루어져 소결회수율 및 품질이 개선된다.

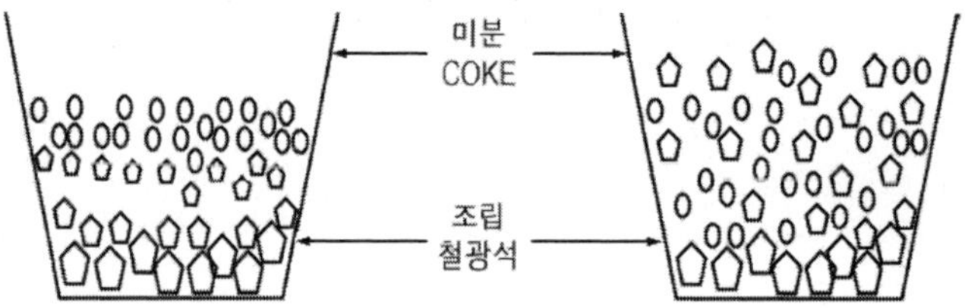

Fig. 2-15 **배합 원료의 장입 형태**

2 편석

편석이라 함은 소결기 대차(Pallet)에 장입된 장소에 따라 원료의 입도의 분포비율이 다른 것을 의미하며 수평 방향의 편석을 폭방향 편석이라 하고 수직 방향의 편석을 수직 편석이라 한다.

1) 수직 편석

원료를 장입하면 서지 호퍼(Surge Hopper)에서 드럼 피더(Drum Feeder)를 거쳐 디플렉트 플레이트(Deflect Plate)에 충돌하면서 입자가 큰 조립의 원료는 파레트(Pallet) 대차의 하층에, 입자가 작은 세립의 원료는 상층에 장입되는 수직 편석 현상이 일어나게 된다. 이 경우 비중이 작은 분코크스는 상층부에 쌓이게 되지만 소결의 열분포를 생각하면 오히려 효율적이라 할 수 있다.

이러한 편석 장입에 의해 [그림 2–16]과 같이 상층부에 세립이 많게 되어 장입 표면을 좋게 하며 착화가 향상되고, 편석에 의한 통기성을 향상시키고, 하층의 코크스가 작은 조립의 원료는 그레이트 바를 보호하고, 상층부에는 세립의 코크스가 많이 분포하게 되므로 회수율 향상에 기여하게 된다.

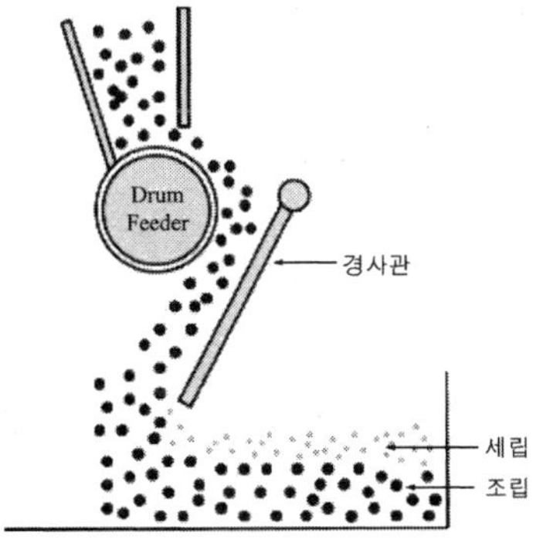

Fig. 2-16 **편석 장입**

한편 서지 호퍼 내에서의 원료 편석은 베드에서의 장입 상태를 불균일하게 하므로 셔틀 컨베이어(Shuttle Conveyor)를 사용하여 균일한 입도를 유지할 수 있다.

또한 서지 호퍼 내에서의 편석은 절대 금물이며 편석이 생길 경우 파레트 양 사이드에 조립을 장입하게 되어 [그림 2–17]과 같이 파레트 내의 소결 진행을 불균일하게 하는 요인이 된다.

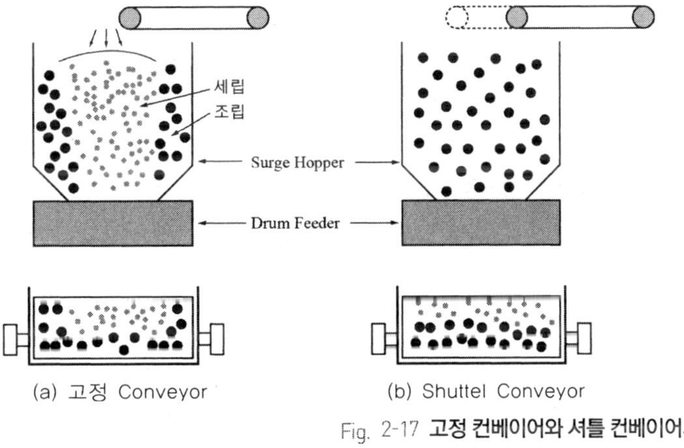

Fig. 2-17 **고정 컨베이어와 셔틀 컨베이어의 입도분포**

2) 폭방향 편석 (수평 편석)

폭방향 편석은 소결속도를 불규칙하게 되어 배광부에서 소결상태가 고르지 못하며 성품의 회수율 저하 또는 생산속도 저하로 생산성이 감소하는 요인이 되므로 주의를 해야 한다. 이와 같은 폭방향 편석을 발생시키는 원인은 다음과 같다.

가) 급광 서지 호퍼(Surge Hopper)에서의 편석

서지 호퍼(Surge Hopper)에 벨트 컨베이어로부터 급광이 일정하게 이루어지려면 호퍼(Hopper)내에 원추형으로 쌓이게 되고 가장자리에는 커다란 입도의 조립광석이 많이 쌓여 편석이 발생한다. 이렇게 쌓여진 원료가 급광기에 의해 대차(Pallet) 위에 그대로 급광되면 대차 양측 가장자리에는 통기성이 너무 좋아 소결 결합이 나쁘게 되어 소결성이 떨어지고 중앙부에는 입도가 작은 세립의 광석이 쌓여 통기성이 떨어져 전체적으로 소결속도를 저하시킨다.

나) 배사판(Deflector Plate)에서의 광석 부착

배사판에 광석이 부착하게 되면 소결원료가 장입된 표면에 요철(凹凸)이 발생하게 되며 凹된 부분으로부터 대차에 장입된 배합원료의 양은 다른 부분에 비하여 적게 된다. 이에 따라 대차 위의 장입상태는 凹凸의 굴곡이 생겨 凹부분에는 조립이 많아지게 되며 통기성이 떨어져 소결성을 저해하는 요인이 된다. 이러한 현상을 방지하기 위하여 광석이 잘 부착하지 않는 판(Plate)을 사용하거나 판에 진동장치(Vibrater)를 설치하기도 한다.

3) 바람직한 편석

소결성을 향상시키기 위해서는 수직편석을 조성하는 것이 바람직하다. 소결성을 향상시키기 위한 바람직한 편석은 다음과 같이 조성한다.

가) 세립광석은 소결층 상부에 조립광석은 소결층 하부로 하는 편석

광석의 입도가 조립일수록 반응성이 나빠 조립광이 층상부에 모여 있으면 가열 부족으로 충분히 괴상화될 수 없는 문제점이 있다. 층상부를 세립으로 하고 층하부를 조립으로 하면 소결성도 우수하고 통기성도 좋게 되어 소결생산성이 향상되므로 수직편석을 조장하게 된다.

나) 코크스의 함유율은 상층일수록 높다.

소결층 내의 열분포는 상층에 예열이 적기 때문에 온도가 낮으며 고온까지 도달하는 시간도 짧으므로 코크스로부터 공급되는 열량을 증가시키기 위하여 상층일수록 코크스량을 많게 해야 한다.

다) 석회석($CaCO_3$)은 상하 균등하게 하거나 하층에 많게 한다.

상층부에 석회석이 적으면 취약한 소결성을 가지므로 석회석의 양을 상하 균등하게 하거나 상층부에 많게 하는 것이 좋다.

4) 편석을 발생시키는 요인

① 입도가 클수록 경사면을 굴러가 하층에 쌓인다.

② 입자가 구상일수록 하층에 쌓이고 요철(凹凸)이 많을수록 상층에 쌓인다.

③ 수분이 많을수록 점성이 커서 상층에 쌓인다.
④ 부착력이 클수록 점성이 커서 상층에 쌓인다.
⑤ 비중이 작을수록 낙하 에너지가 적어 상층에 쌓인다.
⑥ 배사판(Deflector Plate)의 경사도가 작을수록 편석의 정도가 크게 된다.
⑦ 소결 층후를 높게 하면 편석도는 적게 된다.
⑧ 대차의 속도가 빠르면 급광량이 증가하기 때문에 편석을 형성할 시간이 없어 편석도는 작게 된다.

3 밀도

파레트의 장입에 있어서 가장 중요한 것은 통기성 확보라 할 수 있다. 표면 쪽으로의 압장입은 상층부의 소결광이 치밀하게 되어 강도 상승의 요인이 된다.

또한 원료 사정 등으로 통기성의 악화가 계속될 경우 [그림 2-14]와 같은 통기바를 집어넣어 강제적인 공간을 만들어 통기성을 향상시키는 경우도 있다. 통기성의 향상으로 인하여 생산성이 5~10% 정도 향상될 수 있다.

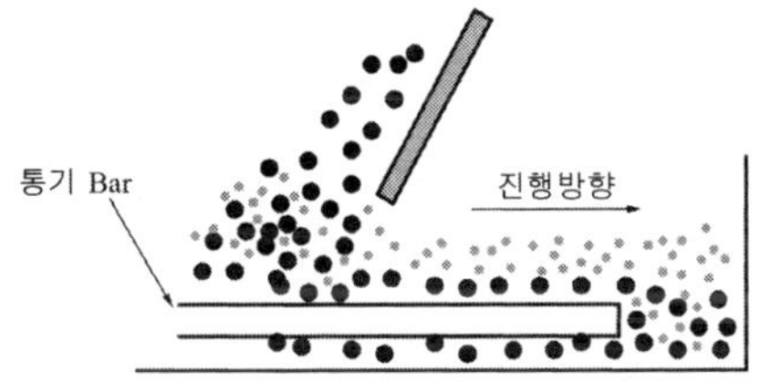

Fig. 2-18 **통기바 삽입 효과**

4 층후

층후는 열교환을 좋게 하여 열효율을 높이려는 면으로 볼 때 높을수록 좋으나 소결속도를 높이는 데에는 통기저항성 면에서 낮을수록 좋다. 이와 같이 상반되는 효과 때문에 층후의 결정은 매우 신중해야 한다.

품질과 열원단위 측면에서 층후는 높을수록 좋아 통상 최고의 층후 조업을 하고 있다.

5 상부광

대차 하부에 있는 화격자(Grate Bar) 사이로 배합원료가 빠져나가는 것을 방지하고, 소결이 완료되었을 때 적열상태의 소결광(Sinter Cake)과 화격자가 점착되어 설비가 손상되는 것을 막기 위해 상부광을 깔아준다.

상부광은 10~15mm 크기의 소결광으로 2차 스크린(Screen)에서 회수된다.

Section 06 소결 조업

1 점화

점화는 소결의 열분포를 결정하는 중요한 인자이다. 점화용 연료로는 BFG, COG 및 믹스가스(BFG+COG)를 사용하고 있다.

점화 온도는 일반적으로 분코크스 착화에 필요한 900℃ 정도이나 점화로 내에서 O_2 농도가 적어지면 산소 가능량이 낮아지므로 실제 점화 온도는 그 이상으로 보통 1,100~1,200℃ 정도이다. 점화 온도가 너무 높게 되면 원료 표면이 용융에 의한 융착이 발생하여 기공이 감소하므로 통기성에 악영향을 미친다.

2 화염 경화 진행 속도(FFS)와 최고 도달 온도(BTP)

1) 화염 경화 진행 속도(FFS : Flame Front Speed)

소결기는 일반적으로 500% 정도의 층후에서 착화 후 30분 후에 최하부까지 소결대가 도달하게 된다.

FFS가 빠르면 소결 생산량은 증가하지만 너무 빠르면 최고 온도의 유지 시간이 적기 때문에 강도 및 회수율이 저하하여 감산이 될 뿐만 아니라 품질의 저하를 초래한다.

원료 조건이 일정할 때 소결광 강도, 회수율은 최고 온도와 그 유지 시간에 의해 큰 영향을 받는다.

FFS가 늦을 경우는 온도 상승 곡선이 완만해져 최고 도달 온도가 낮게 된다.

2) 최고 도달 온도(BTP : Burn Through Point)

소결기의 배기 온도와 BTP와의 관계는 [그림 2-19]와 같이 나타낼 수 있다.

[그림 2-19]에서 곡선 (a)는 Wind Box 끝에서 2~3개 전에서 최고 배기 온도를 나타낸다. 그리고 곡선 (b)는 중간 정도에서 최고 배기 온도를 나타낸다. 소결 조업 시 Wind box 곡선 중 최고 도달 온도를 BTP라 한다.

FFS가 일정할 때 파레트 속도를 내리면 배기 온도는 곡선 (b)와 같이 된다. 반대로 파레트의 속도를 올리면 BTP는 배광측으로 이동한다.

곡선 (b)의 경우는 생산성이 저하될 뿐만 아니라 소결광이 파레트상에서 급냉되기 때문에 강도가 매우 약하게 된다. 이것은 소결광의 급속한 냉각에 의해 재결정립의 성장이 저해되어 슬래그 성분이 유리(Glass)화 하여 많은 크랙이 발생하기 때문이다. 이러한 결과로 인하여 곡선 (b)의 경우는 반광 발생량이 증가되고 소결광 강도가 약화되기 때문에 고로에서 분화가 높아져 통기성 저해의 원인이 된다.

따라서 BTP는 배광부로부터 2~3개 전의 Wind Box에서 설정하는 것이 바람직하다. 이때 배광부의 배광 상태는 소결층의 약 20%가 적열 상태가 된다.

BTP를 일정한 Wind Box에 설정하면 항상 일정한 품질의 소결광을 생산하는 것이 가능하고 최대 생산량을 얻는 것도 가능하다.

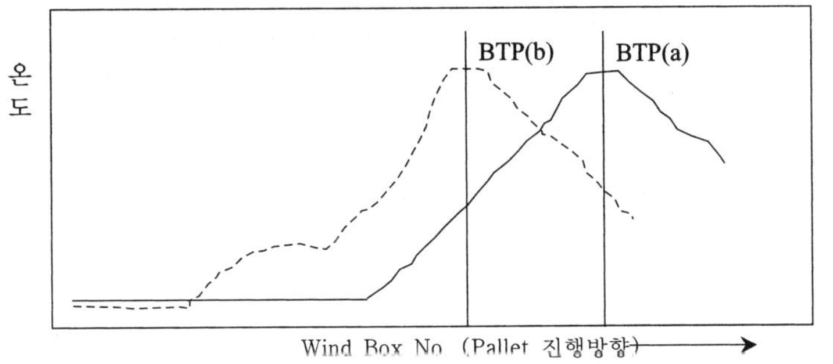

Fig. 2-19 소결기의 배기 온도와 B·T·P와의 관계

3 분코크스의 배합

소결에 사용되는 분코크스는 통상 소결광 톤당 40~50kg_f이다. 코크스의 배합비는 소결광의 생산, 품질 안정을 목표로 화염 경화 진행 속도, 소결광의 물리적 성상, 화학적 성상 및 FeO와 Carbon 배합비 등에 의해 결정된다.

또한 코크스 배합비는 소결광의 강도 수준에 의해 변경되지만 낙하 강도, 환원 강도의 결과에 의해 증감을 행한다.

코크스의 배합비를 결정하는 요인으로는 다음과 같은 것들이 있다.

① 소결광의 목표 FeO
② 배광부 소결광 배광 상태
③ 고로 연진 배합비
④ 자철광 및 스케일 배합비
⑤ 반광 발생 및 사용비
⑥ 코크스 입도 분포
⑦ 소결광 강도

4 소결광의 염기도 관리

고로에서 사용하는 석회석의 85~100%가 소결광에서 배합되며, 또 SiO_2의 90~100%가 소결광을 통해서 고로에 장입된다. 소결광 중 염기도(CaO/SiO_2)가 변동되면 고로 슬래그 염기도가 변동되어 고로 조업에 악영향을 끼친다.

따라서 소결광의 염기도 관리는 강도 관리와 함께 큰 비중을 차지한다. 염기도의 관리 변동폭은 ± 〈 0.05로 억제한다.

소결광의 염기도 변동 요인으로는 다음과 같은 것들이 있다.

① 각 광석의 절출 오차

② 각 광석의 성분 변동

③ 석회석, 규석 등의 편석 및 혼합물량

④ 시료 분석 오차

Section 07 소결광의 품질 관리

1 품질 관리 기준

Table 2-5 **소결광 품질관리 기준**

구분			항목	관리기준			분석주기	비고
				1, 2, F소결	3소결	4소결		
물리성상	낙하강도(SI)		%	90 이상	92 이상	92 이상	6회/일	시험방법 : 슈트 낙차 거리 차이로 소결별 관리 기준 상이
	입도분포	평균입도	mm	20 이상	17 이상	16.5 이상	6회/일	
		+50mm	%	5 이하	2 이하	2 이하		
		−5mm	%	5 이하	8.5 이하	9 이하		
		−10mm	%	30 이하	36 이하	37 이하		
화학성상	환원분화지수(RDI)		%	40 이하			1회/일	
	성분변동폭	염기도	−	목표치 ±0.05			6회/일	
		FeO	%	목표치 ±0.5				

2 소결광 품질이 고로 조업에 미치는 영향

1) 낙하 강도 (SI : Shafter Index)

소결광은 제조 후 고로에 장입 될 때까지 수회에 걸쳐 낙하되어 분이 발생하는데, 분이 발생하지 않고 소결광 형태를 유지하려면 소결광의 강도가 커야 한다. 이와 같이 소결광이 낙하할 때 분이 발생하기 직전까지의 소결광 강도를 낙하 강도(SI)라 한다. 따라서 고로에 장입 시 분율이 적을수록 유리하며 통상 낙하 강도와 입도와는 상관관계가 있으며 낙하 강도 저하 시 분율 발생이 증가되어 고로 노내 통기성을 저해하며 노황 부조의 원인이 된다. 또한 소결에서는 생산성이 저하되고 원단위 상승을 초래하게 된다.

2) 환원 분화 지수 (RDI : Reduction Decrepitation Index)

소결광은 환원 분위기의 저온 영역에서 분화하는 성질이 있으며 일반적으로 피환원성이 좋은 소결광일수록 환원 시 분화되기 쉽고 입자 직경이 작아진다. 이와 같이 환원 분위기에서 소결광이 분해되어 분의 형태로 바뀌는 것을 환원 분화라고 하고, 환원 분화의 정도를 정량적으로 평가하기 위하여 환원 분화 지수(RDI)를 사용하고 있다. 고로의 안전 조업을 위해서는 환원 분화는 적은 것이 좋지만 환원 분화가 적을수록 소결광의 피환원성 면에서 연료비가 상승되며, 그 반면 환원 분화가 많아지면 통기성면에서 연료비가 상승하게 된다.

3) 입도 및 분율

소결광의 입도 분화는 고로 노내 통기저항 및 가스 분화에 영향을 미친다. 소결광 중 대괴는 환원성이 나쁘므로 일정 입도(50mm) 이하로 파쇄하여 5~50mm를 장입시킨다.

소결광 입도는 고로 장입 시까지 운반 도중 슈트 낙차 및 스크리닝(Screening) 등에 의하여 점점 작아진다. 고로 노내에 분의 장입은 통기성 유지, 슈트 부의 부착물 생성 방지 면에서 적극 제한을 해야 한다. 특히 전체적인 입도 분포 면에서 대괴와 소괴를 줄이고 중간 입도 분포를 많게 하여야 한다.

4) 염기도의 향상

소결광의 염기도 변동 폭이 클 경우 고로에서 부원료(석회석, 규석 등)를 직접 장입하므로써 열손실을 초래하며 또한 탈황 능력의 저하로 용선 중 S의 함량이 많아진다.

5) FeO의 영향

FeO는 소결광의 피환원성을 나타내는 지수로서 고로 조업상 중요한 인자이다. FeO는 소결 공정에서 열효율에 따라 높고 낮음이 결정된다. 고로에서 FeO는 난환원성으로서 연료비 상승을 초래하므로 소결광 품질이 유지되는 범위 내에서 가급적 낮게 관리하는 것이 좋다.

3 소결광 품질에 영향을 미치는 요인

1) 낙하 강도 (SI)

낙하 강도에 영향을 미치는 요인은 여러 각도에서 복합적으로 존재하지만 [그림 2-20]와 같은 특성 요인에 따라 낙하 강도에 영향을 미친다.

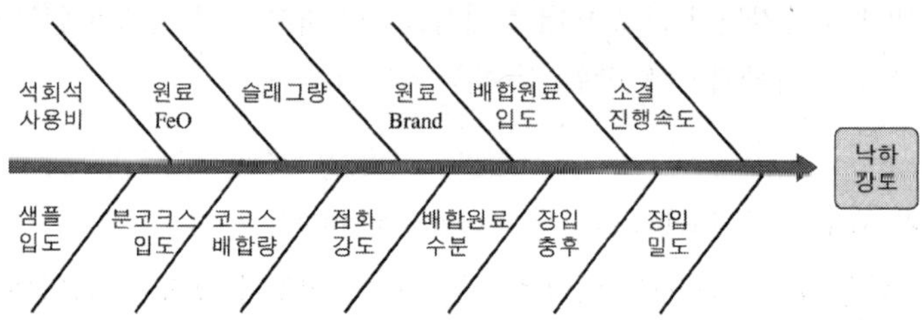

Fig. 2-20 낙하강도에 영향을 주는 요인

2) 코크스 배합량의 영향

배합 원료 중 코크스 배합량을 증가시키면 [그림 2-21]과 같이 낙하 강도도 증가한다. 그러나 코크스비를 너무 높게 하면 소결 온도가 높아지기 때문에 용융 결합을 일으켜 고로에서 피환원성이 나쁘게 될 뿐만 아니라 소결 시간이 늦어져 생산성이 떨어지게 된다.

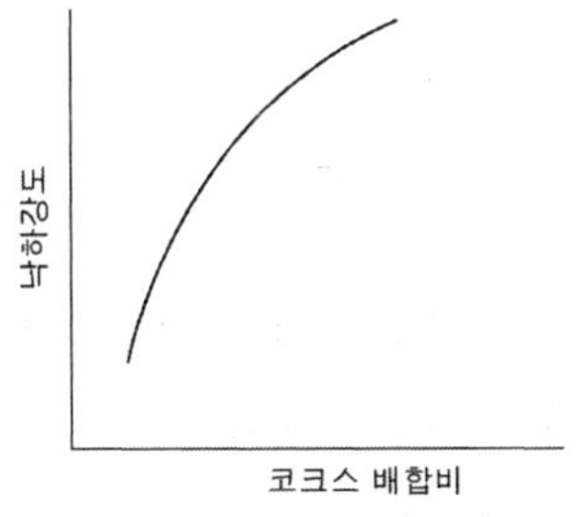

Fig. 2-21 **코크스 배합비 영향**

3) 장입 층 두께의 영향

장입 층 두께가 높으면 상층부의 강도가 약한 부분의 비율이 적어지므로 상대적으로 강도가 상승하고 반광 발생 비율이 낮아지므로 고층후 조업을 위해서는 통기성의 확보가 무엇보다도 중요하다.

4) 생산성(소결기 속도)과의 관계

생산성이 높다는 것은 소결기 속도가 빠르기 때문이다. 소결기의 속도를 빠르게 하기 위해서는 저층후 조업을 해야한다. 따라서 생산성을 높이거나 저층후로 조업할 경우 확산 결합의 영향으로 강도 및 입도가 낮아진다.

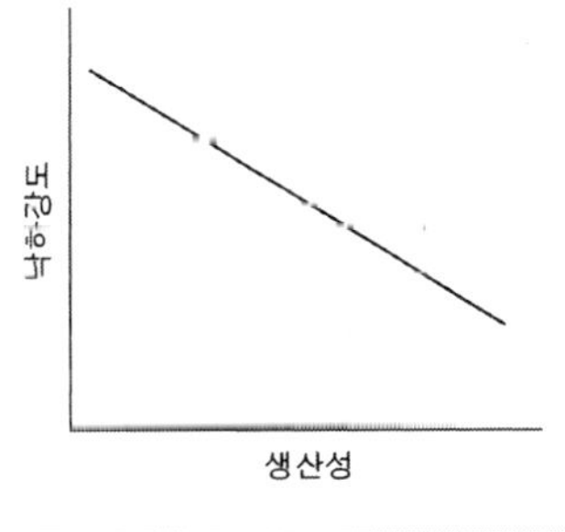

Fig. 2-22 **낙하강도와 생산성**

5) 환원 분화 지수 (RDI)

소결광의 환원 분화는 일반적으로 소결 과정에서 생성된 Magnetite가 냉각 과정에서 Hematite로 재산화된 Al_2O_3, TiO_2 등을 함유한 2차 Hematite(재산화 Hematite)에 기인되며 환원 분화에 영향을 미치는 요인인 재산화 Hematite의 생성 기구에 의해 좌우된다.

따라서 RDI는 소결과정에서 소결 최고 온도, 최고 온도 유지 시간, 냉각 속도 등에 의해 영향을 받는다.

6) 소결광의 입도 분포

소결광의 입도 분포는 다음과 같은 5가지 사항에 의해 영향을 받는다.

① 소결 생산성에 따른 성품 스크린의 통과물량 증가에 따른 스크린 효율 저하로 분율 상승
② Cold Crusher Rotor 간격 확대 시 대괴의 미 파쇄로 +50mm 입도는 증가되며 간격 축소시 과파쇄로 분율 상승
③ 스크린 사목 막힘 또는 물량의 편심에 의한 스크린 효율 저하 시 분율 상승
④ 고로 저장고(Bin)까지의 수송 도중 각 슈트(Chute) 및 Bin에서의 낙차 거리, 슈트 형상 및 충격 형태 등에 따른 분화 정도
⑤ 낙하 강도 저하시 분율 상승

7) 소결광 성분 변동 (염기도, FeO)

소결광 성분 변동의 주요 원인은 다음과 같다.

① 소결 과정의 특징인 반광의 영향(반광 발생량 및 배합비 변동)
② 블랜딩 적치 작업 불량으로 입도 조대에 따른 배합 원료 중의 편석
③ 부원료(규사, 사문암, 석회석 등) 입도 조대에 따른 배합 원료 중의 편석
④ 석회석 산지 다원화에 따른 석회석 성분 변동
⑤ 입하 계획 및 야드 적치 능력에 따른 배합 변동 횟수 증가
⑥ 입하 Lot별 성분 상이
⑦ 야드 적치 및 Bin 내에서의 입도 편석에 의한 원료 자체의 성분 변동
⑧ 입노 설비의 정도 불량
⑨ 코크스 입도 불균일

8) 소결광 품질 향상 대책

① 생석회 첨가, 분코크스 분할 첨가, 분코크스 정립 강화로 코크스 연소 효율 향상과 통기성을 확보하여 고층후 조업을 실시

② 원료의 사전 처리 강화로 원료의 균질화
   ㉠ 블랜딩 광석 품질 안정
   ㉡ 부원료 입도 분포 개선
   ㉢ 반광 배합비 변동 폭 감소 및 입도 균일화
   ㉣ 야드 및 저광조 내의 원료 입도 편석 방지
   ㉤ 혼합 효율의 향상(믹싱 능력 강화)

③ 규석 및 사문암의 세립화 조업으로 유효 슬래그 량의 증가(RDI 개선)

④ 스크린 효율 향상 및 수송 과정 중 분화 방지(스크린 관리 철저)

⑤ 수송 과정 중 낙차 거리 감소 및 분화율 감소

⑥ 설비 가동율 향상으로 설비 휴지 감소

⑦ 평량기 정도 향상

⑧ 크러셔 관리 철저

Section 08 소결광 냉각 및 파쇄

1 소결광 냉각

1) 냉각 설비

열간 파쇄기(Hot Crusher)에서 파쇄된 소결광은 800℃의 고열 소결광으로 냉각기에 입조 후 대기 공기를 강제 송풍하여 소결광을 냉각하게 되며 냉각기의 구조는 [그림 2-23]과 같다.

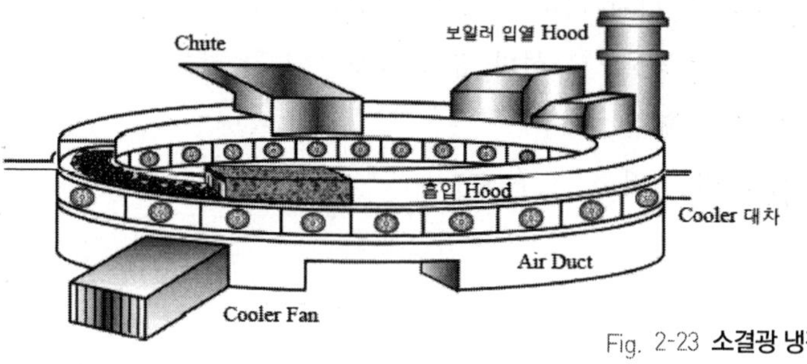

Fig. 2-23 **소결광 냉각기의 구조**

1차 파쇄된 소결광의 온도는 고온부에서는 약 800℃에 이르기 때문에 제품처리 및 벨트 컨베이어의 보호를 위하여 소결광의 표면온도를 약 100℃ 이하로 급냉할 필요가 있으며 고온의 소결광이 냉각기의 장입 슈트(Charge Chute)를 통해 냉각기 트레이(Tray)에 장입되는데 트레이는 대차처럼 생겼으며 외부와 내부에 구동 바퀴가 레일에 지지되어 회전한다.

냉각은 열확산(열전도), 소결광 표면으로부터 공기로 보내는 열전달로 나누어지는데 소결광의 온도가 거의 일정할 경우 소결광의 입도, 냉각시간, 냉각풍량의 3가지가 냉각능력을 지배한다.

냉각기에서의 체류시간은 약 40분인데 비해서 대차에서의 체류시간은 겨우 12~15분에 지나지 않는다. 이것은 냉각기보다도 소결기상에서의 냉각이 훨씬 급속히 행하여지고 있는 것을 나타내고 있다.

소결광은 고온에서 급속히 냉각을 받으면 용융한 슬래그 성분의 결정화가 저해되어 유리(Glass)질의 것으로 굳는다. 따라서 급냉을 계속하면 조직은 무수히 균열이 됨으로서 소결광은 상당히 취약하여 강도가 저하한다. 소결층 상부의 강도가 하부와 비교해서 낮은 것은 이것이 큰 원인이다. 이것에 대해서 대차 하층와 소결광은 소결기 위에서 대폭으로 냉각을 받지 않고 적열상태로 배광되어서 냉각기에서 원만한 냉각을 받는다.

이 경우 슬래그 성분이나 산화철은 재결정화하고 강인한 조직을 만든다. 층의 상부, 중부, 하부 강도의 차이는 [그림 2-24]과 같다. 따라서 소결광의 제조는 가열을 급속히 하고 냉각은 천천히 하는 것이 좋다.

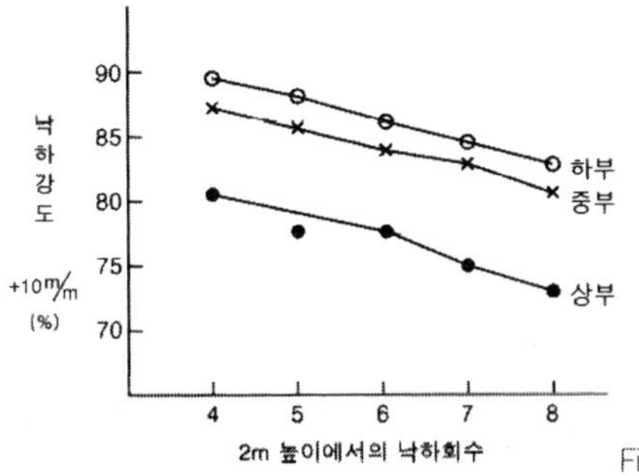

Fig. 2-24 **소결광의 낙하강도**

2) 냉각작업

종전에는 대차 위에서 일부 냉각시키는 작업 방법이었으나 배합된 전 코크스가 완전히 연소할 때까지 기다리지 않고 적열층이 그레이트바 위에 도달하면 즉시 배광시키는 작업방법으로 변천되어 와서 냉각장치가 소결작업상 중요성이 증가되고 있다.

소결광을 냉각시키는 데 직접 물을 뿌려서 냉각시키는 방법도 사용했으나 다음과 같은 문제점이 발생하여 최근에는 냉풍에 의한 냉각방법이 널리 사용되고 있다.

① 급냉에 의한 소결광의 분화

② 석회소결광에 있어서 CaO는 수분결합으로 $Ca(OH)_2$로 되어 소결광을 붕괴시킨다.

③ 성품광 중에 미세 소결광 부착

④ 수증기와 미세 소결광의 비산에 의한 작업환경 악화 등이 있다.

냉각기 형식에는 크게 2가지로 나눌 수 있다.

- 호퍼(Hopper)에 소결광을 넣고 통풍하는 법
- 가동 대차(Pallet)에 소결광을 얇게 깔고 통풍하여 냉각시키는 법

2 소결광 파쇄

1) 파쇄 개요

소결기에 장입된 원료가 점화로에서 착화되어 상층부에서 하층부를 향해 소결반응이 완료된 후 800~900℃로 배광된 고온의 소결광은 열간 파쇄기(Hot Crusher)에서 250mm 이하로 1차 파쇄 후 냉각기에서 60~90분 동안 냉각 팬에 의해 강제 냉각된 후 고로에서 요구하는 적정입도(5~50mm)의 성품 소결광을 보내 주어야 하므로 냉간 스크린(Cold Screen, Grizzly Screen)에서 선별하여 50mm 이상의 소결광을 2차 파쇄를 통하여 50mm 이하의 입도로 파쇄하는 2중 롤 로터(Double Roll Rotor) 형식으로 이루어져 있으며 로터는 이의 마모 및 소결광의 입도에 따라 간격을 조정할 수 있다.

2) 파쇄 설비

가) 1차 파쇄기 (Hot Crusher)

소결기로부터 배광되는 소결광은 아주 큰 케이크(Cake)형태이기 때문에 소결광의 냉각 효율 향상을 위하여 이를 약 250mm 이하로 파쇄한다.

나) 2차 파쇄기 (Cold Crusher)

1차 파쇄기에서 250mm 이하로 파쇄되어 냉각기에서 냉각된 소결광 중 냉간 스크린에서 스크린 된 50~250mm의 괴 소결광을 50mm 이하로 파쇄하여 고로에서 요구하는 범위 내로 소결광의 입도를 유지 시켜준다.

3 소결광 선별 및 저장

1) 소결광 선별기 (Screen)

소결을 마친 소결광은 다음 공정에 적합한 입도를 선별하기 위해서 체질(Screen)을 거친다. 스크린 방법은 열간 스크린(Hot Screen)과 냉간 스크린(Cold Screen), 성품 스크린을 거쳐 적정한 입도의 소결광이 선별된다.

스크린의 종류는 [그림 2-25]와 같이 다양하다.

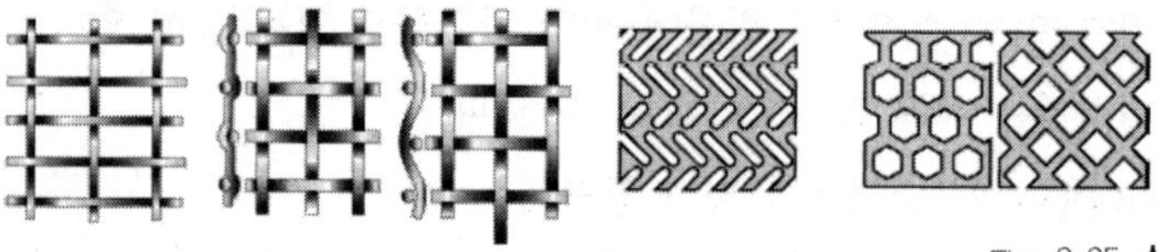

Fig. 2-25 **스크린의 종류**

가) 열간 스크린 (Hot Screen)

열간 스크린은 1차 파쇄기(Hot Crusher)에서 파쇄된 소결광을 스크린하는 장치로 입도 5mm 이하는 반광 저장조(Bin)로 입조되며 5~150mm는 냉각기로 이송된다.

나) 냉간 스크린 (Cold Screen)

냉각기에 의해 냉각 배출된 소결광을 스크린하여 50mm 이상은 2차 파쇄기(Cold Crusher)에서 파쇄되고 50mm 이하는 스크린을 통과한다.

다) 성품 스크린

1차 스크린을 마친 소결광의 입도가 20mm 이상은 성품으로 저장되며, 20mm 이하는 2차 스크린으로 이송하고 10mm 이상은 성품 또는 상부광 저장조에 저장된다. 10mm 이하는

3차 스크린을 거쳐 5mm 이상은 성품으로, 5mm 이하는 자체 반광 호퍼로 이송된다. 반광은 소결로로 보내어 소결 원료를 장입할 때 그레이트 바 위에 깔아주어 소결 작용을 촉진하고 미분의 원료를 막아주는 역할을 한다.

2) 소결광 저장

소결을 마친 소결광은 1차, 2차, 3차 스크린을 거쳐 고로에서 요구하는 입도의 소결광을 고로 소결광 저장조(Bin)에 저장한다. 고로 소결광 저장조는 소결광을 저장할 수 있는 저장조로서 트리퍼(Tripper)에 의해 차례로 저광된다.

그리고 고로 설비 휴지, 계획 휴지, 노황 불량 등으로 소결 생산량이 남으면 소결 야드장에 수입하였다가 소결 생산 휴지 시, 부족 시 페이로드(Pay Load)를 이용하여 고로 소결광 저장조로 수송한다.

Section 09 최근의 소결 기술

1 소결 조업의 신기술 현황과 배경

과거부터 소결 생산성 향상 및 품질 개선에 대하여 여러 가지 기술이 개발되고 도입되어 왔다. 특히 소결 베드 내의 코크스의 연소성 개선에 관한 사전 처리 기술과 고로 노내 통기성을 좌우하는 환원 분화 지수(RDI)에 관여하는 상당한 기술적 향상이 이루어졌다.

최근 소결광 상태에 관한 연구가 진행되고 있으며 열간 상태 개선과 소결 생산성 향상 및 에너지 활동을 동시에 만족시키는 조업 기술이 개발되어 정착 단계에 이르렀다. 대표적인 조업 방법이 생석회 첨가, 믹서의 능력 증강, 분코크스의 분할 첨가, 분코크스의 정립, 저 FeO, 저 SiO_2 조업, MgO 원의 첨가, SiO_2 원의 미분쇄 등이라 할 수 있다.

소결의 신기술은 크게 코크스 연소성 개선과 광물 생산 반응의 조정에 있다고 할 수 있다.

코크스 연소성 개선은 소결 조업에서 성에너지의 달성 및 생산성 향상과 냉간 성상의 개선을 목표로 하며 광물 생성 반응의 조정은 소결광의 열간 성상의 개선에 있다.

2 신기술의 개요

1) 생석회 첨가 조업

가) 생석회의 성질

소결 공장에서 사용하는 생석회는 석회 소성 과정 중 자연 발생되는 분 생석회와 전로용 생석회를 파쇄하여 사용하고 있다. 생석회는 수분을 흡수하게 되면 발열하면서 $Ca(OH)_2$로 변하여 미분으로 분화되는 성질이 있다.

$CaO + H_2O = Ca(OH)_2$

나) 소결 조업에서 생석회의 역할

① **의사 입자의 촉진 및 강도 향상** : 생석회는 드럼 믹서 내에서 첨가수와 반응한 후 $Ca(OH)_2$로 변하여 미분으로 되어 양호한 점결제가 된다. 미분의 $Ca(OH)_2$는 소결 배합 원료의 의사 입자를 촉진하여 반응열에 의거 수분이 증발되어 의사 입자의 강도가 향상되는 것으로 알려져 있다.

② **소결 베드 내에서의 통기성 개선** : $Ca(OH)_2$는 습윤대에서 CO_2와 만나 $CaCO_3$로 변하게 되는데 이때 습윤대의 통기성을 개선하는 것으로 알려져 있다.

$Ca(OH)_2 + CO_2 = CaCO_3 + H_2O$

다) 생석회 사용시 소결 조업상 효과

① **생산성 향상** : 생석회 첨가 조업 시 의사 입자화 촉진 및 강도 향상과 베드 내 통기성 개선으로 소결 생산성의 증대가 이루어진다. 배합 원료 중 생석회를 1% 정도 첨가하면 약 5~15% 정도 생산성이 향상된다.

② **고층후 조업 가능** : 소결 베드 내 통기성 개선으로 층후를 높이는 것이 가능하여 소결 회수율 및 냉간 강도 증가 효과가 있다. 또한 열효율의 증가로 분코크스 사용량이 감소한다.

③ **NOx 가스 발생 감소** : 소결 베드 내 연소성 개선으로 NOx 가스 발생이 감소되어 설비 보호 및 공해 방지 측면에서 많은 효과를 거둘 수 있다.

2) 온수 첨가 조업

생석회는 온수와 더불어 반응이 더욱 활발하게 일어나므로 1차 믹서에 온수를 첨가하면 생석회 사용 효과가 더욱 상승하는 것으로 알려져 있다.

3) 분코크스 정립 강화

가) 분코크스 정립 강화의 목적

분코크스가 조립일 경우는 편석이 심하고 열용량이 크므로 소결광 품질 변동 및 그레이트 바 적열 현상으로 설비 관리가 문제가 되며, 미립일 경우는 열용량이 감소하여 분코크스 원단위 상승 요인이 된다.

따라서 분코크스는 적정 크기가 요구되는데 0.25~3mm의 사이즈가 가장 양호하다고 알려져 있다. 파쇄 시 0.25~3mm 입도의 회수율을 향상시키기 위해서는 더블 롤 크러셔(Double Roll Crusher)의 설치, 최적 스크린 및 로드의 관리, 크러셔의 간격 조정 등의 방법이 사용되고 있다.

4) 분코크스 분할 첨가

의사 입자의 분코크스 부존 형태를 개선하여 P형 의사 입자를 감소시키고, C형 의사 입자를 증가시킴으로서 분코크스의 연소성을 개선시키는 데 그 목적이 있다.

5) 소결 저온 조업

가) 저온 조업의 배경

종래 소결광의 환원 분화 지수(RDI)를 개선하기 위해서는 코크스 비를 상승시켜 소결광 FeO를 상승시키고 고열에 의한 슬래그 결합력을 강화하였으나, 최근에는 소결광 광물 형성이 밝혀짐에 따라 소결 반응 최고 온도를 1,300℃ 이하로 하며 최고 온도에서 체류 시간을 단축시키고 있다.

즉, 고피환원성에서 환원 분화가 적은 소결광을 제조하기 위해서는 Fe_3O_4(Magnetite)의 생성을 억제하고 최고 도달 온도를 낮추어 조업하는 것이 필요하다.

그러나 분코크스 사용량을 감소시킬 경우 열편석이 발생하고 열부족 현상으로 소결광 냉간 강도가 악화되는 위험성이 있다. 따라서 저온 소결 조업을 위해서는 열편석 방지를 위해 혼합시 강화 분코크스의 정립이 필요하며, 유효 슬래그 양의 증가를 위해 난용융성의 SiO_2 원인 사문암의 미파쇄 등이 필요하다.

나) 소결 저온 조업의 전제 조건

① **혼합의 강화** : 입도 편석 감소
② **분코크스의 정립** : 열편석 감소
③ **SiO_2 원의 미파쇄** : 저온에서 쉽게 용융

다) 소결 저온 조업의 장점

저온 소결 조업의 장점으로는 소결광 분코크스의 원단위 저하와 피환원성 개선을 들 수 있다. 소결광 분코크스의 원단위 저하는 통상 소결광 성품 FeO 1% 감소 시 분코크스 사용 원단위는 3~4kg_f/T−Sinter로 알려져 있다.

소결광의 피환원성의 개선은 저온 조업으로 환원 분화 지수(RDI)의 악화없이 가능하므로 고로 노황의 안정에 기여한다. 통상 소결광 1% 감소 시 (고로 소결광 사용비 80.0%일 때) 연료비는 약 4kg_f/T−Pig 정도 증가한다.

6) SiO_2 원의 미파쇄 조업

저온 조업으로 인하여 투입 열량이 감소하고 고로의 슬래그 비율 감소를 위해 SiO_2를 점진적으로 저하시킴에 따라 소결광의 낙하 강도(SI), 환원 분화 지수(RDI) 등의 악화가 수반된다. 따라서 저 SiO_2 및 저 FeO 조업 이전에 유효 슬래그량을 확보하기 위해서는 SiO_2 미파쇄에 의한 열량 이용을 높여야 할 필요성이 있다.

SiO_2 원의 미파쇄 장점으로는 다음과 같은 것들이 있다.

① **강도 향상** : 결정질 슬래그 응고 비율 증가
② **통기성 향상** : 의사 입자가 용이하게 슬래그화 된다.
③ **RDI 개선** : 산화되어 형성하는 2차 Hematite 감소

Section 10 펠레타이징

1 펠레타이징의 설비

펠릿(pellet)은 미세한 가루 형태의 광석을 회전하고 있는 원통 또는 경사져서 회전하고 있는 원판 위에 공급하면 광석가루가 뭉쳐져서 공 형태가 된다. 적당한 크기로 된 것을 가려내고 가열해서 소결하여 단단하게 한 것을 말한다.

펠레타이징(pelletizing)이란 미세한 분광을 드럼(drum) 또는 디스크(disk)에서 입상화한 뒤에, 소성 경화하여 10mm 안팎 정도의 펠릿을 얻는 괴상법으로서, 단광과 소결을 합한 방법이다.

철광석의 펠레타이징법은 1912년 스웨덴에서 개발되어 1946년 미국 Ashland의 샤프트노 시험 조업 개시 후 발전해 왔다. 이것은 저품위 타코나이트(taconaite)를 효과있게 활용하기 위함이다. 저품위 타코나이트는 철분이 35% 정도이다. 제조 장치에는 샤프트노, 그레이트, 그레이트 킬른의 방법이 있다.

이와 같이 펠레타이징법이 발달하게 된 원인을 요약하면 다음과 같다.

① 저품위 광선의 선광 강화로 인하여 분말 광석이 다량 배출됨에 따라 처리량이 증대
② 제철소 내에서 발생하는 폐기물을 이용
③ 미세 분광에는 소결법보다도 우수함

보통 소결법에 적용할 수 있는 정도의 분광은 소결하고, 정광 또는 유동 배소법에 의한 황산재와 같은 미분은 펠레타이징법으로 괴성화된다. 이 방법의 작업은 원료의 분쇄, 생펠릿(green pellett)의 성형 및 소성 등의 공정으로 이루어진다. [그림 2-26]는 펠레타이징 작업의 계통도를 나타낸 것이다.

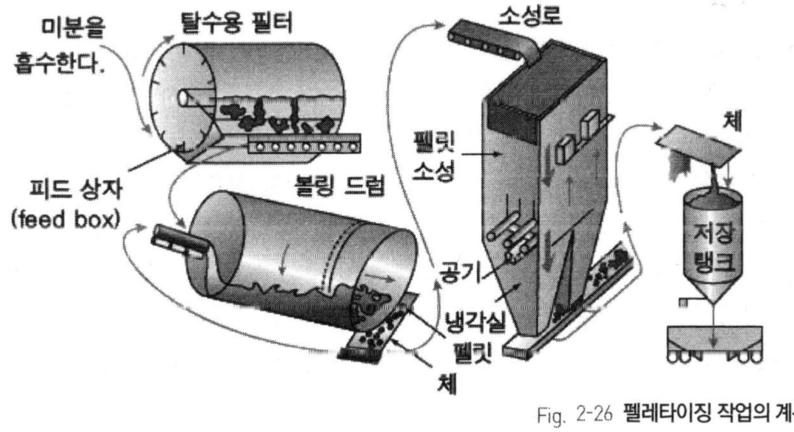

Fig. 2-26 펠레타이징 작업의 계통도

2 펠레타이징 작업

1) 생펠릿의 형성

단순 단광법과 달리 틀과 가압이 필요하지 않으며, 물리적으로 원심력을 이용하여 성형하는 것이다. 따라서, 원료의 입자가 조립(組立)이면 불가능하므로, 광석의 종류와 배합 비율에 의하여 입도를 적당히 조절한다. 일반적으로, 44nm(325mesh) 이하를 60~80%로 하며, 마광(磨光)이 필요하다. 이 점은 소결과는 정반대이므로 마광에 비용이 많이 든다.

따라서, 미국에서 많이 산출되는 품질이 낮은 규산질 광석인 타코나이트(Fe 20~30%, SiO_2)와 같이 선광 단계에서 충분히 마광시킨 것이 가장 적당하다. 광석에 수분을 약 10% 가하여 [그림 2-27]과 같이 경사진 디스크 또는 드럼에서 회전시켜 생펠릿으로 만든다.

생펠릿의 강도를 높이기 위해 석회(CaO), 염화나트륨(NaCl), 붕사(B_2O_3) 및 벤토나이트(bentoniet) 등의 첨가제를 혼합하는 경우도 있고, 또 만든 생펠릿의 표면에 녹말액을 바른 다음 건조하는 방법을 쓸 수도 있다.

생펠릿은 체로 분리해서 체 위의 것을 소성 과정으로 넘기거나, 밑의 것은 다시 원료로 사용한다.

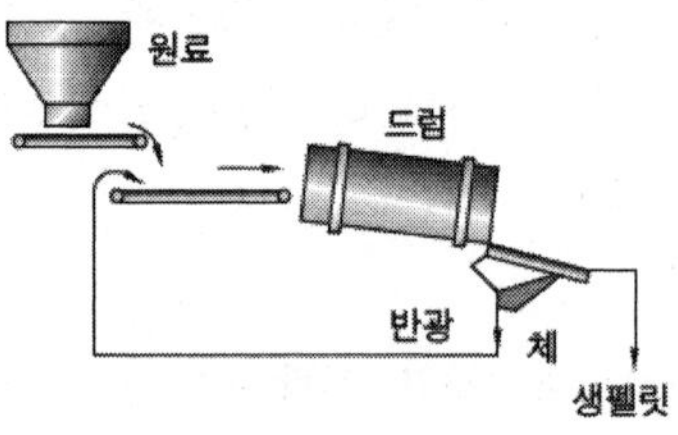

(a) 드럼형 조립기

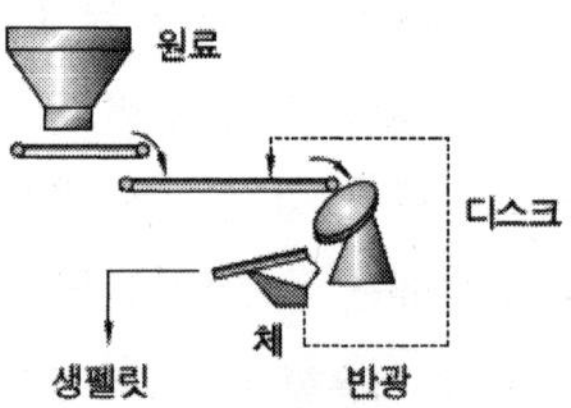

(b) 디스크형 조립기

Fig. 2-27 **생펠릿 성형기 형식**

2) 소성 작업

수분을 매개체로 물리적 결합을 한 생펠릿을 가열하여 화학 결합시키는 공정을 소성이라고 한다. 생펠릿의 소성에는 직립로(shaft furnace), 격자식로(travelling grate) 및 격자 원통식로(grate kiln)의 세 가지 방식이 있다.

식립로는 [그림 2-28]과 같은 구소를 가지고 있으며, 열효율은 좋으나 균일한 소성이 어렵기 때문에 저온 소성이 가능한 자철광을 원료로 사용하는 경우에 사용된다.

직립식 소성로는 세계 각국에서 채용되고 있으나, 소결 작업과는 다르게 원료 중에 연료를 함유시키지 않기 때문에 소성 온도는 1,300℃ 정도가 가장 높다.

이동 그레이트는 [그림 2-29]과 같이 드와이트로이드식(Dwight-Lloyd) 소결기와 동일한 구조로 되어 있다.

격자 원통식 소성로는 [그림 2-30]와 같은 구조를 가지고 있으며, 생펠릿을 고온에서 균일하게 소성하려고 하는 경우에는 격자 원통식 방식이 가장 우수하다.

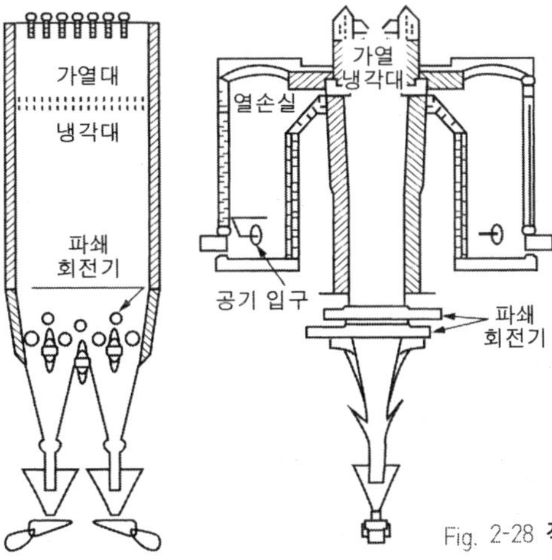

Fig. 2-28 **직립로(샤프트로)의 구조**

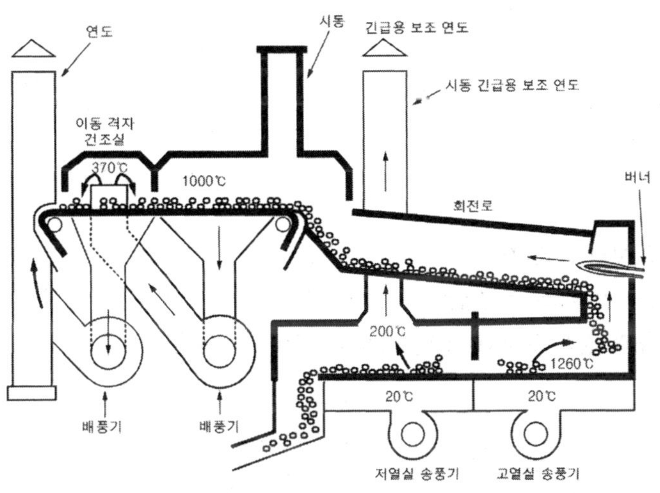

Fig. 2-29 **이동 그레이트식 소성기 구조**

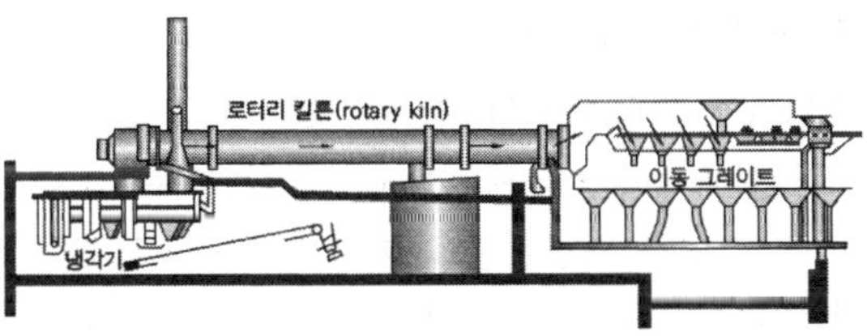

Fig 2-30 **격자 원통식 소성로의 구조**

3) 생펠릿의 제조 원리

가) 생펠릿의 생성기구

생펠릿의 생성과정은 원료 광석분이 전동에 의해서 입자표면의 수막이 서로 접촉하면 수막의 표면장력으로 입자들이 서로 결합하여 작은 핵이 생성되고, 전동이 진행됨에 따라 압착되고, 표면수에 다른 핵 및 원료광석이 부착하여 성장한다. 이상과 같은 과정을 되풀이하면서 입상의 생펠릿으로 성장하게 된다.

나) 생펠릿의 강도

생펠릿의 강도는 펠릿을 형성하는 입자간 모세관 중의 물의 표면장력에 영향을 받는다. 생펠릿의 강도는 다음과 같은 식으로 구할 수 있다.

생펠릿의 강도는 단위모세관 표면적당 힘(Z)으로 나타내며, 생펠릿 내의 r는 원료 광석입자가 미세할수록, 비표면적이 커질수록 작게 되므로 표면장력에 의한 성형력(Z)은 커지게 된다.

$$Z = 2\alpha \cdot \cos\theta / r\rho g[\mathrm{cmAq}]$$

- r[cm] : 모세관의 평균반지름
- θ : 접촉각
- Z[cmAq] : 모세관내의 액체의 높이
- α[dyn/cm] : 표면장력
- ρ : 액체의 밀도
- g[cm/sec^2] : 중력가속도

다) 소성 펠릿의 압궤강도

소성 펠릿의 압궤강도는 결합양식에 따라 달라지지만 결합양식이 같으면 기공률에 따라 달라지며, 다음과 같은 Knudsen의 식으로 구할 수 있음

$$\sigma = k_0 \cdot d^{-\alpha} \cdot \exp(-\beta p)$$

- σ : 압궤강도
- p : 기공률
- d : 결정입자지름
- k, α, β : 상수

라) 펠릿의 소성기구(결합양식)

펠릿은 산화성 분위기에서 소성이 이루어지지만 소성경화기구는 원료조건에 따라 달라진다. 산성 펠릿는 원료가 자철광(magnesite)인 때는 광석입자는 산화하면서 확산에 의해 결합하고, 적철광(hematite)은 그대로 확산결합을 한다. 또한 원료 중에 염기성 맥석이 존재하거나 석회석을 배합한 경우는 슬래그 결합 또는 calcium-ferrite 결합이 발생한다.

소성 펠릿의 결합양식은 다음 [표 2-6]과 같이 4가지로 분류할 수 있다.

Table 2-6 **소성 펠릿의 결합 양식과 특징**

결합 양식 종류	I 타입	II 타입	III 타입	IV 타입
결합의 조성	Fe_2O_3	Fe_2O_3	슬래그	calcium-ferrite
결합의 형식	Fe_2O_3 결합	Fe_2O_3 재결정	철규산염 생성	ferrite 결합
소성 분위기	산화	산화	중성 또는 약산화	calcium-ferrite 생성
결합 생성 온도	200℃ 이하	1,100℃ 이하	1,000℃ 이하	1,000℃ 이하
결합 모양	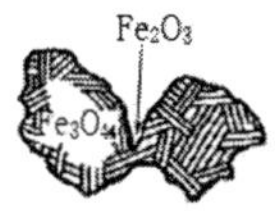			 calcium ferrite

4) 소성 펠릿의 성질

크기는 대개 20mm, 비중 2.7~3.1, 기공률 15~30%, 내압 강도는 1.961~2.942MPa이다.

가) 펠릿의 장점

① 분쇄한 원료로 만든 것이므로 야금 반응에 민감한 물성을 가진다.
② 점결제 없이 성형되므로, 순도가 높고 고로 안에서 반응이 순조로우며, 해면철 상태를 거쳐 용해된다.
③ 가압하지 않는 자연적인 굴림에 의한 제조이므로 기공률이 높다.
④ 해면철과 유사한 조직으로, 점성이 강하고 균열 강도가 높으며, 가루도 생기지 않는다.
⑤ 산화 배소를 받아 적철광으로 변하며, 피환원성이 좋다.
⑥ 황(S) 성분이 적고, 그 밖에 해면철 상태를 통해 용해되므로 규소의 흡수가 적다.
⑦ 저온 배소가 되므로 규산철 광석이라도 철감람석(fayalite, 2FeO, SiO_2)의 생산이 억제된다.
⑧ 입도가 일정하고, 입도 편석을 일으키지 않으며, 공극률도 크다.
⑨ 고로 안에서 소결광과는 달리 급격한 수축은 일으키지 않는다.

나) 펠릿의 단점

① 제조비가 높다.
② 고로 내에서 부풂(swelling)이 일어난다.

3

코크스 제조

Section 01 코크스 제조 일반
Section 02 원료탄의 특징
Section 03 코크스 제조
Section 04 코크스 품질 관리
Section 05 코크스 소화작업
Section 06 부산물 처리 공정

제선공학

Iron Making Engineering

CHAPTER

03

코크스 제조

Section 01 코크스 제조 일반

1 개요

석탄은 생성 순서로 열거하면 무연탄, 역청탄, 아역청탄, 갈탄 등으로 나눌 수 있다. 이들 매장량은 현재 세계 생산량을 감안하여 보면 최소한 200년 이상 사용하기에 충분한 양이 부존되어 있어, 석탄은 1차 에너지 수요 중 상당한 부분을 충족시킬 것으로 기대된다.

① **주요 광물** : 역청탄, 아역청탄, 갈탄 등

② **주요 용도** : 발전용, 제철용, 주물용, 시멘트용, 연료용 카바이드 등

제철 공업에 이용되는 가연물은 일반적으로 탄소(C)나 수소(H)를 함유한 물질이 연료로 많이 사용되고 있다. 제철 공업에 필수적인 연료로 사용될 수 있는 것은 코크스, 미분탄, 중유, 제철 부생 가스 등이다.

코크스(Coke)는 점결탄의 고온 건류에 의해서 생기는 다공질 고체 연료로, 코크스라는 말은 독일어 'Koks'에서 온 것이다. 회색을 띤 흑색으로 고정 탄소가 주성분이며, 회분·휘발분을 약간 함유한다. 발열량은 1kg_f당 6,000~7,500kcal, 착화 온도는 400~600℃이다.

2 코크스로(Coke Oven) 변천

코크스로는 단순한 형태에서 출발하여 산업의 발날과 너불어 코크스로의 발전도 지속되어 왔다. 최초의 코크스 생산 형태는 야지에서 파일(Pile)식으로 괴탄만을 사용하여 생산하였으며, 18세기 중엽에 증기기관의 개발로 급격한 진전을 이루어 19세기 초에는 분탄 사용이 가능한 벌집형 오븐(Oven)이 등장하였다.

19세기 후반에는 최초의 부산물 회수 방식이 출현하여 20세기 초에 부산물 정제 기술이 활발한 발전하여 암모니아 회수가 가능한 Semet-Solvay법 등이 개발되었다. 20세기 중엽이후 고로 대형화 추세에 따라 코크스로 대형화가 급진전되어 내화물, 부속 설비 기계화, 석탄화학 이용 기술 등이 발달되었다.

최근에는 각종 석유 파동에 따라 에너지 가격의 급등으로 저가의 에너지 사용 기술이 요구되어 성형탄 제조 기술, 분급 파쇄 기술, 연속식 성형 코크스 제조 기술 등이 개발되었으며, 사용 에너지 절감 기술로는 CDQ(건식 소화 설비), 연소 설비 자동화, 석탄 조습 기술 등이 개발되었다.

Table 3-1 **코크스로 변천 과정**

구분	시기	특징
I	16C~19C초	• 석탄의 탈황 탈취 목적으로 괴탄건류 • 증기기관 개발(18C중) 이후 급격한 발전
II	19C초~19C중	• 벌집형 오븐으로서 연소용 공기의 조절이 가능 • 매연 공해를 줄이고 분탄 이용 가능
III	19C중~19C말	• 최초의 부산물 회수 방식 출현 • 코크스 제조 기술과 가스 정제 기술 결합
IV	20C초	• 부산물 정제 기술 진전(암모니아 회수가 가능한 Semet-Solvay법 개발) • 가스 공급방식의 Under-Jet 방식 출현
V	20C중~현재	• 고로 대형화에 따른 코크스로의 대형화 급진전 • 내화물, 부속 설비 기계화, 석탄화학 이용 기술 발달

3 코크스 제조 공정

석탄을 야드에서 리클레이머(Reclaimer)로 퍼올려 파쇄기(Crusher)에서 파쇄한 후 저장조(Blending Bin)에 저장하였다가 혼합기(Mixer)에서 70%의 분탄과 30%의 성형탄을 혼합해서 벨트 컨베이어(Belt conveyor)로 석탄 벙커(Coal Bunker)까지 보내준다. Coal Bunker에서 불출한 석탄을 장입차로 받아서 코크스로(Coke Oven)에 장입한 후, 16~20시간을 코크스 오븐에서 가열한다.

가열이 끝난 후 생성된 코크스를 소화차로 받아서 물로 식힌 후 Wharf에서 벨트 컨베이어로 실어보내면 스크린(Screen)에서 1차로 75mm 이상의 코크스가 걸러지며, 이 코크스는 외부 판매나 주물용 코크스로 사용된다. 다시 커터(Cutter)에 의해서 파쇄된 코크스는 25mm에서 75mm 까지의 괴코크스는 고로 코크스 저장조에 저장되어 있어 고로에 사용되며, 25mm 이하의 분코크스는 소결 공장과 주물선 공장, 분괴 공장으로 보내진다. 냉각 후 침전지에서 걸러진 코크스는 차량 운반에 의해 야드로 다시 보내진다. [그림 3-1]은 코크스 제조 공정의 개략도를 나타낸 것이다.

코크스 공장에서 발생하는 부산물 중 가장 많은 것은 COG(Coke Oven Gas)로서 이 가스는 고로 공장에서 발생하는 BFG(Blast Furnace Gas)와 더불어 제철 공장 내의 전 공정에서 중요한 에너지원으로 사용되고 있다. 그 외에 발생하는 부산물로는 타르 슬러지(Tar Sludge), 피치 코크스(Pitch Coke), 분 유안, 조경유, Coal Tar, 활성 오니 슬러지 등이 있다.

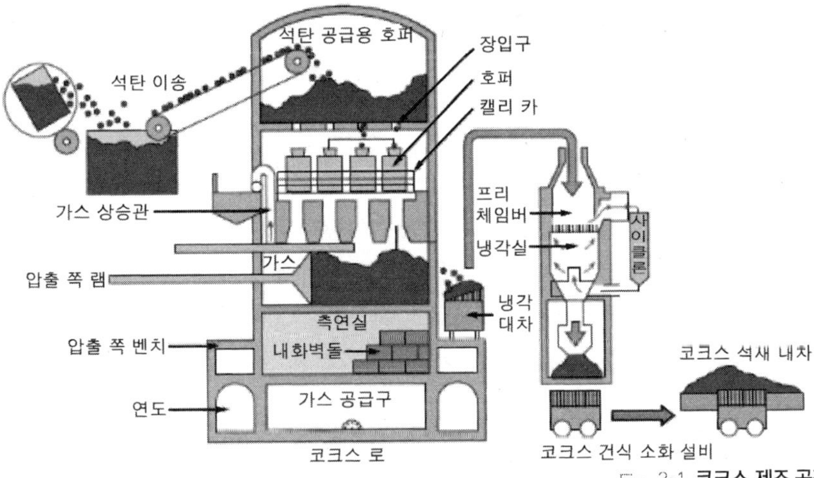

Fig. 3-1 **코크스 제조 공정도**

4 코크스로의 구조

현대의 코크스(Coke)로는 본체와 연소계통 설비 및 부대설비로 구성되어 있고 노체의 주요 부분으로 탄화실, 연소실, 축열실, 수평연도(Sole Flue) 및 Door와 상승관으로 이루어져 있으며 축열실 상부에 탄화실과 연소실이 교대로 병렬되어 노단(Oven Battery)을 이루고 있다. [그림 3-2]는 코크스로 설비의 개략도를 나타낸 것이다.

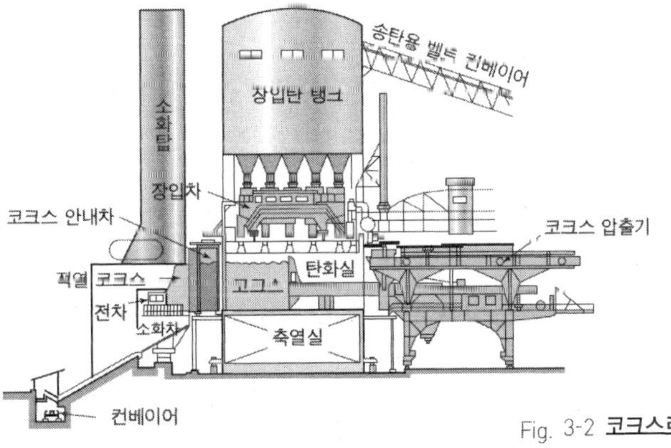

Fig. 3-2 **코크스로 설비의 개략도**

1) 탄화실

탄화실은 길이 12~16m, 높이 4~7m, 폭 400~450mm, 석탄 장입량 12~13Ton 정도의 크기이며 석탄을 장입하여 건류시키는 곳으로 탄화실 상부에 4개의 장입구가 있고 양쪽에는 Door가 부착되어 건류가 완료된 코크스를 밀어낼 수 있도록 되어 있다.

탄화실은 압출하기 용이하도록 코크스 Guide 차가 있는 측 C/S(Coke Side)를 압출기가 있는 P/S(Pusher Side)보다 40~75mm 넓게 구성되어 있고 가열 작업시 폭이 넓은 C/S와 폭이 좁은 P/S의 노벽온도에 차가 생기도록 고려하고 있다.

2) 연소실

연소실은 Gas를 연소시켜 발생되는 열을 벽면을 통하여 탄화실에 전달하여 필요한 열량을 공급하는 곳이다. 연소실은 탄화실과 탄화실 사이에 32개의 연소실 플루(Flue)로 구성되어 있으며 각 연소실 하부에는 Gas Pot, Air Pot, COG Burner가 설치되어 있다.

각 연소실 상부에는 노상에서 연소상태 및 온도를 측정할 수 있도록 되어 있다. 연소실은 인접한 연소실과 한쌍이 되어 상부 Hair Pin을 통하여 연결되어 있으며 두 개의 연소실이 한쌍이 되어 20~30분마다 번갈아 연소시키고 한쌍의 연소실 중 한 쪽에서 연소가 되면 그 폐가스가 Hiar Pin을 통하여 다른 연소실로 거쳐 배기 계통으로 빠지게 된다.

3) 축열실

축열실은 주로 열교환 작용을 하는 곳으로 연소실에서 연소된 고온의 폐가스(Gas)가 이곳을 통과하면서 여기에 쌓여있는 연와(Checker Brick)와 열교환이 이루어져 배출가스온도(약 300~1,300℃)가 하락한다.

폐가스의 열을 받아 축열된 연와는 Sole Flue를 지나 들어온 Air와 Gas를 예열시켜 연소효과를 높이는 역할을 한다.

4) Sole 플루 (Flue)

Sole 플루(Flue)은 축열실 하부에 있으며 공기와 Gas가 외부에서 노내로 들어가는 첫 통로이며 Sole 플루(Flue)와 축열실 사이에는 Air와 Gas량을 조절하는 Nozzle Plate가 삽입되어 있다.

5) 상승관 (Stand Pipe)

탄화실의 Pusher측의 원통형관으로 석탄(Coal) 건류 시 발생하는 Raw Gas가 이곳을 지나서 가스 집합본관으로 빠지는 통로이다. 상승관은 위쪽에 뚜껑이 있어 압출작업에는 열어주고 장입 작업 시 닫힐 수 있는 구조로 되어있으며 Stand Pipe 아래쪽에 건류상태를 관찰할 수 있는 건류 판정구가 있으며 뚜껑 옆 곡관부를 통하여 집합본관과 연결되어 있다.

탄화실에서 발생한 Raw Gas가 상승관을 통하여 지날 때 온도가 약 600~700℃이기 때문에 고온의 가스가 집합본관에 유입될 경우 집합본관을 열화, Bending 등 소손이 발생되므로 집합본관 상부의 곡관부에서 안수 Spray를 통해 Tar 및 Gas를 분리시키고 더스트(Dust)를 포집하는 과정에서 발생가스 온도는 80~95℃로 냉각시킨다.

상승관은 Gas 통로역할과 탄화실의 노내압을 조절하는 역할도 하므로 노내압이 기준치 이상으로 높아지면 상승관의 뚜껑을 열어 설비 소손을 방지할 수도 있고 적정 노내압을 개폐장치를 이용하여 조정할 수도 있으며 노온이 높을 때에는 상승관 관경 내의 카본(Carbon)부착이 심한 경우도 있다.

6) 집합본관 (Gas Collecting Main)

건류중 발생되는 탄화실의 Raw Gas는 상승관으로 지나 집합본관으로 모이게 되면 화성 송풍기(Blower)의 부압에 의해 배송설비를 거쳐 정제설비로 보내지게 된다. 이는 집합본관(Gas Collecting Main)과 Suction Line 사이에 자동압력 제어장치가 설지되어 유압기 Damper를 조절하여 집합본관의 압력을 일정하게 제어한다.

흡입본관에서 집합본관의 압력을 제어하는 이유는 다음과 같다.

① 코크스(Coke)로내 압력이 상승하는 것을 방지
② Door Frame 사이로 Gas Leak 가 발생되고 착화에 의한 설비소손 방지
③ 노내 압력이 너무 낮은 것을 방지
④ 외부의 공기가 탄화실 내부로 유입되어 Gas와 코크스(Coke)가 연소되고 탄화실 국부가열 현상유발 방지
⑤ 노체 손상 및 카본 부착방지

Section 02 원료탄의 특징

1 원료탄의 분류 기준

석탄을 분류할 때 석탄 생성의 지질 연대, 석탄 조직 성분, 근원 식물, 석탄화 과정 등을 기준으로 하여 분류하고 있으며 또 석탄은 탄소, 수소 및 산소 원자로 구성되어 있기 때문에 이러한 원소의 함량을 기준으로 정하고 있다. 그러나 석탄의 원소 조성과 공업에서 기술상 필요한 석탄의 성상과의 상관관계는 복잡하고 실용상 원료로서 또는 가스 및 코크스 제조 원료로서 석탄을 사용할 때 직접적인 영향을 주는 파라메타가 석탄을 분류하는 데 필요하다. 기술상으로는 발열량 외에 점결성, 팽창성, 코크스 화성 등의 가열 시 성상 변화 및 탄의 성질 등이 분류 기준으로 중요하다.

2 석탄화 작용에 의한 콜 밴드

석탄을 구성하고 있는 중요한 원소는 탄소, 수소, 산소의 3원소이므로 이 원소 조성의 변화로부터 석탄화(Carbonization) 과정을 추적할 수 있다. 현재 가장 많이 알려져 있는 추적 과정으로는 D.W.Krevelen의 콜 밴드라 할 수 있다. 콜 밴드는 [그림 3-3]과 같이 갈탄, 저도역청탄, 역청탄, 고도역청탄, 반무연탄, 무연탄은 하나의 밴드상에 있는 것을 의미한다. 이러한 순서로 석탄화가 진행된다면 갈탄으로부터 저도역청탄까지는 주로 탈탄산 반응이며 다음에 탈수 반응이 일어나 고도역청탄으로 되며 다음에 탈메탄 반응에 의해 무연탄으로 된다. 또 목재 및 그 성분인 셀룰로즈, 리그닌 등의 식물이 혐기성균의 작용을 받아서 생성한 이탄으로부터 콜 밴드에 도달하는 과정은 주로 탄소 반응이라 할 수 있다.

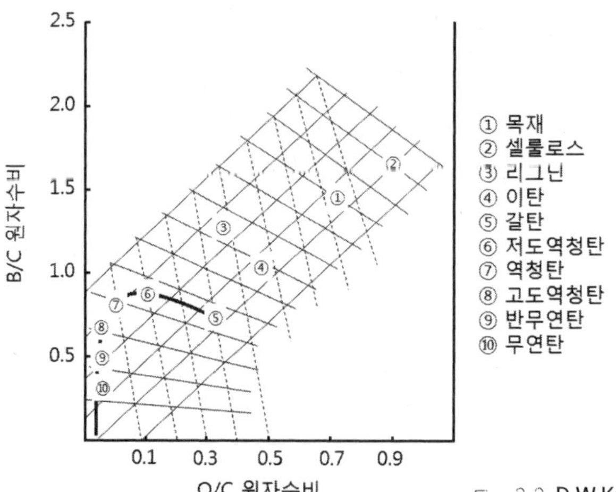

Fig. 3-3 D.W Krevelen의 콜 밴드

석탄은 근원 물질이 지층에 의해 Biochemical Stage와 Physicochemical Stage의 변화를 거치면서 서서히 탄화된 것으로서 이러한 탄화 정도를 Coal Rank라 한다. Coal Rank를 객관적으로 추정하는 요소로는 순수 석탄의 탄소 함유량, 수소 함유량, 산소 함유량, VM(Volatile Matter) 함유량, 발열량, 반사율 등이 있다. 그러나 채광된 석탄에는 근원 물질이 지층에서 석탄화되는 과정에서 혼입된 불순물이 다량 포함되어 있기 때문에 Washing 공정을 거치면서 불순물을 어느 정도 감소시키지만 이 불순물이 완전히 배제된 순수 석탄은 얻을 수 없다. 또한 이 불순물은 Coal Rank 요소와 각 불순물의 함유량을 각각 파악하여 이중적으로 불순물을 배제시킨 순수 Coal Rank 요소로 환산 사용하게 된다. 이를 표시한 것을 Basis라 하며 다음의 [표 3-2]와 같이 구분할 수 있다.

Table 3-2 **Basis의 구분**

구분	표기방법	내용
Dry Ash Free Basis	daf	석탄의 조성 중에 수분(결합수 제외)과 회분이 없는 가상 상태를 기준
Dry Mineral Matter Free Basis	dmmf	석탄 중 광물질의 일부(특히 탄산염, 황화염, 수산화염)가 가열 시 분해하여 VMO로 분석되는 에러를 최대한 배제코저 순수 유기물질 상태를 가상한 기준
Moist Mineral Free Basis	Mmf	석탄의 수분 중에서 천연적인 고유수분을 제외한 타수분과 광물질이 없는 상태를 기준
Moist Ash Free Basis	Maf	석탄의 수분 중에서 천연적인 고유 수분을 제외한 타수분과 회분이 없는 상태를 기준

3 석탄 분류방법

석탄은 조직 또는 등급에 따라서 여러 가지로 분류되고 있는데 대표적인 방법으로는 국제 분류 방법과 미국식 분류 방법으로 나눌 수 있으며, 그 외에도 영국, 독일, 호주, 일본식 등 여러 가지 분류방법이 있으나 대체로 유사한 체계를 지니고 있다.

1) 국제 분류 방법(ISO)

유럽 경제위원회에서 석탄 분류 방법을 국제적으로 체계화시키고자 1949년 석탄분류작업위원회를 설립 제정한 것으로서 ISO(International Organization for Standardization)로부터 승인을 얻은 분류 방법으로 휘발분과 발열량에 따라 1차적으로 급(Class)으로 나누고 점결성과 코크스 화성에 따라 [표 3-3]과 같이 나타내었다.

Table 3-3 **ISO 분류(급)**

Class(급) No.	10	11	12	13	14	15
총수분	〈20	20~30	30~40	40~50	50~60	60~70

이탄과 혼탄 또는 총발열량이 10,260BTU(British Thermal Units) 미만의 석탄은 회분(Ash)을 제외한 총수분의 함유량에 따라 분류한다. 총수분이라 함은 탄광에서 막 채굴된 탄의 수분을 의미한다.

Hard Coal의 9등급은 점결성에 따라 [표 3-4]와 같이 분류된다.

Table 3-4 **ISO 분류(군)**

Group(군) No.	0	1	2	3
FSI	$0\sim\frac{1}{2}$	1~2	$1\frac{1}{2}\sim4$	> 4
Roga Index	0~5	5~20	20~45	> 45

석탄군은 팽창(Audibert-Arnu 방법 이용)에 의하여 측정된 것과 Gray King Coke Type에 의한 코크스 화성에 따라 [표 3-5]와 같이 더욱 세분된다.

Table 3-5 **ISO 분류(아군)**

Sub Group(아군)	0	1	2	3	4	5
최대팽창	비연화	수축만됨	≤0	0~30	50~140	> 140
Gray King Coke Type	A	B~D	E~G	G1~G4	G5~G8	G8 이상

이 3가지 표시(Class : 급, Group : 군, Sub Group : 아군) 코드 번호는 석탄 분류 표시 방법으로 사용되고 있다.

2) 미국식 분류 방법 (ASTM)

ASTM-386-66으로 명명된 미국식 분류 방법은 ASTM(American Society For Testing & Materials)에서 1958년 정식 채택된 것으로 기본적인 분류 방법은 VM과 발열량에 의해 분류하며 등급이 높을수록 건량 기준 시의 VM에 따라 구분하고 등급이 낮을수록 습량 기준 시의 발열량에 따라 구분한다. ASTM 석탄분류 범위는 [표 3-6]과 같다.

Table 3-6 **ASTM 석탄 분류 범위**

Class(급)	Group(군)	분석한계 (Mineral Matter Free Basis)	물리적 구비조건
1. 무연탄 Anthracite	1) Meta-Anthracite	Dry FC 98% VM 2%	
	2) Anthracite	Dry FC 92~97% VM 2~7%	
	3) Semi-Anthracite	Dry FC 86~91% VM 8~14%	비점결

Class(급)	Group(군)	분석한계 (Mineral Matter Free Basis)	물리적 구비조건
2. 역청탄 Bituminous	1) Medium-Volatile	Dry FC 69~77% VM 22~31%	
	2) High-Volatile A	Dry FC 68% 미만 VM 31% 이상 Moist BTU 14,000 이상	
	3) High-Volatile B	Moist BTU 13,000~14,000 미만	
	4) High-Volatile C	Moist BTU 10,500~11,500 미만	
3. 아역청탄 Subbituminous	1) Subbituminous A	Moist BTU 10,500~11,500 미만	점결
	2) Subbituminous B	Moist BTU 9,500~10,500 미만	비점결
	3) Subbituminous C	Moist BTU 8,300~9,500 미만	
4. 흔탄 Lignite	1) Lignite A	Moist BTU 8,300 미만	비점결
	2) Lignite B	Moist BTU 6,300 미만	

• FC : Fixed Carbon
• VM : Volatile Matter
• BTU : British Thermal Units
• 429,923BTU-1MJ(Mega Joules)

4 탄종별 특징

1) 미국탄 특징

지질학적으로 고생대, 중생대, 신생대에 형성된 석탄으로 코크스 제조에 사용되는 역청탄은 같은 계열의 타지역 석탄에 비해 고강도의 코크스 제조에 대한 기여도가 높지만, 원거리 수송에 따른 단가 상승으로 제조 원가 부담이 크다. 고정탄소 함유량에 따라 저, 중, 고 휘발분탄으로 분류된다.

가) 저 휘발분탄 (LV탄 : Low Volatile Bituminous)

회분 및 휘발분 함유량이 가장 낮아 회수율 측면에서 유리하다. 같은 계열의 타지역 탄에 비해 유황분의 함유량이 높은 편이고 점결성, 단미강도(냉간, 열간강도 포함)는 비교적 낮다. 파쇄성은 좋으나 조탄입도가 낮아서 자연감모에 의한 손실이 많아 원가부담이 크다.

나) 중 휘발분탄 (MV탄 : Medium Volatile Bituminous)

같은 계열의 타지역 탄에 비해 유황분 및 휘발분 함유량이 높아 회수율 측면에서 불리하나 회분 함유량이 낮은 편이다. 활성 성분이 풍부하고 유동성을 나타내는 연화-용융 영역의 온도 범위가 넓어 높은 배합성을 나타낸다. 점결성은 뛰어나나 단미강도가 낮은 편이며 파쇄성도 양호하다.

다) 고 휘발분탄 (HV탄 : High Volatile Bituminous)

같은 계열의 타지역 탄에 비해 회분은 낮으나 휘발분 함유량이 높아 회수율 측면에서 불리하고 유황분 함유량은 높은 편이다. 일반적인 특성은 MV탄과 유사하나 석탄화도가 약간 낮다.

2) 캐나다탄 특징

지질학적으로 미국탄보다 생성 연대가 오래된 것이 많다. 파쇄성은 좋으나 조탄 입도가 낮아 자연감모에 의한 손실이 많고 원거리 수송에 따른 단가 상승 등으로 제조원가 부담이 크다.

가) 강점결탄

같은 계열의 타지역 탄에 비해 유황분 함유량이 특히 낮으며 조직 성분상 불활성 성분이 많아 배합탄에 있어서 조직 평형 지수를 조절하기 용이하다. 점결성은 낮은 편이며, 호주탄에 비해 연화 온도가 높고 유동 온도 범위 폭이 좁아 배합성이 나쁘다. 단일 탄종에 대한 배합비 증가시 점결성이 우수한 미국탄의 보강을 필요로 한다.

나) 준강점결탄 및 약점결탄

같은 계열의 타지역 탄에 비해 유황분 및 휘발분 함유량이 낮아 회수율 측면에서 유리하며 회분 함유량도 낮은 편이다. 강점결탄에 비해 점결성 및 배합성은 좋은 편이고 파쇄성도 우수하다. 활성 성분이 많고 단미강도도 우수하다.

3) 호주탄 특징

지질학적으로 고생대 후반에서 중생대 전반에 생성된 석탄으로서 코크스 제조용 역청탄은 주로 고생대 이첩기에 생성된 것이 많다. 다양한 탄종이 개발되어 우리나라 제철소의 배합탄으로 중심을 이루고 있으며 수송거리가 짧아 제조원가 절감에 크게 기여하고 있다.

가) 강점결탄

미국 LV탄에 대응하는 계열의 탄종으로서 회분은 높으나 휘발분 함유량이 낮아 회수율 측면에서 유리하고 유황분 함유량은 낮은 편이다. 같은 계열의 타지역 석탄에 비해 단미강도가 높고 점결성이 양호하여 배합탄에 있어서 석탄화도 점결성을 함께 보상해주는 효과가 있어 미국탄 대체 효과가 크다.

나) 준강점결탄

미국 MV탄에 대응하는 계열의 탄종으로서 유황분 및 휘발분 함유량이 낮아 회수율 측면에서 유리하며 회분 함유량이 높은 편이고 점결성도 떨어진다. 탄종 간의 편차가 비교적 크며 파쇄성도 좋지 않다.

다) 약점결탄

미국 HV탄에 대응하는 계열의 탄종으로서 전반적인 품질이 떨어지나 가격이 저렴하여 제조원가 절감에 기여하는 바가 크다.

4) 기타 탄 특징

원료탄 산지 다변화의 일환으로 아시아 지역에서 생산되는 석탄을 미국, 호주, 캐나다 등의 기존 산지의 석탄과 비교하여 조업에 이용 가능한 탄종을 선정한다. 산지가 근거리에 위치하고 있어 우수탄 개발 시 제조원가 절감에 기여하는 바가 크다.

점결성 및 배합성은 양호하나 회분, 유황분의 함유량이 높아 사용상 제약 요인이 된다.

5 원료탄 배합

점결성 유연탄의 부존자원이 없는 우리나라는 미국, 호주, 캐나다, 러시아, 중국 등지에서 원료탄을 수입하여 코크스 제조용으로 사용하고 있다. 이렇게 원료탄을 수입하다보니 각국으로부터 산지가 서로 다른 원료를 사용하므로서 고품위의 코크스를 지속적으로 유지하기 위해서는 적절한 배율로 혼합을 해야 한다.

원료 배합의 기본 개념은 섬유질과 점결 성분의 구성비가 다른 강점결탄, 준강점결탄, 비점결탄을 적정비로 배합해서 입자간의 점결력과 강도를 유지하도록 하는 것이며, 이를 위해 나라별, 산지별 특성이 다른 다탄종을 배합하여 활성 성분과 불활성 성분의 밸런스(Balance)인 CBI(Composition Balance Index)와 강도지수 SI(Strength Index)를 배합 기준영역으로 유도하여 고로의 환원제, 통기제, 연료로서 최적의 코크스를 생산한다.

이와 같은 배합에 의해 최적 배합비로 배합된 다탄종 원료탄은 코크스 오븐에서 1,250~1,300℃로 16~18시간 건류되는 과정에서 초기 350~450℃에서 연화·용융하며 열분해가 되고 500℃ 부근에서부터 재고화가 된다. 이때 원료탄의 배합 Parameter인 휘발분(VM), 점결성 지수(CI), 유동도(MF), 석탄화도(RO), Total Inert(TI) 등에 의해서 다음 메카니즘에 영향을 주어 양질의 코크스가 생성된다.

석탄 건류의 거동은 초기에는 분해중합 반응으로 석탄의 용융, 점결, 타르 생성을 지배하기 때문에 이 반응의 제어가 매우 중요하다. 석탄을 가열하면 석탄 중의 비교적 약한 화학 결합은 완전히 분해되어 수소의 부가 등에 의해여 안정화되고 저분자량 탄화수소를 형성하는데 이것이 타르(Tar)이다. 동시에 완전히 재결합하여 탈수소에 의한 거대 방향족 분자가 생성된다. 이 거대 방향족 분자는 액상을 거쳐 탄소질 액징을 생성한다. 탄소질 액정은 약 550℃에서 고화하고, 700~800℃에서 수소, 타르를 휘발한 후, 1,200℃에 다다르며 열처리에 의해 흑연구조를 발달시키며 수축하여 치밀한 코크스가 된다.

Section 03 코크스 제조

1 코크스 제조 개요

코크스 및 화성조업은 점결성 있는 원료탄을 밀폐된 코크스로(Coke Oven)에 장입하여 공기를 차단하고 고온(1,000~1,300℃)에서 원료탄을 건류시켜 회백색의 단단한 결정체인 코크스와 부생가스(COG)를 제조하는 공정으로 입경이 25mm 이상인 괴 코크스는 고로, 분코크스는 소결공장에서 사용하고 COG는 제철소 전 공정의 연료로 사용되어 전제철소 에너지 공급의 90%를 공급하는 에너지 공급원이다.

1) 코크스의 역할

고로내에서 코크스가 차지하는 용적은 약 70%에 이르며 그 역할을 살펴보면 다음과 같다.

① 고로내의 통기를 잘하기 위한 Spacer로서의 역할

② 환원제로서의 역할

③ 연소에 따른 열원으로서의 역할

④ 선철, 슬레그(Slag)에 열을 주는 열교환 매체로서의 역할

2) 코크스화 원리

가) 석탄의 열분해

분쇄한 점결탄에 공기를 차단하여 천천히 가열하면 온도의 상승에 따라 다음과 같은 변화를 한다.

① 100~200℃부근에서 석탄에 흡착된 수분, CO_2, CH_4를 방출한다.

② 300~400℃가 되면 열분해를 시작하여 가수, 분해수 및 타르(Tar)가 급격히 발생한다.

③ 500℃정도 까지 열분해가 왕성하게 일어나며 타르의 발생은 거의 없어지고 괴상이 된다.

④ 600℃에서 반성코크스(Semi-Coke)가 얻어진다.

⑤ 1,000℃부근에서 분해가스의 발생은 거의 완료되고 잔분은 코크스가 된다.

⑥ 1,000~1,300℃에서 코크스(Coke)화 한다.

나) 탄화실 내에서 코크스 생성원리

탄화실에 장입된 석탄은 1,000~1,300℃로 가열된 규석연와에서 전해진 열에 의해 열분해가 일어나서 외부로부터 내부를 향해 천천히 코크스화가 진행된다.

석탄의 열전도율은 대단히 작으므로 중심부 부근의 온도 상승은 상당히 늦어진다. 일정시간 경과후 탄화실 내부의 상태는 벽에 가장 가까운 부분은 거의 코크스로 되어 있고 그 내측은 약간 온도가 낮아서 반성 코크스 부분이며 더욱 내측은 용융대, 연화대가 벽에 평행한 엷은

층으로 존재하고 중심부는 100℃정도의 장입탄 그대로의 형태로 존재한다. 이 용융대가 시간의 경과에 따라 내측으로 이동하나 열의 전달거리가 증가하여 이동속도는 감소한다. 연화 용융대에서 발생한 가스, 타르의 대부분은 고온의 코크스 사이를 통과하여 코크스 또는 적열 연와벽에 접촉하여 2차 반응을 일으킨다.

2 코크스 작업

1) 코크스 장입 작업

코크스를 압출한 후 장입차로 탄화실에 석탄을 장입하는 작업이며 장입 직후부터 가스가 발생하지만 이것은 상승관에 설치되어 있는 고압수 또는 수증기 등을 취입하여 Dry main에 흡인한다.

장입이 끝나면 Leveler를 써서 장입탄 상부를 균등화시킨 후 뚜껑을 덮고 장입작업을 완료하고 1실당 장입량은 보통 13~30Ton 정도이며 탄층의 밀도는 석탄입도나 수분에 따라 변화하나 0.72~0.74t/m^3이다.

2) 탄화시간과 건류온도

탄화시간이란 장입에서 압출까지 석탄 코크스가 노내에 머무는 시간을 말한다.

코크스 생산량의 증감은 탄화시간의 단축 또는 연장에 의하여 조절된다. 탄화실의 폭이 일정하면 탄화시간과 건류온도 즉, 노온과 일정한 관계가 있으므로 탄화시간이 결정되면 이에 따른 노온을 유지하도록 관리한다. 노폭과 탄화시간의 관계는 온도가 일정하면 노폭의 거의 제곱에 비례해서 탄화시간은 연장된다.

장입탄 1kg을 코크스화 하는 데 필요한 열량은 550~700kcal이며 탄화시간이 짧을 때 단위 석탄량의 노체방산열량은 적어지나 노온을 높이기 때문에 폐가스가 가지고 나가는 열량이 많게 되어 소비열량은 일반적으로 많아진다.

3) 압출작업

장입된 석탄은 13~18Hr 경과하면 건류가 거의 완료하여 가스발생이 별로 없게 된다. 이로부터 1~2Hr 방치한 후 코크스를 탄화실에서 배출하는 작업이 압출작업이다.

가) 압출작업 방법

압출기 및 코크스(Coke) Guide차의 장치로 양측의 노 뚜껑을 제거하고 코크스(Coke) Guide차의 안내격자를 탄화실에 맞춘다. 그리고 압출기의 압출Ram으로 실내의 적열 코크스를 소화차에 밀어낸 후 양측의 노 뚜껑을 닫아 압출작업을 끝낸다.

나) 압출작업 순서

압출작업은 일정한 순서에 의해 실시하며 서로 인접한 노의 압출을 연속해서 실시하지 않으며 보통 5실 건너하고 있다. 이것은 연속된 냉 석탄의 장입으로 탄화실의 벽온도가 저하하는 것을 방지하여 노단 전체의 온도를 보다 균일하게 하기 위한 것과 압출 시 및 건류 중에 탄화실 벽에 걸리는 압력에 의해 노벽이 손상 받는 것을 방지하기 위한 것이다.

3 코크스 연소 관리

코크스 오븐의 연소 관리 목적은 노의 온도를 적절하고 균일하게 유지하고 연소 상태를 최상으로 유지하여 코크스 품질의 균일화와 코크스 제조 열량을 최소화하는 데 있다.

1) 코크스 오븐 열원

코크스 오븐 열원은 COG와 BFG, COG가 혼합된 혼합 가스(Mix - Gas)를 사용하며 혼합 가스는 COG를 BFG 속으로 강제 송풍(또는 가스 압력차에 의해)하여 COG : BFG = 1 : 9 정도로 혼합하여 1,000~1,150kcal/Nm^3 정도의 열량을 유지한다.

2) 연소 방식

코크스 오븐의 연소 방식은 COG 연소와 혼합 가스 연소로 구분되어 각기 다른 연소 시스템을 갖추고 있다.

1문의 탄화실 양옆으로 연소실 벽(Wall)이 있으며 1Wall은 32개의 연소실로 되어 있고 32개 연소실은 1번과 2번, 3번과 4번 식으로 한 쌍을 이루어 각기 상부가 관통되어 있고 한쪽이 연소할 때 다른 쪽은 폐가스가 빠지도록 되어 있다.

가스 공급은 Reversing Winch에 의해 기수, 우수측을 구분하여 교대로 20분 또는 30분마다 교환해 준다.

3) 연소 계통

① Gas Main 배관 : 연소에 필요한 공급량을 자동제어 한다.

② AIB : 대기중의 공기를 Air Flap 간격 조정에 의해 공급량을 조절하며 부업에 의해 공급된다.

③ GIB : Orifice에 의해 분배된 가스를 가스 압력 및 부압에 의해 공급된다.

④ Sole Flue : 각 로별로 공급된 공기를 Nozzle Piece에 의해 연소실별로 분배 공급된다.

⑤ **축열실** : 상온의 공기가 예열된다.

⑥ **연소실** : 연소실에서 가스가 공기와 합쳐 연소되고 인접 연소실을 통하여 배출된다.

⑦ **축열실** : 폐 가스의 열을 축적한다.

⑧ Sole Flue : 1wall(32개 연소실)의 폐가스가 합쳐지며 배출된다.

⑨ WHV : 폐가스 압력 1차 조정

⑩ **연도 및 연돌** : 폐가스 압력 2차 조정(연도) 및 폐가스 대기 방출(연돌)

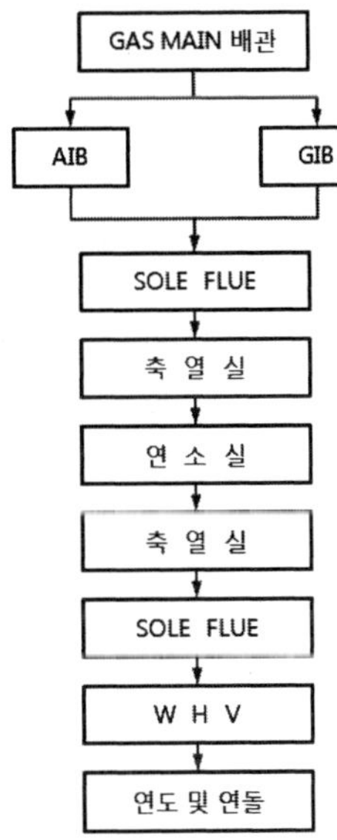

Fig. 3-4 **연소 계통도**

4) 연소 조정

연소 상태를 최상으로 유지해 주기 위해서는 가스 공급량 정도에 따라 연소 계통 각부 압력을 정확히 조정해 주어야 한다. 코크스 오븐은 연소실이 일반적으로 174문에 570개 정도 있고, 연소 계통은 노내부에 있어 이물질 부착 등 가스, 공기 공급에 지장을 주는 요인 발생을 발견 및 제거하기가 매우 어려우므로 세심한 관찰력이 필요하며 이상 Flue 발견 시 즉시 소성 및 조치가 요구된다.

① **Top 압력(연소실 압력)** : 연소 관리의 기본이 되는 압력이며 연소 상태를 좌우하고 가스, 공기의 공급량과 연도 및 WHV 압력에 영향을 받는다.

② **WHV 압력** : 연소실 압력 조정을 위한 1차 폐가스 압력 조정 설비이며 댐퍼(Damper)로서 수동으로 조정한다.

③ **연도 압력** : 연소실 압력 조정을 위한 2차 폐가스 압력 조정 설비이며 유압으로 자동 조정된다.

④ AIB : 공기 공급량을 조절해 주는 설비로서 Air Flap 간격을 수동으로 조정한다.

⑤ 코크스 오븐의 연소 조정 후 압력은 곧바로 알 수 있지만 연소 조정에 의한 온도 변화는 4Hr 이상 지나야 나타나므로 온도 관리 측면의 변화 요인에 대해서는 예측 관리가 요구된다.

5) 과잉 공기비

코크스 오븐의 과잉 공기비는 1.2~1.25 정도이나 과잉 공기비를 감소시키기 위해서는 각 개별 연소실의 상태를 균일하고 양호한 상태로 지속시키는 것이 선결 과제이므로 연소 계통의 철저한 관리가 필요하다.

6) 불량 Flue 관리

불량 Flue는 연소 계통에 이상이 발생되어 가스, 공기의 공급이 원활하게 되지 않는 상태이므로 계획적인 조치가 필요하며, 코크스 품질 관리 및 최저 온도 관리 개념을 갖고 있어야 한다.

4 노온 관리

1) 코크스 오븐의 노온 관리 목적

① 코크스 품질 유지 및 균일화에 의한 고로 조업 안정
② 코크스 오븐 수명 연장
③ 코크스 제조 열 원단위 절감

2) 노온 관리 종류

① 열간 온도 관리(노의 길이 방향 P/S, Mi, C/S)
② 열내 온도 관리(노의 폭 방향 #1 ↔ #32 Flue)
③ 단 Flue 온도 관리(노의 양 끝 #1, #32 Flue)
④ Eord Wall 온도 관리(노단의 양끝)
⑤ 던화실 온도 관리
⑥ 최고 온도 관리
⑦ 최저 온도 관리

3) 목표 온도의 설정

목표 온도 개념은 석탄을 코크스화 시키는 데 필요한 열량의 상시 기준을 온도로서 나타낸 것이며 목표치 설정 기준은 가동율에 따른 건류 시간 내에 최소의 열량으로 최상의 코크스

품질을 얻을 수 있는 온도이다. 이 온도는 코크스의 건류 상태 및 코크스 품질을 관찰하여 결정한다.

4) 온도 측정 기준

온도는 코크스로의 부위 및 경과 시간에 따라 온도의 변화가 많으므로 측정 기준을 정해야 하며 이것을 준수해야 한다. 온도 측정 시간은 보통 Reversing 후 5분 이내에 해야 한다.

5) 노온에 변동을 주는 요인

① 장입 경과 시간 및 형상
② Reversing 경과 시간
③ 공급 가스 칼로리 변동
④ 장입탄의 수분 및 VM 증감
⑤ 직업지연 및 감산
⑥ 기후 변화 등 기타 요인

6) 노온 변동 요인에 대한 예측 관리

노온 조정 후 노온 변화 시간은 약 4시간 정도 소요되므로 예측 관리가 되지 않으면 열량 원단위 상승 품질 변동을 가져온다.

① **공급 가스 칼로리 변동** : 가스 칼로리 변동은 예측할 수 없으므로 자동 열량 분석계를 설치하여 운전한다.

② **장입탄 수분 및 VM** : 수분 ±1%에 ±8kcal/kg_f-coal을 기준, VM ±1%에 ±10Kcal/kg_f-coal을 기준으로 한다.

③ **작업 지연 및 감산** : 정수 혹은 계획 수리에 의한 감산은 예측 조정이 가능하나 돌발 감산 등은 예측 조정이 불가하므로 예측 조정 시 감급량을 기준하여 큰 폭으로 조정한다.

$$\frac{\text{분낭상입량} \times \text{감산분수} \times \text{열량원단위}}{\text{가스빈열량} \times \text{감급시간}}$$

7) 노온 관리와 품질

가) 열간 온도

코크스로의 관리 기준 온도이며 Mi 평균치 온도를 목표 온도와 비교하여 목표 온도 ±5℃ 이내로 관리한다. 열간 온도 편차 관리는 장입 노에 대한 편차를 감안해야 하고 편차가 큰 노는 코크스 미건류 또는 과건류가 되어 품질에 영향을 미치므로 열내 온도를 측정하여 조치해야 한다.

나) 열내 온도

열내 온도는 코크스로 Tapper에 의해 60℃ 편차를 관리하는 것으로 Mi 온도 ±30℃가 목표치이며 관리 범위는 Mi ±45℃이다. 온도 편차가 크면 노내의 코크스 품질이 불균일하며 심하면 압출 막힘 등으로 조업 및 노체 관리에 나쁜 영향을 미친다.

다) 탄화실 온도 관리

탄화실 온도 관리는 실제 건류되는 상·하 온도차가 40℃ 이내로 기준이 정해진 경우도 있으나 20~25℃가 적당하다. 편차가 클수록 상부와 하부의 코크스 품질이 달라지므로 연소실 Top 압력 관리를 철저히 해야 한다.

8) 온도 관리와 노체 수명

가) 최고 온도 관리

코크스로 조업에서 최고로 상승할 수 있는 온도를 예측하며 코크스로의 구조물인 Silica Brick을 소손시키지 않도록 관리하는 것을 말하며 관리 기준은 Mi 온도 기준 1,320℃이다. Silica Brick의 변태점(β-Cristobalite)이 1,470℃이므로 장입 경과 시간, Reversing 경과 시간, 열내 온도 Tapper 등의 상승 예측 온도를 150℃로 보내기 때문이다.

나) 최저 온도 관리

최고 온도 관리와 마찬가지로 코크소 조업 중에서 최저로 하락할 수 있는 온도를 예측 관리하는 것으로 관리 기준을 Mi 온도 기준으로 1,180℃이다. Silica Brick의 변태점(β_2-Tri-Dynite)이 870℃이므로 하락 예측 온도는 310℃이다.

9) 노온과 화락시간 관리

노온 관리 관점에서 화락 판단은 코크스 건류를 적정하게 하여 노온을 정확하게 관리하여 코크스 품질을 균일하게 하기 위함이다. 화락 판단 방법은 상승관 불꽃을 육안으로 판단하는 방법과 상승관 발생 가스 온도의 변환점 발생 가스의 CH_4 감소 및 H_2 증가 등으로 판단할 수 있으나 상승관의 불꽃과 발생 가스 온도를 보고 판단하는 방법이 주로 사용된다.

각 공장의 조업 상황에 따라 치시간(화락 ↔ 압출) 관리가 다르지만 대부분 1.5~2Hr 정도로 한다. 치시간이 목표치 시간보다 길 때는 노온을 하락시키고 짧을 때에는 증가시켜 치시간을 균일하게 관리해야 하며, 화락 판정 시 불균일 장입 등에 의한 판단 오류가 발생하지 않도록 주의해야 한다.

10) 불량 Flue 온도 관리

불량 Flue는 가스 공급량을 증가시켜도 온도가 상승되지 않는 Flue를 말하며 연소 계통에 이상이 있는 Flue이다. 불량 Flue 관리는 코크스 건류와 최저온도 관리 관점에서 관리되어야 하고 연소 조정 작업으로 조치가 불가능한 것은 부분 해체 등의 계획적인 보수가 있어야 한다.

5 노체 관리

1) 노체 관리의 목적

코크스로는 내화물, 금물, 콘크리트 구조물로 구성되어 있으며 조업 개시 이후 일단 착화가 되면 수명을 다할 때까지 열간 상태를 계속 유지해야 한다.

코크스로의 수명은 과거에는 누계압출문수가 10,000회/1문 정도였으나 최근에는 조업 기술 및 보수 기술의 향상으로 12,000회/1문 이상으로 30년 이상 사용할 수 있게 되었다. 이와 같은 코크스로의 수명을 연장하기 위해서는 급격한 변동을 주지 않는 조업 설계와 체계적인 작업 관리 및 노체의 노후화 실태를 정량적으로 파악하여 적절하고 유효한 노체 보수를 시기에 맞추어 실시해야 한다.

2) 노체 관리의 기본 개념

가) 연소 관리

Table 3-7 **노체 관리를 위한 연소 관리 방법**

항목	방법
조업 최고·최저 온도의 설정	어느 Flue에 있어서도 허용 노온 범위를 유지하도록 최고 허용 온도 1,470℃, 최저 허용 온도 900℃를 유지하도록 조업 온도를 가감할 수 있도록 노온을 설정
가동율 변동 시의 노온	1%/1일 이내(약 3℃/Cycle-Coking Time 20Hr 기준)
노장 방향 온도 관리	온도 Tapor 이상 Fluo 관리 탄화실 상·하 온도 또는 코크스 압출탄화실 상·하 온도를 측정하여 이상 Flue를 찾아내서 수정
End Flue의 온도 관리	가동률이 낮을 때는 하한 허용 노온역에 들어있는 Flue가 나오므로 상시 관찰 강화

나) 작업관리

① 압출시 탄화실의 Block 분배에 의한 균일한 탄화 시간으로 압출 실시
② 공로시간(카본 소각 등)의 단축에 의한 노체 냉각 방지
③ 경장입 방지(코크스 레벨의 감시 강화)
④ 압출 건류 관리에 의한 온도 관리

다) 노체 관리

① 노후화도의 정량적 파악과 그 결과의 활용

② 정확한 보수 실시

③ 보수 기술의 개발

3) 코크스로의 노후화 현상

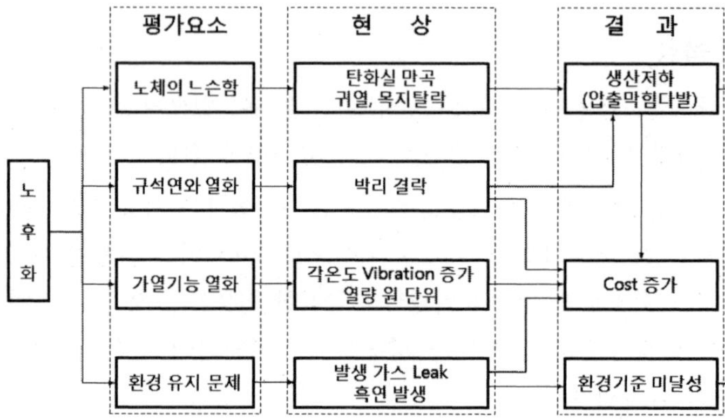

Fig. 3-5 **코크스로 노후화 현상**

4) 노후화도의 조사 방법

Table 3-8 **노후화도 조사 방법**

조사항목	정량화법	평가법
노체지수	탄화실 길이방향의 노저부 및 노정부 치수를 측정하여 팽창률을 산출한다.	해당로의 팽창률과 매년 표준 팽창선과 대비한다.
탄화실의 연와손상	탄화실 연와의 귀열 발생 상황을 예측 관찰하여 기록하여 귀열 발생률을 산출한다.	해당로의 귀열 발생률과 매년 표준 귀열 발생률 곡선과 대비한다.
노온분포	전 Flue의 온도를 측정하여 각종 보정을 행하여 Variation을 계산한다.	해당로의 노온 Variation과 매년 표준 Variation 곡선과 대비한다.
Flue Gas	석탄 장입직후에 발생 가스의 Flue 측 Leak량을 목측 관찰하여 지수화한다.	해당로의 Gas Leak 지수와 대면 Gas Leak 표준 곡선과 대비한다.

5) 코크스로의 보수 기술

가) 노체 점검

① **지지금물 및 상태점검 항목** : Buck Stay 및 Spring, Oven Door(Hammer Tight Type), Oven Door(Self Sealing Type), Small Door, Door Frame, 장입구 Frame, 상승관

및 G.C. Main, Bleeder

② **축조연와의 상태점검 항목** : 탄화실 연와, 축열실 연와, Oven Top Paving, Cooling Channel, 장입수, Oven Door 연와(Hammer Tight Type), Oven Door Castable Block(Self Sealing Type)

③ **기타 설비의 상태점검 항목** : Gas Booster, Gas Line 및 수봉변, Air 공급 설비, 폐가스 처리 설비, Reversing 설비, Service Plat Form, Elevation

나) 노체 보수

① **일상 보수**

- Oven Door Castable Block(Self Sealing Type)
- 탄화실 Mortar Dry Sealing
- 장입구 Frame 교체
- Oven Door 연와 축조(Hammer Tight Type)
- Oven Door Castable Block 교체(Self Sealing Type)
- Knife Edge 조정 및 교체(H.T.T)
- Sealing Strip 교체 및 조정(S.S.T)
- Small Door Spring 교체
- Door Frame 상부 Castable 보수

② **특별 보수**

- 탄화실 열간 재축조(End Flue 보수)
- 탄화실 용사보수
- 탄화실 열간보수
- Buck Stay 교체
- 축열실 보수

6 내화물 관리

1) 내화물의 정의

요업용 노 및 기타 고온 공업에서 쓰이는 고온에서 난용성, 불용성의 비금속 유기재료의 총칭으로 특히 요업로 노의 축조에 사용하기 편리하도록 형상을 만든 것을 내화벽돌이라 한다. 우리나라에서는 SK로 내화도를 표시하고 있으며 SK26(1,580℃) 이상의 내화도를 가진 것을 내화벽돌로 정하고 있다. 미국은 ASTM에 의해 PCE(1,430℃) 이상, 독일은 DIN에 의해 SK26(1,580℃) 이상, 일본 JIS에 의해 SJ(1,580℃) 이상의 것을 내화물로 정하고 있다.

2) 내화물의 화학성분에 의한 분류와 가열처리 방법에 의한 분류

Table 3-9 **내화물 특성**

분류	특성
소성내화물	소성에 의하여 소결한 내화물
용융내화물	원료를 일단 용융상태로 한 다음 주조한 내화물
불소성내화물	화학적 결합체를 써서 성형후 건조만 하여 쓰는 내화물

3) 코크스로용 정형 내화물의 종류와 특성

가) 규석 벽돌

규석 벽돌은 실리카(SiO_2)를 주원료로 만든 규산질 내화물이다. 규산질 내화물의 제조 공정은 [그림 3-6]과 같다.

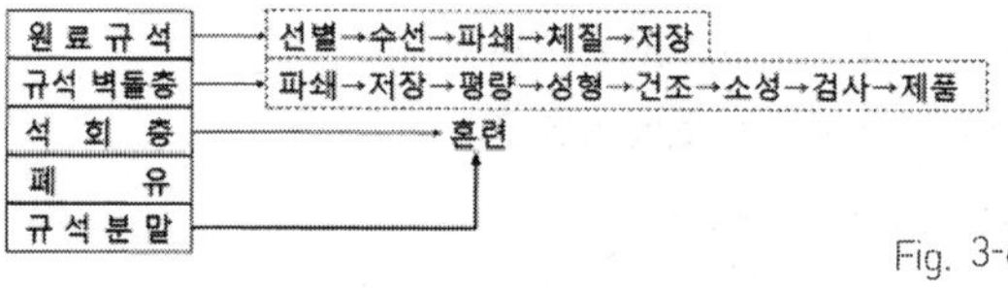

Fig. 3-6 **규석 벽돌 제조 공정**

규산질 내화물의 내화도는 평로나 전기로와 같이 슬래그에 의한 침식이 심한 경우 SK 32~33, 유리로에서는 SK 32, 코크스로에서는 침식이 적으므로 SK 31이 적당하다.

요업용 노가 대형이므로 가열 시 이상 팽창에 의해서 발생하는 스트레인(Strain)을 될 수 있는 한 적게 하기 위하여 충분히 트리디마이트, 크리스트바라이트화 시킨 것은 사용 10~20년 이상 연속 사용하므로 탄화실의 규석 벽돌은 상당히 변화를 받는다.

나) 규산 알루미나질 내화물

규산 알루미나질 내화물은 실리카(SiO_2)와 알루미나(Al_2O_3)가 주성분으로 SiO_2 92~93% 이상 함유하고 있는 내화물이다. 성분적으로 SiO_2가 많으면 산성, Al_2O_3가 많으면 중성 내화물로 분류하고 있다.

Al_2O_3가 50% 이상의 것은 고알루미나질, 50% 이하는 저알루미나질이라 하며 반규석 벽돌, 샤모트 벽돌 등이 있으며 이를 총칭하여 점토 벽돌이라 한다.

샤모트 벽돌의 제조 공정은 다음과 같다.

생점토 → 토련기 → 조각 → 건조 → 소성 → 샤모트

다) 알루미나질 내화물 (Al_2O_3 90~100%)

알루미나를 주체로 하는 내화물이며 대개 Al_2O_3 90~100%인 것으로 보면 된다. 제품에는 보크사이트 벽돌, 다이아포아 벽돌, 전용주조 벽돌 등이 있다.

라) 염기성 내화물

내화물 유형으로는 마그네시아질 내화물, 석회질 내화물, 크롬질 내화물, 지르코니아질 내화물, 티타니아질 내화물, 탄소질 내화물 등이 있다.

3) 코크스로용 부정형 내화물의 종류와 특성

가) 내화 모르타르

내화 시멘트라고도 하며 내화 벽돌을 쌓아 올릴 때 접합체로 쓰이는 내화 벽돌의 보조 재료이다. 그러므로 벽돌의 성질에 적합하여야 하며, 화학 성분, 광물 조성 등이 내화 벽돌과 유사해야 하고 시공성이 좋아야 하며, 건조 소결에 의한 수축이 적고 벽돌과의 접착력이 양호해야 한다.

나) 열경화성 내화 모르타르

일반적으로 널리 사용되는 접합용 모르타르로서 보통 40mesh를 통과시킨 분쇄물에 경합용 점토를 배합하여 노온에서 결합 점토가 소결되어 접착강도를 높인 것이다.

다) 캐스터블 내화물

치밀하게 소체시킨 내화성 골재에 알루미나 시멘트를 배합한 내화 콘크리트재이다. 보통 내화벽돌과 같이 소성할 필요가 없고 접합부가 없이도 노체 구축 건조 및 소성 수축이 매우 작아 시공 후 24시간 안에 작업 온도까지 온도를 올릴 수 있고, 노온의 큰 변동에도 스폴링(Spalling)을 일으키지 않는다. 기타 부정형 내화물로서 플라스틱 내화물로 구분할 수 있다.

4) 코크스로 축조 내화물

가) 규석 연와의 장점

① 열전도율이 좋고 같은 크기의 노에서 연소실 온도가 같을 경우 탄화실로서의 열공급량이 많아져서 탄화시간이 단축된다.

② 규석 연와는 고온 강도가 크기 때문에 탄화실 벽을 얇게함과 동시에 노체 높이를 증가할 수 있으며 벽이 얇으면 열용량 감소시키고 열효율이 향상된다.

③ 습탄 염류를 포함한 석탄을 사용해도 침식에 강하므로 원료탄을 엄선할 필요가 없다.

④ 마모에 견디는 힘이 크고, 노의 수명을 연장시켜 보통의 작업하에서는 10년 이상 연속 사용이 가능하다.

나) 코크스로의 사용 내화물

① **단열 내화물** : Sole Flue 하단, 축열실 외벽, Door 내장연와, Oven 천정 상단

② **점토질 내화물** : 축열실, Sole Flue, Oven 천정, Door 연와, 상승관

③ **규석질 내화물** : 축열실 상단, 연소실, 탄화실, Oven 천정 하단

④ **바살트(Basalt)질 내화물** : 노상 바닥

⑤ **적연와** : 노상 바닥 하단, 옹벽

5) 코크스로의 보수

가) 탄화실 모르타르 분사 (Mortar Spray)

탄화실 내 벽체, Door Frame, 금물 주위, 목지 탈락 등으로 연소실로 생성 가스의 누설 등 내화 연와의 균열, 마모, 파손 부위를 모르타르로 접착 보수하는 작업이다.

나) 드라이 실링 (Dry Sealing)

탄화실과 연소실 사이의 목지 균열 및 탈락으로 인하여 코크스 건류 시 발생하는 가스가 연소실로 유입되는 것을 방지하여 노체 수명 단축 방지 및 연소 효율을 높이기 위하여 균열 부위를 드라이 모르타르로 충진 보수하는 작업이다.

다) 장입구 Frame 및 내장 연와 교체

장입구는 가스 유출, 공기 흡입 등 제반 열적 변화로 인하여 장입구 프레임의 Bending, 내장 연와의 소손, 생성 가스의 손실 및 코크스 품질 저하, 장입차의 소손, 노체 수명 단축 등 상당한 영향을 미치고 있으므로 주기적으로 장입구 프레임 내장 연와를 교체하고 프레임 상태를 살펴야 한다.

라) Door Lining Brick 및 Castable Block 교체

Door Lining 연와는 급냉 및 급열의 변화가 잦게 일어나는 곳으로 균열, 마모, 스폴링 현상으로 코크스의 분화가 발생하며, 누설 및 공기 흡입 등으로 Door 금물에까지 영향을 미쳐 Door의 장탈착의 난이성으로 코크스 압출성을 저하시켜 생산성이 저하된다.

마) 목지 Sealing 작업

코크스로는 전부 내장 연와로 축조되어 있으며 외부에는 금물 Buck Stay로서 노를 지지해주고 있다. 또한 각 가스 공급 및 배기 설비가 내장 연와와 연결 조립되어 있으므로 목지 Sealing 작업이 불량할 경우에는 연소 효율이 저하되고, 금물의 변형, 공기 흡입 등으로 내장 연와의 수명 단축 등이 발생하여 노설비 유지에 상당한 영향을 미치고 있다.

Section 04 코크스 품질 관리

1 코크스 품질이 고로에 미치는 영향

불량 코크스가 고로 내로 들어가면 다음과 같은 고로 상황 불량이 발생한다.

① **노구부** : Flue Dust의 증가

② **노흉부** : 고체 영역(Solid Zone)과 연소 영역(Combustion Zone)을 통하는 통기성의 불량

③ **노복부** : 로벽에 온도 상승(Thermal Load 상승) 로열의 상승

④ **보시부** : 연적 Unbalance 및 불안정

⑤ **풍구 상부** : 용융물의 집중적인 유동

⑥ **노상부** : 파쇄된 코크스의 증가로 인한 액상 물질의 통액성 불량

⑦ **출선구** : 출선구의 길이 감소

한편 풍구 전면의 Race Way에서도 다음과 같은 문제가 발생할 수 있다.

① Race way의 변형

② Compact Coke Zone의 확대

③ Gas 유동의 변화

④ Race way하 Coke Zone의 통액성 악화

⑤ Tuyere에 대한 용선의 공격 발생

2 코크스 품질의 영향

1) 고로 출선량 - 코크스 강도 관계

① **Coke 강도** : 1% 변동 시 출선량 2% 변동

② **산출식** : 강도차 × 0.02 × 용선단가(변동비) × 출선량(계획 또는 실적)

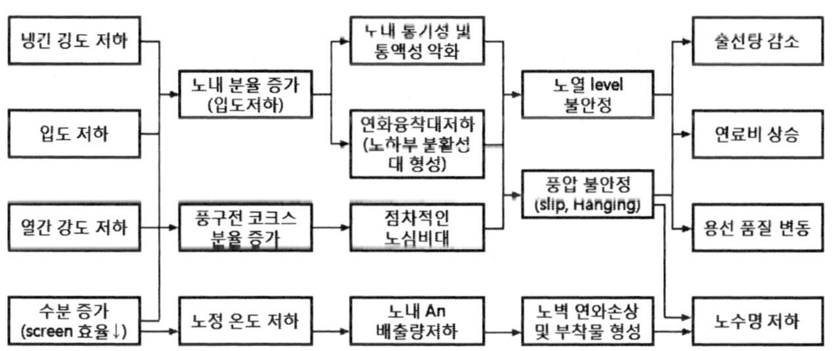

Fig. 3-7 코크스 품질의 영향

2) 코크스 비

① Coke Ash : 1%당 코크스비 10kg_f 변동
② **산출식** : Ash차 × 0.01 × 출선량(계획 또는 실적) × 괴 코크스

3) 부산물

① COG : VM 1%당 3.65Nm^3 변동

VM차 × 3.65 × Coal 사용량 × COG 단가

② TAR : VM 1%당 TAR 0.078% 변동

(VM차 × 0.078/100) × Coal 사용량 × TAR 단가

③ **조경유** : VM 1%당 조경유 0.144% 변동

(VM차 × 0.144/100) × Coal 사용량 × 조경유 단가

4) 코크스 수율

VM 1%당 코크스 수율 0.83% 변동

(VM차 × 0.83/100) × Coal 사용량 × 분코크스

Section 05 코크스 소화작업

1 CWQ (Coke Wet Quenching) 소화작업

1) 개요

압출된 적열 코크스를 소화차에 받아 소화탑으로 운반해서 소화냉각한 후 와프(Wharf)에 배출하는 작업으로 소화수량은 코크스 중량의 1.5~2배이고 살수시간은 약 1min 전후이다. 이에 따른 증발수량은 코크스 1Ton당 약 0.5Ton이고 코크스의 수분은 보통 2~3%로 관리되고 있다.

2) 습식소화의 특징

① 상부에서 다량의 물을 살수하여 적열코크스를 소화 및 냉각시킨다.
② 수증기 중에 다량의 더스트(Dust)가 동반되어 비산한다.
③ CDQ와 대비하여 코크스의 입경이 크다(장점).
④ 코크스 표면에 수성가스 반응이 발생하여 코크스 표면조직이 약화된다.
⑤ 코크스의 급냉으로 인한 열 충격이 발생한다.
⑥ 코크스가 수분을 함유하여 고정 탄소비가 감소한다.
⑦ 증기와 함께 다량의 분진이 발생한다.
⑧ 코크스의 수분함유로 고로내에서 통기성과 통액성을 저하시킨다.

3) 전차 및 소화차 운전작업

가) 작업 개요

전차 및 소화차는 노 전면에 설치된 이동기기로 적열 코크스를 Guide Car의 안내를 받아 압출되면 소화차 적재함에 균일하게 적재하여 소화탑에 진입 소화후 코크스(Coke) 와프(Wharf)에 배출하는 작업이다.

나) 양수 Pump 작동공정

침전지에 설치된 양수 Pump는 구분상 원심펌프에 속한다. 원심펌프는 임펠라를 회전시켜 물의 회전운동을 주어 원심력의 작용으로 양수하는 것으로 물을 먼저 흡입관을 통하여 날개차 중심부에 들어가 날개의 사이를 지나는 동안 날개에서 회전운동을 받아 압력이 증가하고 안내 날개를 지나는 동안 속도 에너지는 압력에너지로 변화하면서 스파이럴 케이싱에 들어가고 점차로 통로의 면적이 넓어지면서 출구는 송출관이 연결되어 있다. 안내날개는 날개차의 외주에 배치한 고정날개로 날개차에서 나오는 물을 안내함과 동시에 속도수두를 압력수두로 바꾸는 역할을 한다.

4) 침전지 설비

소화탑에서 적열 코크스(Coke)소화에 사용된 소화수 중 일부는 증기화 하고 잔여 소화수는 침전지로 이송된다. 이 소화수는 다량의 분코크스(Coke)가 혼합된 탁수로서 재사용 시 다량의 분코크스(Coke)가 혼입되어 Pump의 마모, Valve의 작동불량, Nozzle 및 Pipe막힘 등 설비 고장의 원인이 되므로 침전지에서 침전시켜 1대의 Scraper 장치에 의해 분코크스(Coke)를 제거시킨 후 양수 Pump로 재사용하도록 하는 설비이다.

5) 소화탑 설비

소화탑 설비는 소화차에 적재되어 이송된 적열 코크스(Coke)를 담수 저장 Tank에서 일정시간 동안 살수 Nozzle을 통하여 물을 분사시켜 고온의 적열 코크스를 소화 시키는 설비이며 소화시 발생하는 수증기의 분진이 혼합되어 대기 방출되는 것을 막기 위하여 미분진압 장치가 설치되어 있어 분사된 물의 일부는 증기화하고 나머지는 침전지에서 정제시켜 살수작업에 재사용 된다.

2 CDQ (Coke DryWet Quenching) 소화작업

1) 개요

CDQ(Coke Dry Quenching) 설비는 코크스로에서 생산된 적열 코크스를 불활성 냉각 가스에 의해 소화·냉각시키는 방식으로 적열 코크스의 현열을 회수하여 저압증기 및 발전동력으로 활용하는 설비로서 과거의 습식소화방식(CWQ : Coke Wet Quenching)을 개선한 것이다.

2) 주요설비 구성

CDQ 설비로는 코크스 장입을 위한 권상설비, 냉각탑, 폐열회수 Boiler, Turbine 및 Generator, 순수처리설비, 집진설비, 벨트 컨베이어 등으로 구성되어 있다.

3) 설비 특성

가) 적열 코크스 폐열회수 (에너지 절감)

적열 코크스의 현열은 코크스로의 출열 중 최대(총출열의 약 42%)의 것으로서 압출된 상태에서 약 1,000~1,100℃의 온도로서 코크스 톤당 약 360~400×10^3kcal의 현열을 보유하고 있는데 이 열을 회수하여 스팀, 전기 등을 생산하며 필요에 따라 석탄조습설비, 고로 송풍기 구동에도 이용되고 있다.

나) 코크스 공장 폐열 발생 현황

① 입열 항목

- 연료 가스 열량(89.3%)
- 원료탄 현열(1.8%)
- 공급공기 현열(0.9%)
- 가스연료 현열(0.3%)
- 기타(7.7%)

② 출열 항목

- 적열 코크스 현열(41.9%)
- AMM water 현열(0.2%)
- Light Oil 현열 및 잠열(0.7%)
- 타르 현열 및 잠열(1.6%)
- COG 중 수분현열(11.1%)
- Raw 가스 현열(12.2%)
- 폐가스 현열 및 잠열(14.4%)
- 방산열(17.9%)

다) 발생 분진 해소

CDQ는 분진 발생을 최대로 억제하기 때문에 습식소화 시 소화탑에서 발생하는 발진(최대 300g/T－Coke)을 해소할 수 있다.

라) 코크스 품질 향상 (Wharf 및 CDQ 출구)

Table 3-10 **코크스 품질 향상**

구분		습식소화(CWQ)	건식소화(CDQ)	차이
수분		1.1±2(%)	Trace(%)	－1.1
강도	DI^{30}_{15}	94.61(%)	95.61(%)	＋1
	DI^{150}_{15}	86.14(%)	87.13(%)	＋0.99
평균입경		60.53(mm)	56.58(mm)	－3.95

마) 코크스 회수율 감소 및 분화 손실

냉각탑 내의 냉각 과정에서 상호 충격 마모에 의한 분화로 습식소화에 비해 괴 코크스 회수율이 약 0.3% 감소하며, 냉각탑 내의 연소분화손실이 약 0.5% 정도 발생되는 것으로 알려져 있다.

3 CDQ 조업 기술

CDQ 조업에서 적열 코크스의 현열을 최대한 회수하기 위해서는 순환계 기밀유지 및 순환 가스 성분 적정 관리, 코크스 절출 온도 하향 관리, Steam 방산 및 Drum 연속 Blow량 적정 관리 등이 필요하며, 전후 공정인 코크스 오븐과 수송작업에 직접적인 영향을 받게 되므로 전후 공정의 조업 및 수리 사항 등을 사전에 파악하여 긴밀히 대처해야 한다.

전후 공정 또는 CDQ 설비의 이상으로 Steam 생산이 중단될 경우 Turbine & Generator를 재가동하여 발전하기까지의 시간을 최소 1시간 이상이 소요되며 저압 Steam 공급이 중단되어 타공장 조업에도 영향을 미치게 된다.

1) 운전 요령

CDQ 조업은 통상 자동운전으로 행하여지나 기동과 정지에 따른 승온·강온 작업, 부하 변동 시 또는 고장에 따라 정상운전이 불가능할 경우에는 수동 조작을 하며 수동운전 중 Boiler의 Steam 온도와 압력의 급격한 변화는 Boiler 배관의 파손 또는 수명단축을 초래하므로 특히 주의해야 한다.

또한 적열 코크스 권상중지 또는 정전이 발생하여 통상의 자동 및 수동 운전이 불가능할 경우 비상 운전을 실시해야 한다.

2) Bucket의 코크스 수혜가동 조건

① 전회 장입이 완료되어 있을 것
② Prechamber의 코크스 레벨이 상한 미만일 것
③ 순환 팬이 운전중에 있을 것
④ 집진 팬(BF-5)이 운전중에 있을 것
⑤ 장입장치로 커버가 닫혀 있을 것

3) Prechamber의 코크스 레벨 관리

Prechamber는 냉각탑의 코크스와 순환 가스와의 열교환하는 냉각 Zone의 상부에 위치하여 적열 코크스를 고온 그대로 저장할 수 있다. 그 때문에 Prechamber내에 적열 코크스가 있으면 투입 상황에 관계없이 절출을 계속하여 안정된 열회수가 가능하다. Prechamber의 재고량은 순환 가스 출구부위에서 장입구 하부의 레벨에서 약 150Ton의 용량이지만 통상은 Prechamber 상한과 하한 레벨 사이로 사용한다.

가) 재고량

상한 레벨에서의 재고량은 128Ton이고 하한 레벨이 되며 3회 절출 후 자동적으로 절출이

정지된다. 상한 레벨에서 자동적으로 절출이 정지하는 최하한 레벨 사이의 코크스 재고량은 124Ton이다. 100T/H으로 절출하면 약 1시간 14분의 용량이고, 또 Prechamber의 용적상 상한 레벨에서 약 Bucket 1대분의 적열 코크스를 투입할 수 있다. 이 경우의 코크스 재고량은 150Ton이고 100T/H 절출 시 약 1시간 28분의 용량이다.

나) 코크스 레벨 관리의 주의점

투입 및 절출이 되는 동안 재고량과 상하한 레벨 표시를 감시하여 코크스 레벨이 상한 레벨이 되거나 하한 레벨이 되면 자동적으로 코크스 재고량이 수정이 된다. 투입을 단시간 휴지하여 절출을 계속하는 경우에는 Prechamber의 재고량을 확인하여 휴지시간에 상당하는 재고량을 확보한 후 투입을 중지해야 한다.

다) 장입 1문당 코크스량의 확인 및 수정

코크스 오븐 1문당의 코크스 생산량은 코크스 오븐의 조업조건에 따라 변동된다. CDQ 조업에 시는 장입 1회당의 코크스량을 21.6Ton에서 20.1Ton 사이에 0.1Ton Pitch로 임의로 선정할 수 있다. 실 조업에서의 장입 1회당 코크스량 측정방법은 다음 순서에 따라 할 수 있다.

① Conveyor Scale의 적산치(Ton)를 절출 Counter 수로 나누어 절출 1회당의 코크스량 m(Ton)을 측정한다.
② Prechamber 코크스 레벨이 상한이 되었을 때 절출회수 Counter(No.)를 기록한다.
③ 며칠 후 상한 레벨이 되었을 때 절출회수 Counter(No.)를 기록한다.
④ 장입 1회당 코크스량(W)은 $W = \frac{m(N_1 - N_2)}{N}$ 으로 측정할 수 있다.
　단, N : 측정기간 중 장입회수

4) 전력회수량을 최대로 하는 CDQ 운전

가) Gas Composition의 조정

순환 가스 중의 H_2, CO 및 O_2 성분은 항상 감시하여 성분 조성을 해야하며 보일러 증발량이 최대로 되는 운전을 지향해야 되기 때문에 Boiler 입구 가스 온도가 상한치를 넘지 않고 가연 성분이 너무 낮게 되어 실화하는 일이 없는 희석 공기량의 최대치를 경험적으로 결정되어야 한다.

일반적인 순환 가스 성분은 CO 17% 이하, H_2 6.5% 이하, O_2 1% 이하로 유지하여야 하며 CO 및 H_2 성분의 증가에 따라 화재, 폭발, 가스 중독 및 대기 오염의 위험도가 증가한다.

나) 순환계의 가스 조성을 결정하는 중요한 인자

① 희석공기 투입

② 희석용 질소 투입

③ 코크스와 같이 투입되는 가스 성분(H_2, CH_4 등)

④ 계내 침입공기

⑤ 방산 가스

⑥ 계외 누출되는 가스

⑦ 각 성분 가스(H_2, CO, CO_2, H_2O, CH_4 등) 간의 반응 및 평형관계

⑧ 냉각탑내 가스 중의 코크스와 가스 성분과의 반응

이상과 같은 요인에 의해 순환계 가스의 조성을 결정할 수 있지만 실제로는 이것의 각 인자가 복잡하게 관련되어 있기 때문에 순환 가스 성분의 정량적인 해석은 어렵게 된다.

다) H_2, CO, O_2의 가스 조성 원인 및 증가 원인과 조성의 기본 원리

① **H_2 성분의 조정** : 코크스 처리량의 증감에 비례하여 코크스와 함께 계내에 투입되는 H_2의 량이 변화한다. 이것에 따라 희석 공기량을 증감하여 순환 가스 중의 H_2를 연소시켜 H_2O로 변화시켜 H_2 성분을 조정한다.

② **CO 성분의 조정** : CO 농도가 증가되면 희석 공기를 투입하여 CO를 CO_2로 변화시키는 조작이 기본이다. 그리고 투입해도 CO 농도가 저하되지 않는 경우에는 코크스의 연소에 따라 (CO + CO_2) 성분이 증가되고 있는 것으로 생각되기 때문에 공기 희석에서 N_2 희석으로 바꾸어야 한다.

③ **O_2 성분 감시** : O_2 농도의 증가 원인은 계내의 침입 공기이지만 희석 공기 중의 O_2는 거의 전량 반응하므로 일반적으로는 어느 정도 침입 공기가 있어도 O_2 농도의 상승 등의 변화가 없다. 그러나 O_2 농도가 증가하는 경우는 Boiler 이후에서 순환 팬 입구까지의 순환계 저온 부압부에서의 대량의 공기 침입 때문이라 할 수 있다.

라) 코크스 처리량과 순환 가스량

코크스 처리량, 순환 가스량 및 Boiler의 희수열량(증발량)과의 사이에는 다음과 같은 관계가 있다.

Table 3-11 **순환 가스량 설정**

구분	보일러 입구 온도	보일러 출구 온도	절출 코크스 온도
순환 가스량 증가	감소	상승	감소
순환 가스량 감소	상승	감소	상승

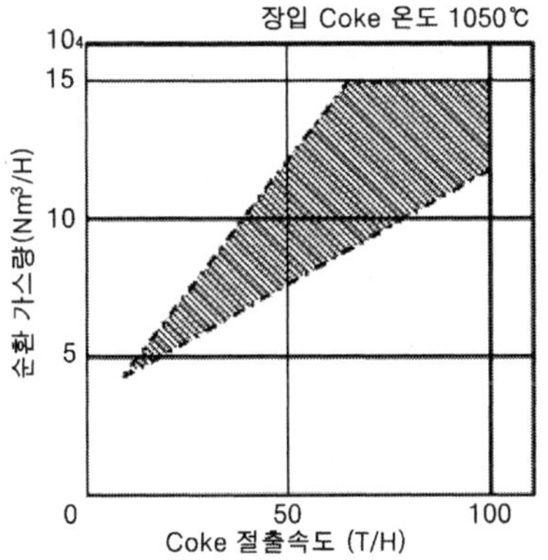

Fig. 3-8 **코크스 절출속도와 순환 가스량과의 관계**

5) 정기 강온

보일러는 법규에 따라 년 1회 의무적으로 정기적인 점검을 해야 한다. 정기 점검 시에는 CDQ 설비 전체를 냉각시켜 정지해야만 한다. CDQ 설비를 정지하기 위해서는 노의 온도를 급격히 낮추지 않고 일정한 패턴을 갖추어 냉각을 시킨다. 이때 강온 속도는 Drum 포화증기의 강온율이 45℃/H 이하로 되도록 한다. 강온 시에 코크스 오븐의 운전은 습식 소화로 전환하여 Chamber 내의 코크스는 강온 온도 곡선에 맞추어 전량 절출을 해야 한다.

Boiler Drum 포화증기온도 강온율 45℃/H 이하로 되도록 순환 가스 유량 조절 댐퍼(Damper)를 조작하여 보일러에의 열부하를 조정한다.

또한 강온 정도에 있어서는 냉각탑 내 코크스가 감소하는 분만큼 순환계 내의 가스 유체적이 증가하고, 가스 온도가 저하하기 때문에 동일체적의 가스 Mole 수는 증가한다.

이러한 가스 Mole의 증가분은 희석 공기로 충당되지만 급격한 코크스의 배출이 있으면 상부 방산관에서 외부 공기를 흡입할 수도 있으므로 Prechamber 압력은 대기압보다 반드시 정압(+20mmHg)으로 유지할 수 있도록 해야 한다.

보일러 조작은 출구 주증기온도가 520℃ 정도까지 저하하여 스프레이 유량이 0T/H으로 되면 주증기 온도제어를 자동에서 수동으로 전환하고, 증발량이 약 12T/H가 되면 주증기 배수변(Drain Valve)을 조금씩 열어주기 시작한다.

증발량이 10T/H가 되면 급수 유량제어를 수동으로 전환하고 수위는 NWL ±50mm로 유지하며 주증기 온도가 500℃ 정도에서 Turbine 송기를 중단하고 대기중으로 방산시킨다.

보일러 온도가 300℃ 이하로 되고 코크스 배출이 전량 완료되면 보일러 맨홀 뚜껑(Boiler Casing Manhole)을 열고 순환계 내의 가스를 공기와 치환하고 보일러를 Blow한다.

6) 정기 승온

보일러의 정기 점검후에는 재승온을 한다. 승온 기준은 Boiler Drum 압력이 1kg_f/cm^2까지는 3시간 이상, 이후 Drum 포화증기온도 상승률이 45℃/H 이하가 되도록 한다.

장기간 휴지한 CDQ 설비는 시운전을 철저히 하고, 순환계의 개구부는 기밀 상태로 해야하기 때문에 희석 팬과 조절변으로 순환계 압력을 100mmHg로 유지하면서 기밀 테스트를 할 필요가 있다.

Chamber 내부의 Blast Head의 보호를 위하여 냉 코크스를 130Ton 정도 장입한 후 보일러를 만수로 하여 순환 팬을 가동한 다음 적열 코크스를 순차적으로 장입한다.

Boiler Drum Valve는 압력 상승에 맞추어 Close로 조작을 하고 코크스 레벨이 Prechamber 하한 레벨에 도달하면 2~3회 연속 장입하고 Chamber 재고량을 확보하도록 하면서 절출 속도를 증가시켜 나간다.

7) Banking

고장 등의 발생을 동반한 기기의 점검 및 복구, 코크스 오븐의 휴지 등 각종 원인으로 CDQ 설비를 열간 상태로 휴지하는 조작을 Banking이라고 한다.

Banking 작업 순서는 먼저 적열 코크스의 장입을 중지하고 절출을 중지하며 순환 팬을 정지시킨다. 순환 팬이 정지하면 곧바로 계내의 압력은 균일화하는 반면 Draft 효과에 따라 순환계의 하부가 부압이 된다. 이에 따른 계내의 공기 침입을 방지하기 위하여 희석용 N_2 공급 밸브를 신속히 열어 Prechamber 압력을 +20mmHg로 조정한다. 보일러의 Drum은 기준 수위를 유지하고 계내 가스 성분을 감시하여 CO, H_2 및 O_2의 증가 경향이 나타나 허용치를 넘으면 N_2 공급량을 증가시켜야 한다.

특히 O_2가 증가하면 계내 공기 침입의 원인이기 때문에 침입 개소의 점검 및 보수가 필요하다.

Banking 중에도 보일러 입구 가스 온도는 900℃를 넘지 않도록 해야 하고, 보일러 내 가스 온도가 380℃ 이하로 냉각되기까지는 주증기관 Drain Valve 또는 대기 방출 밸브를 열어 과열기에 증기를 흐르게 하며, 과열기관 재료의 온도가 380℃까지는 대략 다음의 증발량 이상의 증기가 흐르게 해야 한다.

- 900℃ 까지 : 4,000kg_f/H
- 850℃ 까지 : 3,500kg_f/H
- 750℃ 까지 : 2,000kg_f/H

CDQ 휴지가 끝나면 순환 팬을 가동시키고 절출을 시작하여 승온을 시키며 Boiler Drain Valve는 압력에 따라 개도를 조정해 준다.

8) 코크스 절출이 불가할 때의 조업

CDQ 설비의 코크스 절출량과 순환 가스 풍량과의 관계는 1,500Nm^3/Ton으로 설계되어 있다. 원칙적으로 불출이 정지되면 순환 풍량의 공급도 중지해야 되지만 조업 상황에 따라 불출이 정지되어도 순환 풍량의 공급이 필요한 경우가 있다.

이와 같은 경우 순환 풍량의 공급 증기는 곧 CDQ 가동 중지를 의미하므로 상황을 판단하여 30분 이내 불출 재개시까지 순환 풍량을 계속하여 공급한다.

단, Cooling Chamber 온도가 600℃ 이하가 되면 희석 공기 팬이 정지되어 정상 가동에 시간이 걸리므로 순환 풍량을 Turbine 가동 조건에 맞는 최소량으로 조정하고 불출 재개시 후 풍량 공급분을 보상해 준다.

9) 습식 및 건식 조업

CDQ 설비의 이상 발생으로 Chamber로의 코크스 장입이 불가능하게 되면 코크스 오븐의 압출 작업에도 영향을 미치게 된다.

운전자는 습식으로 작업을 전환할 것인지 아니면 CDQ 설비 정상 가동까지 코크스 오븐의 작업을 중지할 것인가를 판단하여 조치해야 한다.

소화차에 건식 Bucket과 습식 소화차를 교환하는 시간과 CDQ 설비 정상 가동에 소요되는 시간을 비교하고 여기에 코크스 생산 계획량을 감안하여 운전 계획을 잡아야 한다.

10) 증기의 발생 및 흐름

보일러에서 발생된 증기는 1차, 2차 Super Heater를 거쳐 545℃, 105kg$_f$/m^{2}의 고온 고압 증기가 되어 Turbine으로 이송된다. 이송되는 동안 감압, 감온되어 Turbine 입구에서 102kg$_f$/m^2, 539℃로 된 증기가 Turbine을 가동시키며 Turbine을 거쳐 나온 증기는 12kg$_f$/m^2, 260℃로 조정되어 Process Steam으로 공급한다.

11) 발전

발전은 보일러에서 공급된 고온 고압 스팀으로 Turbine 및 Generator를 구동시켜 발전이 이루어지는데 발전 효율은 스팀의 온도와 압력이 동일 조건일 경우 스팀의 양이 증가할수록 향상된다.

발전에 필요한 증기 조건은 일반적으로 나음과 같이 실세하고 있다.

- Turbine 입구 증기 조건 압력 102kg$_f$/m^2·G, 온도 539℃
- Turbine 출구 증기 조건 압력 12kg$_f$/m^2·G, 온도 260℃

보일러 출구에서부터 Turbine 입구까지의 수송 과정 중 증기 온도 강하는 약 6℃로 보일러 출구 증기 온도는 545℃이다.

CDQ의 고부하 운전에 있어서는 보일러에서 545℃의 고온 증기를 안정되게 발생시키는 것이 가능하지만 부분 부하의 저영역에서는 증기 온도가 떨어지는 경향이 있고 주증기 온도 제어가 곤란하기 때문에 주증기 온도가 불안정하게 된다.

이와 같이 부분 부하의 저영역에서의 운전 및 비상시의 운전에 있어서는 다음과 같은 조건에 주의해야 한다.

가) Turbine에 송기 가능한 주증기 온도

Turbine에 송기 가능한 주증기의 온도는 대략 539~450℃ 정도이다. 만약 주증기 온도가 낮아지면 주증기량의 조건에 따라서는 배기 온도가 Process Steam 측이 필요로 하는 260℃보다도 떨어지는 경우가 있기 때문에 Turbine 입구 증기 온도를 감시하여 필요시에는 By-Pass 운전(발전을 중지하고 전량 저압증기로 공급)으로 전환해야 한다.

나) Turbine과 Generator의 제어 방법

① Generator의 출력이 100~5%까지는 Turbine 전압제어(Steam량에 따라 발전량 자동제어 : 전량 발전)

② 5% 이하에서는 변압병렬 운전(회전수는 외부 전략 싸이클과 동일)

③ Interlock에 의하여 Generator가 해열 되었을 때의 조치 : 주증기 유량이 약 20T/H 이하가 되면 역전력의 Interlock에 의해 Generator가 해열된다. 해열이 되면 Turbine은 약 20T/H의 증기로 무부하운전(Turbine만 회전)을 계속한다. 그 상태에서 증기유량이 증가하면 증가분은 By-Pass Line으로 흐른다. 만일 저유량 운전이 지속될 경우에는 Turbine을 정지시키고 2~3 시간 내에 주증기 유량이 회복될 것 같으면 무부하운전을 계속하여 Generator의 재병입 준비를 한다.

④ Turbine에 송기하는 증기의 허용온도 변동 속도 : 주증기 온도제어 기능이 자동으로 곤란한 상태에 있더라도 Turbine 입구 증기온도가 약 50℃/min 이하가 되도록 CDQ 본체를 운전한다.

⑤ Turbine 입구 증기온도가 관리온도(약 450℃) 이하로 떨어질 경우 Turbine에서 압력 저하에 의한 급팽창 등으로 Turbine 파손의 원인이 될 수 있으므로 특별히 주의해야 한다.

4 수질 관리

1) 급수 및 보일러 용수 제한 시

보일러를 연속하여 사용하면 보일러 용수에 농축된 부유물, 용해 염류의 양은 점차적으로 증가한다. 이 불순물은 Steam Drum 내면, 관벽 내면의 부식 또는 Scale 부착, 보일러 용수의

Carry Over, Priming, Foaming 등의 장애를 발생시키는 원인이 된다.

보일러 용수 및 급수 성상이 불량하면 보일러 용수의 농도를 규정치 이내로 두기 위하여 Blow Down량을 증가시키지 않으면 안되고, 열손실은 증가하게 된다. 또 증발관에는 스케일이 부착하기 쉽게 되고 열전달율의 저하를 초래할 뿐만 아니라 결국은 관파열 등의 사고를 일으키는 원인이 된다.

따라서 보일러 사고를 방지하기 위해서는 적당한 보일러 외처리 및 내처리를 행하고 급수 및 보일러 용수를 양호한 상태로 유지해야 한다.

[표 3-12]에 보일러의 급수 및 보일러 용수의 제한치를 나타내었다. 급수 및 보일러 용수는 1일 1회 이상 시료를 채취 분석하고 [표 3-12]의 제한치를 벗어나지 않도록 반드시 주의해야 한다.

Table 3-12 **급수 및 보일러 용수 제한치**

구분	항목	단위	제한치
급수	PH(25℃)	-	8.5~9.5
	경도($CaCO_3$)	ppm	0
	유지	ppm	0에 가깝게 유지
	용존산소(O_2)	ppm	< 0.007
	전철(Fe)	ppm	< 0.03
	전동(Cu)	ppm	< 0.01
	Hydrazine(N_2H_4)	ppm	< 0.01
	Silica(SiO_2)	ppm	-
	도전율(25℃)	μs/cm	-

구분	항목	단위	제한치
관수	처리방식		인산염 처리
	PH(25℃)	-	8.7~9.5
	전증발 잔류물	ppm	〈 30
	염소 이온(Cl_2)	ppm	〈 3
	인산 이온(PO_4^{-3})	ppm	1~5
	Silica(SiO_2)	ppm	〈 0.5
	도전율(25℃)	μs/cm	〈 60

2) 보일러 장해와 급수 및 보일러 용수 처리와의 관계

가) 부식

일반적으로 보일러 용수와 강과의 접촉면에서는 $Fe + 2H_2 \leftrightarrow Fe(OH)_2 + H_2$의 평형관계가 유지되는 경우 강표면에는 불용성의 $Fe(OH)_2$로 덮어져 있고 이것이 표면을 보호하는 피마으로 되기 때문에 부식은 더 이상 진행이 되지 않는다.

그러나 이 평형이 깨져서 $Fe + 2H_2 \leftrightarrow Fe(OH)_2 + H_2$의 반응이 계속되는 경우에는 부식이 진행된다. 이 평형을 깨는 원인은 여러 가지 있지만 용존 산소가 존재하는 것과 물의 PH가 낮은 것이 주원인이라 할 수 있다.

용존 산소를 제거하기 위하여 보일러 외처리로서 탈기기를 취부하는 것이 일반적이다. 또 보일러 외처리로서 Hydrazine 등을 급수 펌프에 취입하는 약주 배관도 실시한다.

이것은 약품의 반응이 있는 시간을 필요로 하기 때문에 보일러에 들어가기 전 급수에 약품을 주입하는 것이 보일러 및 절탄기의 부식 방지에 유효하다.

Hydrazine을 사용하면 Hydrazine과 용존 산소가 $N_2H_2 + O_2 = 2H_2O + N_2$의 반응을 하여 용존 산소를 제거한다. Hydrazine은 물중에 고형물을 남기지 않는다.

그러나 Hydrazine을 과다 주입하면 Hydrazine은 그대로 증발하거나 암모니아와 질소로 분해하므로 증기 중에 혼입하여 PH를 높게 한다. 너무 암모니아가 많으면 강합금 용출의 원인이 된다. 따라서 급수 중의 Hydrazine 잔류량은 허용치를 넘지 않도록 해야 한다.

부식을 방지하기 위한 또 한가지 조건으로서 PH를 적정 범위로 유지할 필요가 있다. PH가 낮은 물중의 H^+이온 농도가 크기 때문에 철의 산화피막 $Fe(OH)_2$는 $Fe(OH)_2 + 2H^+ \rightarrow Fe_2^+ + 2H_2O$의 반응에 따라 용해되어 부식이 진행된다. 반대로 PH가 너무 높으면 오히려 철의 부식은 증가한다. 알칼리 부식을 발생하기도 하고, 가성 취화의 원인이 되기도 한다.

철의 부식을 최소로 하는 PH는 12 부근이라고 알려져 있다. 그런데 보일러 용수는 불균일하여 농염이 있기 때문에 국부적으로 극단하게 높은 PH의 부분이 생길 가능성이 있고 국부적인 고온부(Eot Stop)가 생길 때는 알칼리 농축층이 생겨 부식의 위험도가 커진다.

Carry Over에 대해서도 PH를 높게 하는 이유 등으로 보일러 용수의 PH는 보일러 압력, PH 조정의 방법 등에 따라 결정되어야 한다. 보일러 용수의 PH를 조정하는 것에는 가성소다에 의한 알칼리 처리, 인산에 의한 인산염 처리 및 Hydrazine 등의 휘발성 물질에 의한 처리가 있다.

가성소다를 이용한 알칼리 처리를 하는 경우 $100kg_f/cm^2G$ 이하의 보일러에서는 보일러 용수의 PH를 9.8~10.8로 한다. CDQ 설비와 같이 인산염 처리의 경우 $100kg_f/cm^2G$ 이상의 보일러에서는 인산염으로, 보일러 용수의 PH를 가성소다 알칼리 처리의 경우와 같이 9.8~10.8로 유지하려고 하면 인산염이 고온에서 증발관 전열면에 농축되어 일부 결정화하여 온도가 내려가는 현상이 일어난다. 이로 인해 인산염이 반드시 보일러 용수 중에 용출하는 Hide Out 현상을 일으키는 염려가 있기 때문에 인산염 처리의 경우 보일러 용수의 PH는 가성소다 알칼리 처리보다 낮은 8.7~9.5로 하는 것이 적당하다.

나) 스케일의 형성

일반적으로 보일러 용수 중에 용해 고형물은 증발되지 않고 농축되어 각 성분의 농도는 증가하게 되고 용해도 농도에 달하면 불용 고형물로서 남는다. 또 보일러 급수 중의 용해 고형물 중에는 황산칼슘과 같이 보일러 용수의 온도 상승에 따라 용해도가 감소되어 불용 고형물로 나오는 성분이 있다. 이러한 불용 고형물 중 황산마그네슘, 황산칼슘, 규산칼슘 등의 경질의 것들은 Steam Drum 내면이나 관내벽에 점차적으로 접착되어 스케일을 형성한다.

한편 칼슘, 마그네슘의 중탄산염에서 생기는 탄산칼슘, 수산화마그네슘 등의 연질은 슬러지로서 보일러 각부에 누적되거나 Blow Down으로 보일러 밖으로 배출된다.

고압 보일러에 있어서의 스케일 부착 방지를 위해서 급수 중의 경도가 EDTA법(Ethlylene Diamine Tetra Acetate)에 따른 분석으로 0에 가깝도록 하는 것이 바람직하다.

보급수가 증발기로부터 증류된 것이거나 혹은 탈염 장치를 통해 공급되는 경우에는 이 조건은 간단히 만족된다. 그러나 경질의 것들에 대한 농도 상승을 방지하기 위해서 보일러 용수의 경질 제거 작업이 필요하다. 경질의 제거에는 여러 가지 형상의 인산염이 광범위하게 사용되고 있다. 인산염은 보일러 수중에서 언제나 인산 이온(PO_3^{-3})으로 되어 경도 성분과 반응하여 불용성의 인산염을 형성한다.

경도 성분 중 탄산칼슘과 인산소다는 다음과 같은 반응에 의해 불용성의 인산칼슘과 탄산나트륨으로 된다.

$$3Ca(HCO_3)_2 + 2Na_3PO_4 = Ca_3(PO_4)_2 + 3Na_2CO_3 + 3H_2O + 3CO_2$$

이것은 보일러 용수 중에 현탁하여 Blow에서 용이하게 보일러 밖으로 배출된다.

또 스케일의 원인이 되는 황산염과 반응하여 불용성 인산염으로 된다. 황산칼슘과 인산소다는 다음과 같은 반응에 의해 황산소다와 인산칼슘으로 된다.

$$3CaSO_4 + 2Na_3PO_4 = Ca_3(PO_4)_2 + 3Na_2SO_4$$

고압 보일러에서는 인산염의 농도가 너무 높으면 Hide Out 현상을 일으키기 때문에 보일러 용수 중의 인산 이온은 제한치를 넘지 않도록 주의해서 운전을 해야 한다.

다) Carry Over

보일러 용수는 급수로부터의 불순물 및 보일러 내 처리를 위하여 첨가되는 청관제 등을 함유하고 있지만 보일러 용수의 증발과 함께 증기 중에 용해 고형물, 현탁물이 혼입된 채로 운반되는 수가 있다.

Carry Over된 불순물은 일반적으로 증기 및 보일러 용수에 따라 기계적으로 운반되는 성분과 증기 중에 증발된 성분으로 나누어진다.

Carry Over의 정도가 아주 적으면 문제가 없지만 많게 되면 Carry Over된 불순물이 관내벽에 부착되어 과열기의 손상 원인이 되는 경우가 있다.

Carry Over 방지를 위하여 Drum 내에 충분한 성능을 가지는 기수분리기를 설치하는 것은 물론이지만 보일러 용수 중의 전고형물(용해 고형물 + 현탁 고형물)을 허용치보다 높지 않도록 항상 감시하여 적정한 Blow Down을 해야 한다.

압력의 상승과 함께 증기 중에 용해하는 성질이 있는 Silica 등은 보일러 압력이 높게 되는 만큼 보일러 용수 중의 Silica량을 적게 제한하여 허용치 이상이 되지 않도록 Blow Down을 해야 한다.

Section 06 부산물 처리 공정

1 개요

석탄건류에 의하여 발생된 약 900℃의 COG는 상승관에서 안수 Spray에 의해 80~90℃로 냉각되며 이때 발생된 타르(Tar)와 안수의 혼합액이 Gas Collecting Main에서 Suction Main으로 유입되는 도중에 Down-Comer에서 가스와 분리된다. 분리된 가스는 Primary Gas Cooler에서 약 30℃로 냉각된 후 전기집진기를 통과하면서 Corona 방전에 의해 타르 연진(Tar Mist)이 제거되며 Gas Blower에 의해서 암모니아 스크러버(Ammonia Scrubber)와 벤젠 스크러버(Benzene Scrubber)를 통과하면서 암모니아 및 BTX 성분이 제거되어 Gas Holder까지 압송되어 제철소 각 공장의 열원으로 공급된다. 한편 상승관에서 안수 Spray에 사용되는 안수의 량은 석탄 1Ton당 4~5m^3이며 펌프에 의해 순환되어 반복적으로 사용된다.

안수 스프레이에 의해 R-COG 내에 함유된 타르 성분은 대부분 Dry Main 내에서 응축되어 R-COG와 Down-Comer에서 분리되고 분리된 타르 및 안수는 타르 Decanter에 이송되어 비중 차이에 의해 상·하 2층으로 분리되어 상부에는 안수, 하부에는 타르 층이 형성된다. Decanter 내에서는 안수에서 고형 미립자를, 타르에서는 피치 등의 고형물을 함유한 슬러지를 제거하기 위하여 Screen 및 Scraper가 설치되어 있다.

타르의 수분은 3~5% 이내로 제어할 필요가 있으며, 타르와 안수의 분리가 잘 이루어지게 하기 위하여 경계 액면을 높이 관리해야 한다.

Decanter에서 슬러지 및 안수가 제거된 타르는 Receiver에서 잔류 안수 성분을 재차 제거한 후 타르 탱크로 이송되어 저장 불출된다.

2 COG 정제의 필요성

1) COG 정제 기준

코크스로에서 석탄을 건류하여 코크스를 제고하는 과정에서 석탄 중의 수분과 휘발분(VM : Volatile Matter)이 가스화 한다. 이 가스를 발생 COG(R-COG : Raw COG)라 하며 이 상태에서는 가스 중에 수없이 많은 유용 성분과 불순물을 함유하고 있다. 유용한 성분은 주로 타르, 조경유이며 불순물로는 암모니아, 나프탈렌, H_2S, HCN 등이 있다. 이러 부산물이 많은 관계로 발생 COG를 정제하지 않고 기체 연료로 하면 불완전 연소, 배관 및 노즐의 폐쇄, 부식 등의 현상이 일어나며, 폐가스 중에는 인체 및 환경에 유해한 SOx, NOx 등이 함유되어 있어 환경 공해를 유발하는 원인이 된다.

Table 3-13 **COG 정제기준**

용도		공장자가사용	도시가스
암모니아(g/Nm^3)		< 0.2~0.3	< 0.02~0.15
가스 경유 (g/Nm^3)	여름	< 4~15	< 5~10
	겨울	< 3~10	< 3~10
나프탈렌 (g/Nm^3)	여름	< 0.06~5	< 0.05~2
	겨울	< 0.02~1	< 0.02~0.05
유화 수소(g/Nm^3)		0~1 <	0~< 0.05
전유황(g/Nm^3)		< 0.07~15	< 0.05~0.5
시안화수소(g/Nm^3)		< 0.03~15	0~< 0.2
수분	여름	상온포화	< 2~15℃ 포화
	겨울	상온포화	< 1~5℃ 포화

Table 3-14 **제철소 자가소비용 COG 정제 공정별 불순물 함유량**

		1차 냉각기	송풍기	전기 집진기	탈황탑	유안포화기	최종 냉각기	벤젠 스크러버
각 장치 출구 COG 중의 불순물 g/Nm^3	유화수소	4~7	→	→	0.2~0.4	→	→	→
	시안화수소	1~2	→	→	0.05~0.1	→	→	→
	암모니아	6~10	→	→	5~8	0.02~0.1	→	→
	벤젠	30~40	→	→	→	→	→	5~10
	나프탈렌	1~2	→	→	→	→	0.2~0.4	0.15~0.3
	타르 미스트		1~2	0.01~0.02	→	→	→	→
COG 온도(℃)		80 → 30	30 → 45	→	45	40 → 60	60 → 30	30 → 35
COG압력(mmH$_2$O)		150 → 350	140 → 1,600	→	1,600 → 1,200	120 → 800	750 → 600	600 → 400
COG 수분		포화	불포화	불포화	과포화	과포화	포화	포화

Table 3-15 **정제설비 입구 COG 조성**

성분	조성	성분	조성
수소(H_2)	50~55Vol%	BTX(벤젠·톨루엔·크실렌)	30~40g/Nm^3
메탄(CH_4)	28~33Vol%	암모니아(NH_2)	6~10g/Nm^3
일산화탄소(CO)	6~8Vol%	유화수소(H_2S)	4~7g/Nm^3
탄산가스(CO_2)	1~3Vol%	나프탈렌($C_{10}H_8$)	1~2g/Nm^3
질소(N_2)	2~4Vol%	탈미스트	1~2g/Nm^3
산소(O_2)	0~0.4Vol%	시안화탄소(NCN)	1~2g/Nm^3
에틸렌(C_2H_2)	1~3Vol%		

2) COG 중의 불순물의 작용

가) 나프탈렌

나프탈렌은 가스가 냉각 시 고체 결정으로 석출 침적되므로 배관 폐쇄의 원인이 될 수 있다.

나) 더스트

석탄, 코크스의 미세한 분진 장치에서 떨어져 나온 녹가루 등으로 축적되면 기기 배관 폐쇄의 원인이 될 수 있다.

다) 타르, 오일 상태의 물질

가스에서 응축되어 배관 내면에 부착되는 것으로서 배관 내면의 방식 효과도 있지만 이것들이 변질 정화되어 더스트와 혼합되어 역시 배관 폐쇄 작용을 하므로 변질 경화되기 전에 액체 상태의 오일 또는 타르를 배관에서 연속 또는 주기적으로 배액시켜야 한다.

라) 수분

저온에서 빙결되므로 말단지관의 폐쇄 동파 사고를 유발하는 것 외에 가스 중의 산 또는 알칼리성 물질이 녹아서 기기 배관의 부식을 촉진한다. 수시 또는 연속적으로 배액시켜 안수와 같이 처리하여야 한다.

마) 유화수소(H_2S) 와 유황화합물, 시안화수소 (HCN)

배관 기기의 부식 요인 중 가장 큰 원인이 되는 것들이다. 철과 반응하여 생긴 유화철 또는 원소 상태의 유황은 배관 폐쇄의 원인이 된다. 또한 연소 시 유황 산화물이 생성되어 대기 오염의 원인이 된다. 이 물질들은 자체로 강한 독성을 가지고 있으며 물에 용해되어 폐쇄 원인이 되며 치오시안염과 같은 수용액 COD를 높게 한다.

바) 암모니아

강한 알칼리성으로서 수용액에 잘 녹아서 기기 배관을 부식시킨다. 또한 가스 중의 탄산가스(CO_2), 시안화탄소(HCN), 염소(Cl_2) 같은 물질과 화합하여 중탄산암모니아(HN_4HCO_3), 탄산암모니아($NH_4O_2 \cdot CO_3$), 염화암모니아(NH_4Cl) 등이 생성 석출되어 폐쇄의 원인이 된다. 또한 잔존 암모니아는 연소 시 질소산화물이 생겨서 대기 오염의 원인이 된다.

사) 일산화탄소

연소로서는 저열량이지만 독성이 매우 강하고 도시가스로 공급하는 경우 변성이 되어 함유량이 적어진다.

아) 산화질소

가스 중의 산소에 의하여 산화되어 질소계 탄화수소를 결합시켜 기상검(Gum)을 형성시키며 정교한 기구나 노즐 등에 부착되어 작동을 방해하고 양이 많으면 배송기 임펠러에 침적되어 장애를 일으킨다. 석탄가스를 심냉분리하는 경우 이 검상의 물질은 매우 불안정하므로 폭발이 일어나는 원인 물질이 되므로 이것을 제거는 엄격히 실시되어야 할 필요가 있다.

자) 불포화 탄화수소류

2중 결합을 가지고 있는 불포화 탄화수소(스틸렌, 쿠마론, 인덴 등)는 유기 유황화합물의 촉매에 의한 중합을 하여 액상의 검이 생성되어 침적되므로 장애의 요인이 된다.

차) 조벤젠 또는 가스경유

벤젠, 톨루엔 등의 방향족 탄화수소 그 자체는 유효한 연료 성분이지만 저온에서 응축 액화되어 COG 응축으로 배액에 혼합되면 처리가 아주 곤란할 뿐만 아니라 개스킷 등의 패킹을 용해시키는 성질이 있다.

카) 부산물 회수

COG를 정제하는 과정에서 유용한 부산물이 회수되는데 이는 장입탄의 종류나 건류방식, 조업조건에 따라 매우 다르지만 대부분 「표 3-16」와 같다.

Table 3-16 **석탄 가스중의 불순물**

생산물 \ 조업조건	고온건류(1,000℃ 이상)	저온건류(약 600℃ 이상)
코크스	60~75%	65~75%
콜탈	3~5%	8~12%
조벤젠(경유)	1~1.2%	-
COG	20~25%	7~10%
	4,000~5,000kcal/Nm^3	6,000~7,000kcal/Nm^3
	300~350Nm^3/T-Coal	80~150Nm^3/T-Coal

또한 암모니아는 회수하여 유안($(NH_4)_2S_4$), 무수 암모니아를 제거하여 암모니아를 증기 상태로 회수하여 COG와 혼합 소각시키는 방법 등 여러 가지가 있으나 대부분 유안 제조법과 소각법을 사용하고 있다.

3 부산물 회수 공정

1) 타르 (Tar) 회수

코크스로에서 발생하는 약 600~800℃ 가스를 Dry Main에서 연속적으로 안수 Spray로서 중물질을 제거한 가스는 Primary Gas Cooler(P/C)로 보내지고 중물질을 포함한 안수는 Decanter로 보내어 안수와 타르 분류 및 중물질 분리 처리를 한다.

1차 정제된 가스 온도는 79~85℃로 높기 때문에 Primary Gas Cooler에서 다시 냉각시켜 타르, 가스, 응축수, 나프탈렌을 제거하고 COG 온도는 30~32℃로 유지 전기집진지로 보내어 가스 Nm^3/Hr당 20g이 포함된 타르를 완전히 제거한 후 Gas Blower로 보낸다.

가) Tar의 물성

① **비중** : 1.1~1.3

② **성분** : 대부분 방향족 화합물과 5,000여종으로 구성

③ **특징** : 석탄을 건류할 때 부산물로 생기는 검은색 유상 액체

④ **주요제품** : 나프탈렌, 페놀류, 크레오소트유, 피치

나) Tar의 특성

석탄을 구성하는 거대한 고분자는 열을 가하면 분해되기 쉬운 분자의 사슬이 끊어져 기화하게 되며 이들중 상온에서 액체 또는 고체인 물질이 용해되어 액체로 존재한다.

Tar의 주성분은 N, C, H, O, S로 이루어져 있으며 그 중에서도 C가 85.3%로 가장 큰 비중을 차지한다.

다) 타르 (Tar) 회수

Dry Main에서 연속적으로 안수를 Spray하여 중 물질을 제거하고 회수한 Tar는 Tar Decanter에서 15~20분 간의 체류 중에 중력 분리시킨다.

코크스(Coke) 오븐(Oven)에서 발생된 COG는 700~800℃ 정도의 고온으로 상승관에서 다량의 안수를 살수하여 약 70~85℃로 냉각되면 Dry Main을 거쳐 Tar분은 제거되고 P.G.C (Primary Gas Cooler)로 유입되어 27~30℃로 냉각되어 전기 집진기로 보내진다.

COG를 냉각하여 부피를 줄이고 불순물인 Tar, 나프탈렌 등을 제거하고 후 공정으로 이송하여 조업이 용이하도록 온도를 낮추고 부피를 줄여 공정효율을 개선한다.

라) Tar Mist 회수

중물질을 포함한 안수는 Tar로 회수되고 COG중에 Tar Mist로 50~60g/Nm 함유하게 되며 Tar Mist를 제거하는 설비로 Gas Cooler, Tar 추출기, Blower, 전기집진기 등이 있다.

마) 타르 미스트(Tar Mist)함유량에 영향을 주는 원인

① 순환안수의 온도(통상 85℃)
② 안수의 살수량(통상 0.8~1.0kg/cm^2)
③ Cooler후의 Gas 온도(통상 35℃)

바) 타르 미스트(Tar Mist)함유량을 저하시키는 방법

① 집합 안수실의 침하 Tar의 배액 실시
② Seal Pit에서 Tar Sludge 침전조로 Pump Up 정지
③ 플러싱(Flushing) 작업 시 안수량 증가
④ 플러싱(Flushing) 작업 시 안수온도의 저하

사) 전기집진기 (E.P)

코크스 오븐에서 석탄을 건류시킬때 발생되는 가스를 P.G.C 냉각한뒤 배송전 COG중 섞여있는 타르(Tar Mist)를 제거하기 위하여 COG속에 부유하고 있는 분진에 전기장을 작용시켜 전기를 띄게 하여 입자를 정전기적 힘으로 모아 제거하는 장치이다. 집진기에 모인 먼지를 제거하는 방법에 따라 습식과 건식 두 종류가 있다.

전기집진기의 원리는 미세한 입자를 집진하는데 적합한 장치로 직류 고전압의 코로나 방전(Corona Discharge)을 일어나고 있는 공간을 COG가 통과하며 COG중의 미립자들이 음극(−)으로 대전되면서 양극(+)인 집전극에 끌려 Tar Mist가 제거된다.

아) Tar Mist 제거 이유

타르(Tar)가 제거되고 불순물이 정제된 COG는 주요한 열원으로 사용될 수 있지만 타르(Tar)가 섞인 COG는 열원으로 사용될 수 없고 주요 설비를 부식시킬 뿐만 아니라 가스관이 막히는 문제점을 발생시키므로 철저한 관리와 운전이 필요하다.

2) 안수 처리

석탄은 일반적으로 함수상태로 코크스(Coke)로에 장입되고 건류과정에서 전수분(고유수분 + 부착수분)과 코크스로 내에서 수분을 안수로써 방출하는데 전수분은 코크스(Coke)로 조업 관리상 정상적으로 분석되어 있고 중축 함수분은 대개 3~4%로 일정하므로 이 전수분을 측정하는 것에 의해 안수의 발생량을 거의 정확하게 파악할 수 있다.

가) 안수의 조성

안수는 갈색, 호박색, 황색의 현탁된 투명한 액체이며 안수의 조성은 건류장치 및 조업의 정도나 장입탄의 성상, Gas 처리공정 등에 의해 대부분의 성분이 다르게 나타난다.

일반적으로 산소를 많이 함유한 석탄을 많이 사용하면 Gas액 중에 페놀(Phenol) 생성량이 많고 암모니아(Ammonia)는 적어지고 코크스로의 건류온도가 높게 되면 생성한 페놀(Phenol)은 분해되기 쉽고 암모니아(Ammonia)가 Cyan으로 변하는 반응이 촉진된다.

나) 안수의 용도

① Down Comer에서 COG를 냉각
② 중질 타르를 응축
③ COG중 고형입자 포집
④ 암모니아염을 분해, 분리
⑤ 안수 중 유리 NH_3를 Scrubber로 보냄
⑥ 피치 부착물 제거

다) 안수처리 방법

안수 처리 방법으로는 증류하는 방법과 생물화학적 산화법이 있다.

안수 증류법은 안수중의 암모니아 회수를 주목적으로 하는 것으로 안수를 가열 증류하여 안수 중의 암모니아(Ammonia), H_2S, CN유분을 상당량 제거할 수 있다. 단점으로 페놀(Phenol) 제거율이 15~40% 정도 낮고 대량의 Steam이 필요하다.

생물 화학적 산화법인 활성 오니법은 오수의 자연계에서 정화작용은 주로 미생물 및 박테리아에 의한 산화 또는 소화 작용에 의한 것으로 이 원리를 인공적으로 고능률화 한 방법이 생물화학적 처리법이다.

3) 암모니아 (Ammonia) 포집

가) 암모니아 (NH_3)의 성질

암모니아는 녹는점이 -77.7℃, 끓는점이 -33.4℃이고, 가벼운 무색의 기체로 자극적인 강한 냄새를 가지고 있으며 1L의 물에 1,000cm^3의 암모니아가 용해된다. 공기 중에 타지 않으며 산소속에서 노란색 불꽃을 내며 연소하고 질소와 물을 생성하는 성질을 가진다.

나) 암모니아의 제거 필요성

COG중 암모니아를 제거하지 않으면 경유회수설비의 증류장치 등에 부식이 일어나 단기간에 사용이 불가능해진다. 탄산 암모늄, 중탄산 암모늄의 생성에 의한 COG배관 내의 폐쇄 및 COG사용 Burner의 폐쇄에 의한 조업장애가 발생한다.

탄산암모늄 및 중탄산 암모늄의 생성반응식은 다음과 같다.

$$2NH_3(g) + CO_2(g) + H_2O(l) \rightarrow (NH_4)_2CO_3(s)$$
$$NH_3(g) + CO_2(g) + H_2O(l) \rightarrow (NH_4HCO_3)(s)$$

다) NOX의 제거

NOX란 질소와 산소의 화합물로 연소과정에서 공기중의 질소가 고온에서 산화되어 발생하며 대표적인 질소 화합물의 배출원은 자동차, 항공기, 선박, 산업용 보일러, 소각로, 전기로 등이다.

질소 산화물은 산성비의 원인이 되고 식물을 고사시키는 주요 대기오염물질로 규제되고 있으며 태양광선과 반응하여 오존을 생성시키며 대기중의 오존 농도가 높아지면 호흡기와 눈에 자극을 느끼고 기침을 유발한다.

라) NH_3 Scrubber에서의 NH_3포집원리

암모니아는 물에 쉽게 용해한다는 원리를 이용하여 포집한다.

$$NH_3(g) + H_2O(aq) \rightarrow NH_4(+) + OH(-)(aq)$$

암모니아 가스는 20℃에서 100,000ppm의 범위까지 물에 용해되어 물과의 발열반응으로 NH_4OH(수산화암모늄)가 된다. 특히 COG중 NH_3는 H_2S, CO_2보다 쉽게 포집액에 흡수되고 NH_4+과 OH-이온으로 쉽게 해리되므로 흡수액의 표면에 OH-이 형성되고 PH를 상승시킨다.

4) 황화수소(H_2S) 포집

COG중 함유되어있는 6~8g/Nm^3 H_2S 및 유황 화합물을 포집하는 설비로 Dissociator에서 생성된 농안수와 Ammonia Water(NH_3/S) #1 출구의 조안수가 H_2S/S상단으로 장입되어 하단으로 흐르며 COG는 하부에서 상부로 통과하면서 기, 액 접촉에 의해 80~90% 이상 H_2S가 제거 정제된다. 이론상 정제된 COG중에는 0.5~1g/Nm^3 이하의 H_2S및 유황화합물이 존재해야 하나 실제는 포집효율에 미치지 못하고 약 2g/Nm^3까지밖에 포집하지 못한다.

가) 포집 단계

① 포집 설비

- 기능 : 농안수를 이용한 COG중 H_2S 포집(산 알칼리 중화반응)
- 반응식 : $H_2S + NH_3 \rightarrow NH_4HS$
- 설비구성 : H_2S Scrubber

② **분리설비**

- 기능 : Steam 증류를 이용한 농안수중 H_2S분리 NH_3농축
- 반응식 : $NH_4HS \rightarrow H_2S + NH_3$
- 설비구성 : Dissociator, 암모니아(Ammonia) Still

③ **회수설비**

- 기능 : 분리된 H_2S Gas를 Sulfur회수(액체유황)
- 반응식 : $2H_2S + SO_2 \rightarrow 2H_2O + 3S$
- 설비구성 : Catalytic 오븐(Oven) Reactor, Claus Reactor

나) COG에서 황화수소(H_2S)의 영향

COG 정제의 목적은 제철소의 열원으로 사용하기 위해서이며 COG중 H_2S가 많으면 냉연, 선재, 압연 등의 공정에서 황 화합물에 의한 제품의 불량이 증가하고 배관과 기기의 부식을 발생시키며 철과 반응하여 생기는 황화철이나 원소상태의 유황은 배관폐쇄의 원인이 된다. H_2S가 기준치 이하로 제거되지 못하고 연료로 사용되면 SOx의 원인 물질로 작용하고 공기와 반응하여 호흡기와 환경에 좋지 않은 영향을 미친다.

5) 경유분 (B.T.X) 포집

경유분의 주성분은 Benzene, Toluene, Xylene, 기타 FR분, 유기유황을 함유하고 있으며 B.T.X는 유기합성화학 원료용제 등 넓게 이용되고 있어 적극적인 포집이 이루어지고 있다.

가) B.T.X의 용도

B.T.X의 용도는 다음과 같으며, 현재는 석유화학의 발달로 B.T.X의 원료로서의 입지가 줄어들고 있다.

① **벤젠**(Benzene) : 의약, 염료, 합성수지, 농약 등으로 사용됨
② **톨루엔**(Toluene) : 폭발약, T.N.T원료로 사용됨
③ **크실렌**(Xylene) : 합성수지, 합성광유 등으로 사용됨

나) B.T.X (Benzene, Toluene, Xylene) 포집방법

COG중 BTX(경유)를 포집하는 방법에는 흡착법, 흡수법, 가압식 냉동방법으로 나눌 수 있으며 화성설비에서는 흡수유(Absorbing Oil)을 이용하여 COG와 기액 접촉을 통하여 경유분을 분리하는 흡수법을 채용하고 있다.

① **흡착법** : Activating Carbon(활성탄)등을 흡착제로 이용하여 경유분을 흡착하여 포집하는 방법
② **흡수법** : 흡수유 등의 기름을 사용하여 COG중의 경유분을 흡수하는 방법
③ **가압식 냉동법** : COG를 압축하여 경유분을 응축 분리하는 방법

다) 포집의 조건

① **온도** : COG중 B.T.X를 포집하는 회수율은 온도가 낮을수록 높아지므로 COG와 접촉하기 전 적당한 온도를 유지시켜야 하며 포집탄 입구온도보다 출구온도가 1~2℃ 높게 관리한다.

② **압력** : Benzene이 흡수탑을 통과하는데 COG의 차압상승은 COG배송공정의 조업에 영향을 주므로 탑 입구, 출구의 차압은 200mmAq 이하로 관리해야 한다.

③ **흡수유** : 흡수탑의 흡수유 순환량은 COG발생량에 따라 변동하며 COG 88,000Nm/hr일 때 170~180m^3/hr이다. 가스의 순환량이 많으면 포집율은 좋아질 수 있지만 기기의 부하와 원단위가 높아질 수 있다.

4

고로 설비

Section 01 고로 조업의 역사
Section 02 고로 설비
Section 03 열풍로 설비
Section 04 노전 작업
Section 05 고로 생성물
Section 06 송휴풍 및 사고 대책

제선공학

Iron Making Engineering

CHAPTER

04

고로 설비

Section 01 고로 조업의 역사

1 개요

고로란 제철소에서 선철을 용해 제조하는 용광로를 말하는 것으로 고로에 철광석과 코크스를 넣고 열풍에 의해 코크스를 태워서 철광석 중의 산소를 빼앗아(환원) 용해시켜 선철을 만드는 설비이다.

고로의 구조는 고로 본체 철피, 본체 상부 원료 장입 설비인 노정 부속 설비, 하중을 지지하기 위한 노체조로 구성되어 있다. 고로의 내부는 노구 상부에는 원료 장입 시 노구벽을 보호하기 위한 광석 수금물이 설치되어 있고, 내부 전체에는 고열에 의한 용손을 방지하기 위하여 내화 벽돌로 보호되어 있다. 부속 설비로는 장입 장치, 노체 냉각 장치, 열풍 설비, 가스 청정 설비, 주상 설비 등으로 구성되어 있다.

2 고로의 역사

인류가 철을 처음으로 사용하기 시작한 것이 역사 이전부터라고 하며, 그 당시부터 용광로를 사용했을 것이다.

하지만 14세기 이전에는 자연 동굴을 이용하여 바람이 센 언덕이나 산기슭 같은 곳에서 땅이나 바위에 구멍을 파서 상부에 점토나 석판으로 돔 형식으로 직경 30~40cm, 높이 1m 이내의 용광로를 만들어 사용하였다.

당시는 자연 송풍으로는 풍량이 적고 영구적인 작업이 불가능하여 사람이 손과 발로 움직이는 풀무를 사용하여 송풍량을 조금씩 증가시킴으로서 용광로의 규모가 점차로 커지기 시작하였다.

그 후 15세기 초에 영국에서 최초로 높이 6~8m의 고로가 세워져 연소 효율을 높여 고온을 얻게 되었고, 또 철이 노 속에서 장시간 탄소와 접촉하게 되어 탄소를 흡수함으로써 선철의 용융점도 낮아졌으며, 광석 중에 철이 용융 상태로 노저에 고이고 기타 성분인 슬래그는 위로 뜨게 하여 용선과 슬래그를 분리하는 데 성공하였다.

이 당시는 수력을 이용하여 송풍기로 용광로에 바람을 공급하였으나 18세기 말에는 영국의 제임스 와트(James Watt)에 의해 증기 기관이 발명되어 증기 기관 송풍기를 사용하기 시작하였다. 또한 전로를 사용해서 선철을 용융 상태에서 강(Steel)을 대량 생산하는 방안을 고안해 냄으로써 철강 생산에 일대 혁명을 가져왔다.

그 후 주조가 가능해져서 급속도로 철강업이 성장하여 점차적으로 보급되기 시작하면서 고로의 용적이 커지고 다량의 원료 장입이 가능해져서 노형도 여러 가지 모양으로 변하여 근대적인 용광로의 모양을 갖추기 시작하였다. 또한 노내에서 발생하는 가스를 이용하여 연료 절약의 효과를 거둘 수 있는 송풍 가열법이 개발되어 가장 경제적이고 생산성을 높일 수 있는 최근 형식의 고로 조업법이 개발되기에 이르렀다.

우리나라의 제철산업으로서의 역사는 일제시대 전쟁 수행을 위한 군수 하청 공장으로 1918년에 황해도에 세운 제철소를 효시로 출발하여 자원이 많은 북쪽 지방에 소규모의 제철소가 세워져 해방 이후 남한과 북한의 생산 능력비는 1 : 9로 아주 심한 격차를 보였었다.

게다가 남한에 유일한 제선 시설을 갖춘 삼화제철공사 마저 6.25 전쟁 당시 파괴되어 1954년에 8기의 용광로 중 3기를 보수하여 630톤의 선철이 시험 생산되었고, 1958년에 2,500톤, 1960년에 13,934톤이 생산되었다.

한편 전후에 고철 약 7만여톤을 주원료로 강괴를 생산하기 위해 대한중공업이 50톤급 평로로 조강을 생산함으로써 우리나라의 강괴 생산량은 1957년 17,038톤 이었던 것이 1961년에 삼화제철, 동국제강, 한국강업, 조선철강공업 등 27개 회사에서 345,000톤 규모로 발전을 하였다.

이전에는 철이라면 주로 무기와 기계 등의 생산 수단으로 사용하였으나 점차로 우리들의 일상 생활을 즐겁고 윤택하게 하는 내구 소비재로서 선박, 자동차, 각종 기기, 건축, 토목, 생활 필수품에 이르기까지 거의 모든 곳에 대량으로 사용하고 있는 만큼 그 수요가 증가하기에 이르렀다. 이에 따라 철강 산업이 현대 문명의 소재를 공급하는 기간 산업임과 동시에 국민경제에 미치는 영향도 크다는 것을 깨닫고 종합제철소 건설의 필요성이 절실해져서 1967년 4월 미국 코퍼스사를 비롯한 5개국 5개 회사로 구성된 KISA와 한국 정부가 기본 계약을 체결하여 1968년 4월 일관제철소인 포항종합제철이 창립되었다.

1970년 4월 국내 최초의 일관 공정 종합제철소 건설에 착수하여 1973년 6월에 포항에 제1고로 공장이 완공되어 연간 조강 생산량이 100만톤을 넘어서는 시대를 맞이하게 되었다. 그 후로 포항 2, 3, 4고로 건설, 광양제철소 건설에 이어 2010년에 당진에 현대제철소 건설에 이르렀다.

Section 02 고로 설비

1 고로 본체

1) 고로 본체의 명칭

고로 상부의 원통부를 노구(Throat)라고 하며 벨(Bell)로부터 낙하하는 광석이나 코크스가 충돌하는 것으로부터 연와를 보호하기 위해 광석 충돌판이 설치되어 있다. 노구부에 이어서 밑으로 넓게 펴진 부분을 노흉(Shaft)이라고 하며, 그 바로 밑은 노복(Belly)이라 한다. 사람의 몸으로 예를 든다면 노구는 사람의 입, 노흉은 가슴, 노복은 배라고 말할 수 있다.

노복 밑의 나팔꽃 모양으로 잘룩한 부분을 조안(Bosh), 그 밑의 원통부는 노상(Hearth)이라고 하고, 노 바닥부를 노저(Bottom)이라고 한다.

[그림 4-1] 및 [그림 4-2]는 고로의 설비와 각 부분별 명칭을 나타낸 것이다.

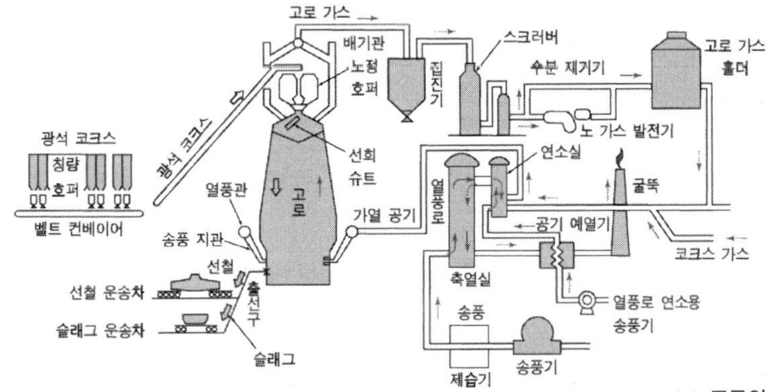

Fig. 4-1 고로의 부대 시설

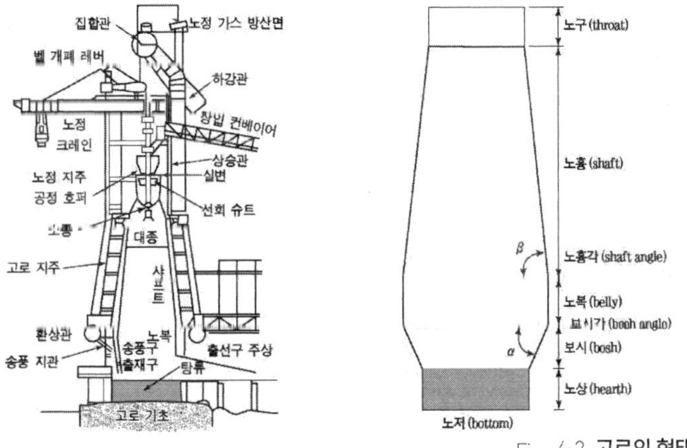

Fig. 4-2 고로의 형태와 각부 명칭

2) 프로파일 (Profile)

가) 노고

노고는 고로의 능력 증대와 함께 높아지게 되었으며 현재 가동중인 고로의 높이는 대부분 20~34m 정도이다. 노고를 좌우하는 요인으로는 다음과 같은 것들이 있다.

① 코크스 균열 강도
② 광석의 환원성 / 입도
③ 광석의 열간 강도
④ 건설비를 고려한 구조상의 문제

최근에는 광석의 사전 처리 강화에 의한 환원성의 향상, 코크스 비 저하 및 노정 압력 상승에 의한 광석의 용융 상태까지의 접촉 가스량의 증가 등의 기술적 진보에 따라 노경에 비해 노고는 낮아지는 경향이 있다.

나) 노경

노상의 직경은 장입물 입도, 송풍 온도, 중유 취입량, 산소 사용량 등의 조업 조건 및 탄소 당량(Carbon Balance) 등에 의하여 코크스 비 및 이론 송풍량을 계산하여 결정한다.

다) 조안 (Bosh) : 80°~83°

보시 각도가 지나치게 작으면 가스의 급격한 팽창에 의해 온도가 저하하여 장입물의 강하 저항이 크게 되어서 걸림(Hanging)의 원인이 된다. 각도가 지나치게 크면 장입물 강하 저항이 감소하게 되어 그 주변의 강하가 급격하게 이루어져 미환원 광석이 노상에 떨어져서 노상 냉입의 원인이 된다.

보시 부분은 장입물의 강하 속도를 저하시켜서 미환원 광석을 충분히 환원한 후 노상으로 유도하는 부분이기 때문에 난 환원성 광석을 사용할 경우에는 보시 높이를 높게 하는 것이 좋다. 최근에는 광석의 정립성이 강화된 괴성광의 사용량이 증가하여 보시 높이를 낮게할 수 있게 되었다.

라) 노복 (Belly) : 2~3m

노상경, 보시 각도 높이에 의해 노복 경이 결정되며 노복 높이는 노 내용직의 영향이 크며 보시 높이, 샤프트 각도 높이를 감안해서 결정한다.

마) 노흉 (Shaft)

샤프트 높이는 노고와 기타 각 부분의 높이와의 관계에서 결정되지만 특히 장입물의 입도, 코크스 강도 등으로 노내 가스류의 분포를 고려하여 결정한다.

샤프트 각도는 고로의 대형화와 함께 노구경이 커져 장입물 분포 제어가 곤란하고 또한 대형 Bell 등의 장입 장치 지지 등의 문제가 발생하기 때문에 대형로에서는 대부분 80°~85° 정도로 이루어져 있다.

샤프트 각도가 작을 경우에는 가스가 노벽으로 많이 흐르게 되고, 노벽부의 괴상 장입물이 느슨하게 장입되는 것에 의해 외부 조업에 의한 연와 손상을 일으키게 된다.

바) 노구 (Throat) : 1~2m

노구경은 샤프트와의 관계에서 결정된다. 고로 대형화에 따라 노구경이 커지게 되었으며 이에 따라 중심부에서는 광석과 코크스의 층후 비를 확보하기가 곤란하고 광석이 코크스를 밀어 내려서 형성된 혼합층을 증가시킴으로서 노정에서의 가스류 분포의 제어가 곤란하게 되었으며, 이에 대한 대책으로 Movable Armour, Bell Less Top이 채용되게 되었다.

사) 출선구

출선구 갯수는 다음과 같은 사항을 고려하여 결정한다.

① 출선량과 용선 용적으로 결정되는 최대 용선 저장 시간

② 출선구 폐쇄재의 소송 시간과 출선 준비 시간으로 정해지는 출선 간격

③ 출선통의 형식과 수명에 의해 결정되는 통 정비 소요 시간

④ 출선 횟수 및 출선 속도

출재구는 고압 고로에서는 노내의 가스 압력이 높기 때문에 사용하지 않고 있으며 화입 조업 시 및 냉입 사고 시 등에만 사용되는 정도이므로 출재구는 설치하지 않는 경향이다.

슬래그의 제거는 출선구의 스키머(Skimmer)에서 용선과 슬래그가 분리되도록 하고 있다.

2 장입 설비

노정 장입 설비란 원료 수송 설비에서 절출 평량된 원료를 노정에서 노내에 장입하는 설비로써 노내 원료 적정 분포라는 점에서 고로 조업상 극히 중요한 의미를 가진다.

따라서 장입 설비는 노내 적정 분포의 기능을 만족시킴과 동시에 노내 발생 가스를 용이하게 차단하여야 하는 기능이 요구된다.

종래부터 이 기능을 만족시켜 주는 여러 형태가 개발되었으나 그 중 가장 많이 사용한 것이 벨(Bell)식 장입 설비라 할 수 있다.

Bell식 장입 설비는 노정 장입 설비의 대명사로 불리어 왔으며 형식으로는 2 Bell 식(Two Bell Type), 3 Bell 식(Three Bell Type) 등이 있으나 고로 구조나 고압화로 인하여 2 Bell 식이 보편적으로 사용되어 왔다.

하지만 고로의 대형화 추세로 인하여 고로 노상경 및 노구경의 확대로 노정에서의 장입물의 적정 분포가 문제점으로 지적되어 이를 해결하기 위해 종전 2 Bell 식에 이동형 공급기(Movable Armour)를 설치하여 조업하여 왔으나, Movable Amour만으로는 노 중심부까지 장입물 분포 제어가 충분치 못하고 더욱이 펠릿을 많이 사용하는 유형의 제철소에서는 보다 자유도가 높은 장입물 분포 제어가 요구되었다. 이런 과정에서 1970년대 초 룩셈브르그의 Paul Wruth가 분포 제어에 자유도가 높은 Bell-Less Top 장입 장치를 개발하는 데 성공하였으며, 1972년 서독의 Hamborn 4고로에 처음 설치되어 사용하였으며, 설치 초기에는 구조적 결함으로 각종 문제점이 나타났으나 그 후 계속 보완되어 노정압 $3kg_f/cm^3$에서도 실링 박스(Sealing Box) 냉각, 슈트(Chute)의 수명, 벙커 라인(Bunker Line) 수명, 분배 슈트 등의 기능에 있어서도 정비비를 절감하고, 슈트 교체 시간을 단축하는 등 현재는 $5,000cm^3$급 초대형 고로에 있어서도 성공적으로 가동되고 있다.

1) 2 벨 식 (Two Bell Type)

2 벨 식의 설비 구조는 대 벨, 소 벨, 호퍼(Hopper), 벨 개폐 장치, 균배압 장치, 검측 장치(Soubding), 선회 슈트, 가스 실링 밸브, 수강 호퍼, 호퍼 게이트 및 Movable Armour로 구성되어 있다.

가) 대 벨

원추형으로 된 벨 본체 하부와 벨 컵이 접촉하여 노구부를 차단하는 구조로 되어 있으며 노내 가스를 차단하는 역할도 하게 된다. 원료는 Bell 본체가 개폐 장치에 의해 아래로 내려왔을 때 벨 본체와 컵 사이로 투입되며 노정 원료 공급 벨트 컨베이어(B·C)에서 온 원료를 일단 대기시키는 호퍼 역할도 한다. 벨 본체와 컵은 수십톤의 원료에 견딜 수 있는 강도와 원료 낙하 충격 및 가스 왕래로 인한 마모에 견딜 수 있어야 한다.

나) 소 벨

소 벨은 기본적으로 대 벨과 같은 개념으로 설치되어 있으나 대 벨은 그 위치와 크기가 대기중 교환이 불가능하게 되어 있으나 소 벨은 실링성 향상을 위해 2분할로 구성되어 있으며, 일상 휴풍 시에도 가스 누출시 컵부의 실리콘 고무로 보수하여 기밀을 유지하고 있으며, 재질은 Hi Cr계 내미모 주철계를 주로 사용한다.

다) 벨 개폐 장치

벨 개폐 장치는 [그림 4-3]과 같이 벨 로드(Bell Rod), 레버(Lever), 중량기(Weight), 구동 장치로 구성되어 있으며 대, 소 벨이 동일축으로 상부에서 분리되어 각각 대, 소 벨 구동 장치에 연결되어 있다.

구동 방식은 기동식, 전동식, 유압식이 있으나 벨 개폐 시 충격 문제로 거의 유압식을 사용하고 있다.

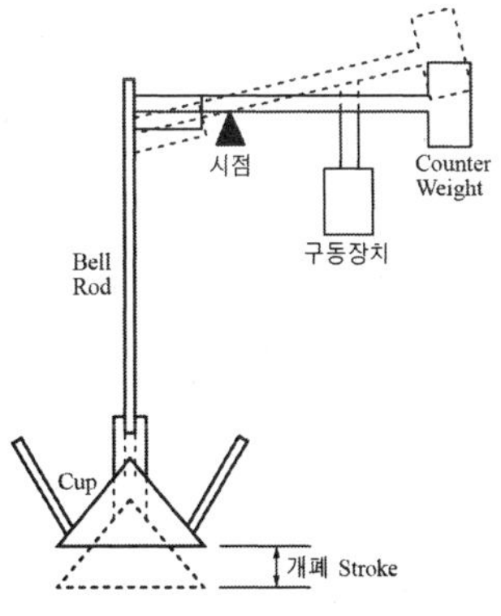

Fig. 4-3 **Bell 개폐장치의 개략도**

라) 원료의 흐름

광석 공급 호퍼(Ore Surge Hopper) 또는 코크스 계량 호퍼(Coke Weighing Hopper)에 들어간 원료는 게이트가 열림으로써 장입 벨트 컨베이어(Charging B·C) 상에 배출된다.

장입 벨트 컨베이어로 노정까지 운반된 원료는 수강 호퍼(Receiving Hopper)에 투입되어 소 벨 상에 들어가기 위해 실링 밸브, 호퍼 게이드가 열리는데 미리 수강 밸브(RV : Receiving Valve)를 열어 소 벨 챔버(Small Bell Chamber)를 배압시켜 대기압으로 만든다.

이는 장입시의 비산 방지와 원활한 밸브 개폐를 위한 것이며, 소 벨 상의 투하 위치 즉, 원료 장입 위치는 분배기(Distributor)로 지정하게 된다.

소 벨 상의 원료를 대 벨 상에 투하하기 위해서는 소 벨 챔버 양을 대 벨 압과 같도록 1차 EV−1를 열어 반청정 가스로 균압하고, 노정압과 반청정 차압분을 EV−2를 열어 질소로 충진 균입시킨다.

균압 이유 역시 소 벨 개폐 시 원료 비산 방지와 개폐 직전의 소 벨 로드 벤딩 방지로써 종전에는 1차 균압은 S 가스를 사용하였으나 가스 차단 방지를 위해 반청정 가스를 사용하게 되었다. 대 벨상의 원료는 노내 원료 적치 레벨에 따라 노내 장입이 되는데 이의 검출은 사운딩(Sounding)이 하게 되며 Movable Armour로서 원료 투하 위치를 결정하게 된다.

2) Bell - Less 식

2 벨 식에 비해 유압 장치가 간단하여 전체 노고는 장입 B·C까지는 유사하나 총 높이는 약 85% 정도로 낮아진다.

또한 노정 장입 설비 총 중량은 벨에 비해 약 35%로써 초기 투자면에서 상당한 이점이 있고, 각 부품은 일상 정수시 교환이 가능함으로 투자면에서 뿐만 아니라 정비면에서도 많은 장점을 가지고 있다. 조업면에서는 장입물 분포의 중심부 제어가 용이하여 대형 고로에 적합하며, 특히 성형 원료의 장입에는 최적이라고 할 수 있으며 장입물 표면 형상을 바꿀 수 있어 가스 이용률을 극대화할 수 있다.

가) 경동 장치

노내 슈트 경동 제어는 양방향 회전 모터로서 일정 왕복 경동 후 대기 위치에서 정지하게 된다. 경동 상, 하한 비상 정지는 슈트와의 타 설비 간섭에서 오는 고장 방지를 위한 것으로 기계식 스토퍼(Mechanical Stopper)는 각 하부 실링 밸브(LSV : Lower Seal Valve) 불량 시의 백업용으로 설치된 것이다.

노내 슈트 교환 시에는 교환 위치로 회전시킨 후 상향 경동하게 되는데 정지 위치는 77°로써 78° 위치에는 기계식 스토퍼가 설치되어 있다. 경동 즉, 경사각 제어는 통상 11개 각도로(11 Touch) 사용하게 되나 장입 레벨의 변경이나 장입 분포를 임의 형상으로 할 때를 위해 11개 각도는 고정식이 아닌 가변식을 채택하여 사용한다. 일반적인 LSV를 이용하지 않고 펄스 발신기를 사용할 경우 가변 설정이 용이하고 오접점 등의 사고가 적으며 정지 정도에 있어서도 10 Pulse 당 1°(0.1°/Pulse)이므로 적치 레벨에 따라 High, Middle, Low로 구분하여 각각 경사각을 다르게 설정하여 장입하도록 되어 있다. 적치 레벨이 달라질 때마다 해당 레벨에 대한 경사각 제어가 자동으로도 할 수 있도록 되어 있다.

나) 선회 장치

노내 슈트의 선회는 모터로 구동되며 경동 모터와 동일 구동부에 설치되어 있다.

낙하 개시점은 6 Postion 당 60°씩으로 1 Chagre 또는 1 Batch 완료 시 60°씩 이동하게 된다. [그림 4-4]는 선회슈트의 선회각도를 나타낸 것이다.

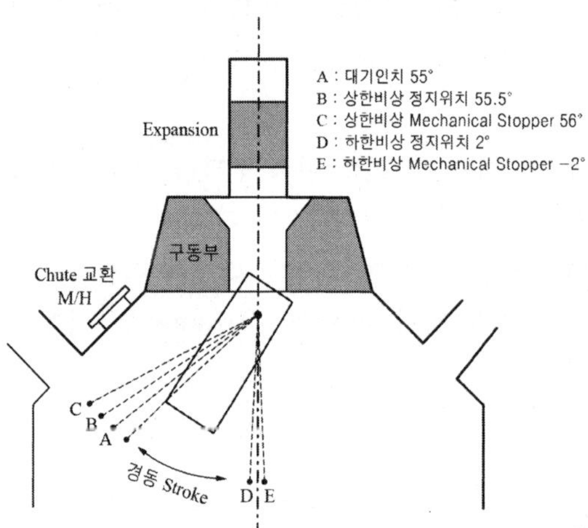

Fig. 4-4 **슈트의 선회각도**

대기위치와 낙하 개시위치는 동일하여 원료 조정 게이트(MCG : Material Control Gate)를 열기 시작한 후 원료가 슈트 헤드부까지 도달시간(T2)를 측정하여 이를 선회 슈트 기동 후 대기위치 즉, 낙하 개시위치까지의 소요시간에서 Batch 시간(T1)으로 설정한다.

즉, 노내 슈트는 경동 개시 후 임의의 지정 경사각까지 오면 정지 후 선회가 계속되는데 Batch 시간(T1)이 계속되면 MCG가 열리게 되어 낙하 위치에서 원료 낙하가 개시된다.

또한 선회 동작은 정전, 역전이 가능하므로 일정 주기로 절체하며 슈트 라이너(Chute Liner) 마모를 균일하게 하도록 한다.

다) 원료의 흐름

충전 벨트 컨베이어에 의해 노정까지 운반된 원료는 2개의 노정 벙커의 수강 밸브(RV)가 열려 대기압이 된 후 상부 실링 밸브(Upper Seal Valve) 및 수강 슈트 댐퍼(RCD : Receiving Chute Damper)에 의해 2개의 벙커에 쌓이게 된다.

저장된 벙커가 채워지면 상부 실링 밸브 및 RCD가 폐쇄되고 EV−1 및 EV−2가 개폐되어 노정압과 같도록 균압을 완료 시킨 후 노내 장입을 대기하게 되며, 다른 쪽의 벙커 역시 이상과 같은 순서로 투입 완료되어 대기하게 된다. 균압 목적은 원활한 배출과 밸브 개폐를 위해 행하여진다.

벙커내 원료는 저장 레벨(Stock Level) 신호에 의해 노내 장입이 되는데, 이때 노내 슈트는 미리 가동하고 하부 실링 밸브(Low Seal Valve)와 MCG가 열리게 되나 MCG는 설정된 개도 만큼 열려 유량 조절을 행하고 노내 슈트 역시 설정된 장입 패턴에 따라 경동과 선회를 하여 노내 장입을 하게 된다.

3 가스 청정 설비

고로에서 발생된 가스는 연진 포집기(Dust Catcher)에서 제진되어 함진량은 3~5g/Nm^{3}이지만 청정도 10ml/Nm^3 이하의 청정 가스로 하기 위하여 가스 청정 설비를 설치하여야 한다.

고로에서 발생하는 가스를 연료로서 사용하기 위해서는 많은 연진을 제거하여 청정한 가스로 할 필요가 있다.

발생 가스는 연진 포집기에서 제진된 후 노황 가스 관을 거쳐 1차 벤투리 스크러버(VS : Venturi Scrubber)에서 반청정 가스관을 거쳐 2차 벤투리 스크러버에 다시 들어가 청정도 10ml/Nm^3 이하로 청정된다.

2차 VS를 지나 노정압을 제어하기 위하여 격막 밸브(SV : Septum Valve)를 설치하고 SV 전후의 BFG 라인에 노정압 발전기를 설치한다.

가스 청정 설비에 포함되어 있는 기기는 건식 제진기인 연진 포집기, 습식 제진기인 벤투리 스크러버, 반청정관 격막 밸브, 고속 수봉 밸브 등이 있다.

가스 청정이 완료된 BFG의 일부는 열풍로 연료로 사용하고 나머지는 가스 홀더로 옮겨져서 제철소 내의 각종 열원으로 사용할 수 있다.

1) 연진 포집기

가스에 합진되어 있는 연진의 입자는 중력에 의한 자연 침강에 의해서 분리 포집된다.

[그림 4-5]와 같이 외부는 철피로 되어 있고, 내부는 가스 하강관으로부터 연결된 확산관이 있어 연진 포집의 효과를 증대시켜 준다. 이렇게 포집된 연진은 연진 콘(Dust Cone) 하부에 모이게 되고 연진 밸브(Dust Valve)를 통하여 반죽기(Pug Mill)에 의해서 배출된다.

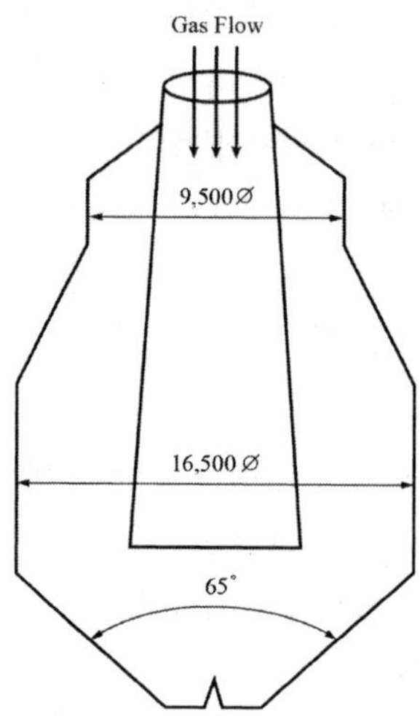

Fig. 4-5 **연진 포집기 구조**

2) 벤투리 스크러버

벤투리 스크러버는 [그림 4-6]과 같이 벤투리 관을 이용한 것이다. 가스의 흐름이 이 관속을 통과하면 수축(Throat) 부에서는 유속이 급격히 빠르게 되고 동시에 가스 압력은 저하하고 확대부(Diffuser)에서는 서서히 유속이 느려지면서 가스 압력도 올라간다. 이때 가스 중의 분진 입자는 크기가 달라지게 된다.

[그림 4-6]에서 AB 간에서는 작은 입자는 가스 유속이 빠르기 때문에 그 속도가 빨라지지만 큰 입자는 관성으로 인해 속도가 그만큼 줄어든다. 따라서 작은 입자와 큰 입자 간의 충돌 작용이 발생하게 된다. BC간에서도 속도의 차이로 충돌이 일어나고 수축부에 물을 뷰사시키면 충돌이 증대되어 높은 효율의 제진 작용을 할 수 있다.

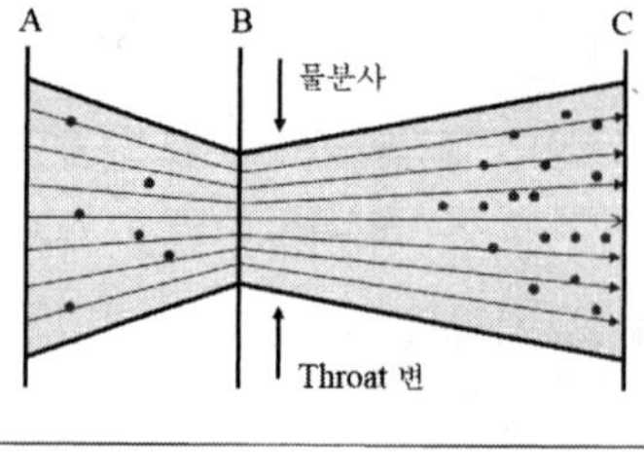

Fig. 4-6 **벤투리 스크러버의 원리**

Section 03 열풍로 설비

1 열풍로의 개요

열풍로란 고로에 있어서 선철을 생산하기 위해 필요한 열원 즉, 열풍을 안정 공급하는 프로세스로 연소와 송풍 과정을 번갈아 가면서 행하게 된다.

연소 과정이란 BFG+COG인 믹스 가스(Mix Gas)를 연소실에서 연소하여 축열실 연와를 가열시켜 연돌에서 배기하는 과정을 말한다. 송풍 과정은 송풍기(Blower)에서 보내온 100~180℃의 냉풍을 축열실 연와 사이로 통하게 하여 1,100~1,300℃의 열풍으로 만들어 고로에 보내는 과정이다.

따라서 연속적인 열풍 공급 과정에서 연소, 송풍 사이클을 번갈아가며 행하여야 하므로 고로 1기당 열풍로는 최저 3기 이상 필요하게 된다.

2 열풍로 형식

열풍로는 환열식과 축열식으로 대별하며 축열식은 다시 내연식과 외연식으로 구분할 수 있다. [그림 4-7]은 열풍로의 형식을 나타낸 것이다.

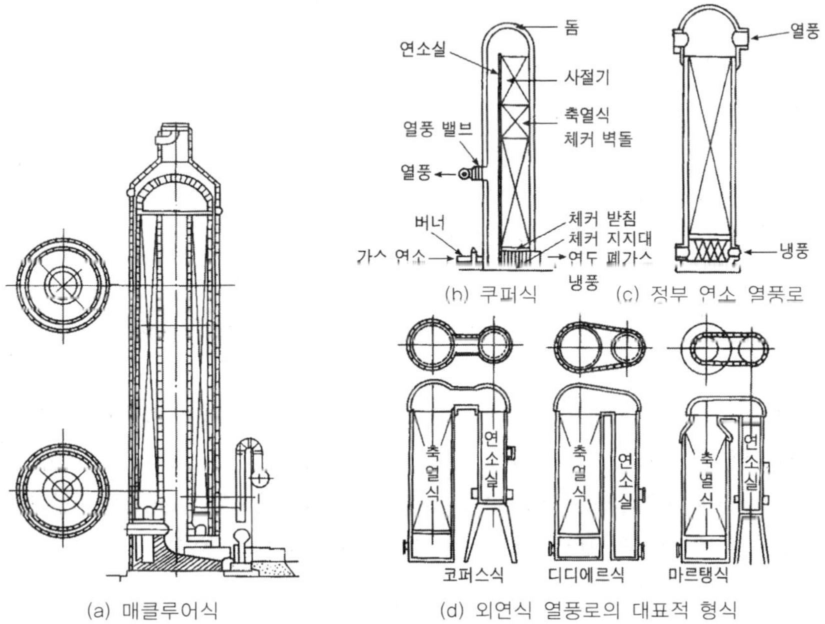

(a) 매클루어식 (d) 외연식 열풍로의 대표적 형식

Fig. 4-7 **열풍로의 여러 가지 형식**

1) 환열식

가장 오래된 형식으로 주철관을 외부에서 가열하여 관내를 통과하는 송풍의 온도를 높여주는 것으로 보통 주철관식이라 한다. 관의 배치 형식에 따라 수직, 수평식으로 두 종류가 있지만 현재는 두 종류 모두 거의 사용하지 않는다.

장점으로는 설비비가 적고 연료의 청정도가 나빠도 조업에 영향을 미치지 않는다는 점이 있으며, 단점으로는 대용량은 불가능하며 400℃ 이상의 송풍 온도는 불가능하고, 주철관의 손상이 빈번하다는 점이 있다.

2) 축열식

축열실에서 연와를 열매체로 하여 연소 및 송풍 과정을 거쳐 열 교환하는 형식으로 현재 열풍로는 대부분 이러한 형식을 사용한다.

가) 내연식

축열실과 연소실이 한 탑내에 들어가 있는 것으로 그 구조에 따라 Mccure Type과 Cowper Type이 있다.

① Mccure Type : 연소실이 중앙에 있으며 축열실은 그 주위를 둘러싸고 있다. 연소가스는 돔(Dome)부에서 방향을 바꾸어 축열실로 하강하게 되며 송풍 및 연도변은 돔(Dome)부에 위치하게 된다.
장점으로는 복사에 의한 열손실이 적고, 축열실 전체가 균일하게 가열된다는 것이다.
단점은 연와적이 어렵고 연소 송풍시의 온도차로 인해 돔(Dome)부 연화 및 노하부 Spalling 현상이 발생할 수 있다.

② Cowper Type : 사절벽을 경계로 연소실과 축열실이 위치하며 모든 변은 노하부에 위치하게 된다.
장점은 축열실의 소유 면적이 넓고 구조가 간단하고 연와적이 쉽다.
단점은 복사열에 의해 열손실이 많으나 단열재의 단열 능력이 진보함에 따라 점차 개선되고 있다.
이 형식의 열풍로는 돔(Dome)의 형태에 따라 Straight Type과 Mush Room Type으로 구분된다.
Straight Type은 Dome 연와를 노벽 연와로써 지지하는 것으로 노벽 연와와 Dome 연와의 팽창에서 오는 구조적 결함으로 팽창율이 적은 소형 고로에서 사용하고 있다.
Mush Room Type은 Straight Type에서 개선된 것으로 Dome 연와를 철피로 지지하게 하여 노벽 연와의 팽창 영향을 받지 않도록 설계한 것이다.

나) 외연식

내연식은 열풍로의 능력을 증대시키기 위해서 노 구경과 높이를 확대할 필요가 있다. 하지만 노의 구경과 높이를 확대할 경우 다음과 같은 점을 고려해야 한다. 노 구경을 크게 할 경우 돔 연와의 강도 문제가 있으며, 높이를 확대할 경우 송풍 시 압력이 증대하여 사절벽이 문제가 되어 투입 열량 증대를 가로 막게 되는 원인이 될 수 있다.

이와 같은 구조적 제한점을 극복하고자 대형 열풍로에서는 연소실과 축열실을 분리한 외연식의 열풍로를 사용한다. 외연식 열풍로는 고온부에서 강도가 높은 규석 연와를 사용할 수 있어 내연식의 단점을 극복할 수 있다.

외연식 열풍로의 단점은 축열실과 연소실의 팽창으로 인해 압력용기로서는 강도가 약하다는 것이다. 이를 해결하기 위해 팽창의 흡수는 연락관의 신축관(Extension)을 설치하고, 강도 보강을 위해서는 돔 부 Ring Grider가 설치되어 있지만 문제점을 완전히 해결할 수 있는 것은 아니다.

외연식의 형식은 돔 부 구조에 따라 크게 Cowper Type과 Kooper's Type으로 나눌 수 있다. Cowper Type은 연소실과 축열실이 공통의 돔으로 구성되어 있으며, Kooper's Type은 연소실과 축열실이 별도의 돔을 가지고 있고 연락관으로 연결되어 있다.

3 열풍로 조업 관리

고로 조업에 있어서 열풍로 조업이 차지하는 비율은 대단히 크다고 할 수 있다. 장입물을 안전하게 강하시키기 위해서는 송풍 온도를 일정하게 유지시키는 것이 필요하며, 고온 송풍 등을 이용하여 코크스비 저하, 출선량 증가 등의 효과를 거둘 수 있다.

열풍로 조업은 고로 가스를 효율적으로 연소하여 연와에 축열하여 고온 송풍을 얻는 조업으로 연소 설비, 노 교환 방식이 자동화되어 있기 때문에 작업이 비교적 간단하다. 열풍로 조업은 연소 관리, 송풍 관리, 노차 관리로 나눌 수 있다.

1) 연소 관리

열풍로의 연료가 되는 고로 가스(BFG)의 조성은 [표 4-1]과 같다.

Table 4 1 **열풍로용 고로 가스의 조성**

성분	CO	CO_2	H_2	N_2
비율	23~26%	15~20%	2~5%	나머지

고로 가스의 가연 성분은 CO, H_2 가스로서 25~30%를 차지하고 있다. 이 원소들의 반응식은 다음과 같다.

$$CO + \frac{1}{2}O_2 \rightarrow CO_2$$

$$H_2 + \frac{1}{2}O_2 \rightarrow H_2O$$

고로 가스에 코크스 가스(COG)를 첨가할 때는 CH_4, C_2H_4 등이 함유되어 있다. 이 성분들의 반응식은 다음과 같다.

$$CH_4 + 2O_2 \rightarrow CO_2 + 2H_2O$$

$$C_2H_4 + 3O_2 \rightarrow 2CO_2 + 2H_2O$$

$$\text{이론 필요 산소량} = \frac{0.5CO + 0.5H_2 + 2CH_4 + 3C_2H_4}{100}$$

$$\text{이론 필요 공기량} = \frac{\text{필요 산소량}}{0.21}$$

고로 가스 성분을 CO : 24%, H_2 : 4%라 가정하면

$$\text{이론 필요 산소량} = \frac{(0.5 \times 2.5) + (0.5 \times 4)}{100} = 0.145m^3$$

$$\text{이론 필요 공기량} = \frac{0.145}{0.21} = 0.69m^3$$

이론적으로는 위의 공기량이지만 실제로는 잉여 공기가 어느 정도 필요하며 연소 상태와 잉여 공기가 적당하면 최적 공기량이 되며 잉여 공기량은 다음과 같이 계산할 수 있다.

$$\text{실제(잉여) 공기량} = \text{이론 필요 공기량} \times 1.10 = 0.69 \times 1.10 = 0.76m^3$$

이론 필요 공기량이 공급되고 있다면 이론적으로는 폐가스의 성분이 CO_2, H_2O, N_2 뿐이지만 실제로는 과잉공기가 공급되기 때문에 O_2가 많이 남아 있다. 과잉 공기가 많으면 많을수록 O_2의 함량도 많아진다.

열적으로 고려할 때 과잉 공기는 폐가스의 양을 많게 할뿐만 아니라 폐가스의 현열을 증가시켜 열풍로 열효율은 낮아지게 된다.

그러나 반대로 연소용 공기량이 부족할 경우 불완전 연소를 일으켜 폐가스 중에 CO가 남게 되며, 이 때문에 가스 사용량이 증가하며 동시에 연소 시간도 연장되게 된다.

따라서 적정 연소 상태는 화염의 관찰 및 폐가스 분석치에 의해 판단하게 된다. 적정 연소인 경우 화염은 중심염으로 되어 있으며 화염의 색깔은 푸르고 투명하게 보인다.

공기량이 부족할 경우 화염은 환원염으로 되며 황색의 탁한 색을 나타내고 연소실 내는 어둡게 된다. 반대로 공기량이 많을 경우는 산화염이 되어 가끔 화염이 소화될 때도 있다.

그러나 화염은 변동 폭이 크고 관찰자의 성향에 따라 다르게 판단할 수 있으므로 폐가스의 분석치에 의존해야만 한다.

적정 연소 시의 폐가스 성분은 각각의 노 연소 조건에 따라 다르므로 폐가스 조성 중의 CO_2 비율을 높게 하는 것이 가장 중요하다.

또한 연소 작업에 있어서 돔(Dome) 온도 제어는 공기량으로, 폐가스 온도 제어는 연소 가스량으로 각각 조절하고 있지만 상황에 따라 각각을 병행해서 할 때도 있다.

2) 송풍 관리

송풍 관리는 첫째로 송풍 온도를 일정하게 제어하는 것에 있으며 Action 온도 범위는 ± 0.5℃에서 실시하며, 둘째로 누풍에 대한 방지 대책 등이 있다.

가) 송풍 온도 관리

송풍 온도의 제어는 냉풍관에서 냉풍을 열풍에 혼합함으로써 이루어지며 냉풍 밸브(Cold Air Valve) 자동 제어 장치로써 제어가 된다.

송풍기의 시작은 열풍로가 아직 식지 않았기 때문에 냉풍의 혼합량도 초기에 많으며 송풍기의 말기에는 냉풍을 감소시켜 송풍 온도를 지정 온도에 달하게 한다.

냉풍 혼합후의 열풍의 온도가 반드시 일정해야 하는 것은 아니고 열풍의 온도가 균일하지 않고 차이가 있는 이유로써 고려할 수 있는 것은 열풍관의 길이, 각 열풍로의 조업 등을 들 수 있다.

열풍관의 길이가 불충분하면 열풍과 냉풍이 불균일하게 된다.

나) 누풍 방지 대책

송풍관이나 송풍본관 및 열풍로 등의 철피의 용접 부분이나 집합 장소에 결함이 있으면 누풍은 현저하게 증대된다.

이 때문에 고로 조업 능률은 누풍 때문에 저하하며 선철 톤당 풍량이 증가하여 선철 단가가 높아진다.

유량 측정 이후에 누풍이 있을 경우에는 풍구에서의 실제 풍량의 파악이 불가능하게 된다.

각종 밸브류의 결함, 접촉 상태가 불량할 때도 누풍은 증가한다. 예를 들어 연도 밸브의 접속, 결합 상태가 불량하면 열풍로에서 연도로 열풍을 보내는 경우가 되며, 열풍 밸브가 잘못되어 있을 때도 열풍로의 누풍이 심하게 된다.

이렇게 누풍이 심하게 되면 송풍의 손실은 물론 버너의 가스 연소과정을 어렵게 한다. 누풍 방지는 그 시초에 조치하여야 하며, 만약 그대로 두면 송풍 손실은 크게 되어 그 방지는 점점 어렵게 된다.

3) 노 교환 관리

열풍로는 축열형 열 교환기이므로 주기적으로 노의 교환을 행하여야만 한다. 노의 교환 방법은 Single 송풍과 Parallel 송풍 방식이 있다.

노 교환 관리의 요점은 고로 휴풍 방지 즉, 연속적인 열풍 공급에 있으며 이때의 온도 변화, 송풍량, 송풍 압력의 변동 방지도 겸하고 있다.

열풍로 교환 작업은 복잡하지만 운전 관리의 집중화, 노동력의 절감, 노의 열효율 향상을 위해 자동화되어 있다.

열풍로의 자동교환 방식에는 여러 가지가 있지만 어느 것도 모두 원격 교환 조작이 채택되어 집중 관리가 가능하게 되었다.

원격 교환 조작은 Relay 회로로 교환 순서를 규정해서 전자 밸브와 파워 실린더 또는 로터리 밸브로 작동하는 방식이 많이 사용되고 있다.

4 열풍로 설비 관리

열풍로 설비는 열풍로 본체, 각종 밸브, 자동 제어 장치로 구성되어 있다.

열풍로 벽돌의 보수는 열풍로의 수명과 열효율에 미치는 영향이 크기 때문에 매우 중요하다.

열풍로 연와의 파괴, 탈락의 원인으로는 여러 가지가 있지만 주로 연와의 형상 및 열풍로의 구조가 원인이 된다.

가스 중의 먼지도 벽돌의 파손을 조장시키는 원인이 되며 먼지의 함유량이 많은 경우에는 연소 중의 연진이 연와 표면에 융착해서 벽돌의 성상을 악화시켜 열풍로의 열효율을 저하시킨다.

돔 부의 연와는 가열, 냉각이 반복되기 때문에 벽돌의 수명이 줄게 되므로 이런 온도 이상으로 온도를 높이지 않는 범위 내에서는 조업을 관리해야 한다.

각종 밸브로부터의 누수도 연와 손상의 원인이 되기 때문에 조기에 누수를 발견하여 보수하도록 해야 한다.

밸브 관리는 밸브의 냉각수 급배수 상태, 급배수 온도의 점검이 주요한 작업이 되며 충분한 냉각수를 공급하여 배수 온도가 상승되지 않도록 주의해야 한다.

또한 밸브는 냉각수에 의해 부식되기 쉬우며, 파손이나 재질 불량에 의한 결함도 파손의 원인이 되기 때문에 철저한 관리가 필요하다.

[그림 4-8]는 열풍로의 각종 설비를 나타낸 것이다.

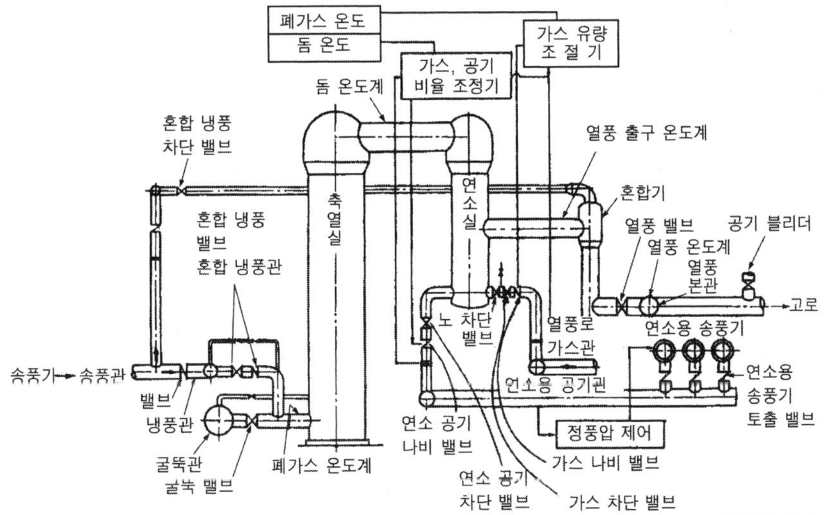

Fig. 4-8 **열풍로 각종 설비**

1) 돔 온도

돔은 사용 연와에 따라 관리 온도가 결정된다. 연와의 구체적 성상이 불명확하던 과거에는 연와 내화도와 하중 연와 온도를 기준으로 관리 온도차를 정했으나, 돔 연와 탈락 등으로 연와 성상에 대한 연구를 한 결과 고온에서 하중을 장시간 걸었을 때 Creep 특성이 있음을 밝혀냈으며, 최근에는 온도 기준을 내Creep성으로 하고 있다. [표 4-2]는 열풍로용 연와의 특성을 나타낸 것이다.

Table 4-2 **열풍로용 연와의 특성**

연와 종류	내화도	연와 하중 온도	내Creep성 1% 2kg$_f$/cm^2+50hr
S-21	#32(1,710℃)	1,600℃	1,550℃
H-21	#38(1,850℃)	1,700℃	1,550℃
H-23	#38(1,850℃)	1,550℃	1,450℃

2) 돔 연와 침식

돔 연와 및 모르타르(Mortar)는 사용 중에 수축하여 돔 침하를 가져오게 된다. 이 침하량을 몇 mm까지 허용하느냐에 따라 연와의 사용 온도가 결정되게 되는데, 실제 조업 실적에 의하면 30mm일 경우 돔 붕괴가 되는 것으로 나타났으며 이를 기준으로 침하량 최대치는 150mm로 정하고 있다. [표 4-3]은 150mm 침하 시 연와의 돔 반경과 Creep치를 나타낸 것이다. 일상 조업 중 돔 침하량이 빠를 경우 돔 온도를 하향시켜야 한다.

Table 4-3 **150mm 침하시 연와의 Creep치**

돔 반경	3.5m 이하	3.5~5m	5m
연와 Creep치(%)	3%	2%	1%

3) 연와의 특성

앞에서와 같이 연와의 선택은 Creep성에 의해 결정됨을 알 수 있었다. 따라서 고온 열풍로의 경우 특히 돔 부에는 우수한 고온 Creep성이 요구된다. 내화 연와 중 규석 연와는 타 연와와는 달리 고온 Creep성이 우수할 뿐만 아니라 값도 비교적 싸며 열팽창에 있어서도 고온에서 거의 변하지 않는 안전성을 보여 고온 열풍로에 널리 사용되고 있으며 내연식인 경우에도 사절벽에 사용되는 곳이 많다.

그러나 규석 연와는 샤모트 연와나 알루미나 연와와는 달리 연와 자체의 성질로 인해 주의를 요하는 것이 있다.

가) 규석 연와의 변태

변태의 전이에 따라 매우 완만한 지둔형과 거의 순간적으로 전이하는 α, β형이 있다. 지둔형의 변태 과정은 다음과 같으며 이들의 진행에는 장시간 소요된다.

β - 석영 → β - Tridymite(870℃) → β - Critbalite(1,470℃) → 용융 Silica(1,713℃)

α, β 형은 소정의 온도가 되면 순간적으로 변태를 일으킨다. 따라서 규석 연와는 건조 시 상기 영역에서 승온 속도에 유의해야 하고(6~8℃ 이하 / 일) 일단 800℃ 이상으로 승온되면 700℃ 이하(석영 변태점 573℃ + T/C계측오차 + 안전율)로 내려서는 안 된다.

나) 열적 성질

① **Spalling 저항** : 규석 연와는 내화 연와 가운데 열충격이 민감한 것으로 되어 있지만 이 현상은 600℃ 이하의 저온에 있어서 문제점으로 고온 영역에서는 거의 일어나지 않는다. 따라서 통상 조업 온도 영역에서는 우수한 열충격 저항을 가진다.

② **하중 연화성** : 규석 연와는 연화점(T1)에 도달하면 급격히 연화 붕괴되는 특징을 가지고 있다(S-21, T1=1,600℃). 그러나 연화점에 도달할 때까지는 매우 큰 강도를 가지며 고온 응력에도 충분히 견디므로 돔과 같은 구조물에 아주 적합하다 할 수 있다.

③ **내 Creep성** : 내 Creep성 역시 우수해야 한다. 현재 열풍로에 사용하고 있는 규석 연와인 S−21의 경우는 1,550℃에서 2kg$_f$/cm^{2}의 하중을 50시간 시험한 결과 1% 이내의 Creep를 보이고 있다.

4) 철피 온도

구조물과 압력 용기로서의 철피는 Creep성에 의해 200℃ 이상 올라가면 안 된다. 최근 고온 송풍으로 인하여 돔 온도 고온화로 인하여 NOx 가스에 의한 응력부식 균열이 문제가 되어 고온 송풍의 장애 요소가 되고 있다.

가) 응력부식 균열 (SCC : Stress Corrosion Crack) 발생 기구

$Ca(NO_3)_2$, $NaNO_3$ 등 초산염 등이 철피 온도 40~140℃에서 수분과 만나 결로되어 아질산(HNO_2) 또는 질산(HNO_3)으로 되어 철피와 접촉을 하게 된다. 철피와 접촉한 아질산 또는 질산은 설치 공사 시 응력 크랙 부위, 철피 결정 입계 및 기타 부위를 부식시키게 되어 철피 균열이 발생하게 된다. NOx 발생량과 철피 프레임 온도는 거의 비례하는데 특히 1,400℃ 이상에서는 급격히 증가한다.

나) NOx 대책 : 1차 방법

① **저질소 연료를 사용** : COG의 탈질소

② **연소용 공기의 산소 농도를 저하** : 과잉 공기 억제

③ **프레임 온도 저하** : 돔 온도 1,400℃ 유지

④ **연소 가스 체류 시간 단축**

다) NOx 대책 : 2차 방법

① **응력 제거(SR : Stress Relieving) 실시** : 용접 작업 시 발생한 잔존 응력을 풀림으로 제거(경도를 HV250 이하로)

② **내응력 부식 크랙 강의 채용** : Crack Free 강(WT−50CF) 사용

③ **NOx의 결로 방지** : 돔 및 연락관 보온 Covering

④ **NOx 접촉 방지** : 철피 내부에 내산성 페인트 도료 및 캐스터블(Castable)로 시공

1차 방법 중 저질소 사용 및 연소 가스 체류 시간 단축은 현실적으로 상당히 어렵고 연소용 과잉 공기 억제도 돔 온도 제어를 하기 때문에 역시 어렵다.

2차 방법은 종전부터 시행되고 있는 방법이지만 이중 철피 보온이 가장 많이 사용되고 있으며, 개발 방법에 따라 내응력 부식 크랙 강의 재택도 유력한 방법이라 할 수 있다. 단 철피 온도에 있어서는 철피 온도를 결로점 이상 유지하면서 철피 자체의 Creep 온도인 250℃ 이상을 넘어서는 안되는 문제점을 가지고 있다. 따라서 철피 온도를 조절할 수 있는 통풍구에 보온 Covering를 설치하여 관리해야 한다.

5) 열풍로 돔 부 응력 제거 (SR) 방안

가) SCC 발생 상황

열풍로의 돔 부의 응력 부식 균열(SCC) 발생 상황을 살펴보면 가동 년수가 1년까지 SCC 발생 온도가 1,500℃에서 1,300℃로 낮아지며 그 이후는 변동이 없다.

철피 용접부의 잔류 응력 분포를 보면 용접선 방향의 응력 분포는 용접선을 따라서 인장 응력이 발생하며 직각 방향으로는 용접선 한쪽은 인장 응력이, 다른 쪽에는 압축 응력이 발생한다.

용접부의 잔류 응력과 용접선의 냉간 가공의 영향을 보면 냉간 가공도가 높으면 용접선 방향의 잔류 응력이 커지며, 용접선 직각 방향의 응력은 그다지 큰 차이가 없다.

나) SR 목적

SR 작업은 SCC 방지 대책의 한 방법으로서 가장 높은 온도가 미치는 열풍로 돔 용접부에 열응력으로 인하여 발생한 잔류 응력을 제거하기 위하여 원뿔 상부 전체를 구간별로 동일하게 가열하였다가 서서히 냉각함으로써 철피 내의 잔류 응력을 제거시키는 작업이다.

다) SCC 방지의 다른 대책

철피 재질은 내산성 강을 채택하거나, 철피 외부 보온 Covering을 시공하여 철피 온도를 150~250℃로 관리를 하여 초산의 결로점인 140℃ 이상으로 관리하는 방법이 가장 효과가 확실한 방법이라 할 수 있다. 또 다른 방법으로는 철피를 내산 코팅하거나 내산 캐스터블로 시공하는 방법이 있지만 시공상의 어려움이 많다.

Section 04 노전 작업

1 노전 작업의 개요

고로 작업은 화입 후 휴지까지의 연속 작업으로서 원료는 노내 장입물의 하강과 함께 일정 장입선을 유지하도록 장입되며 노상에 모인 용선은 매 일정 시간 마다 8~10회/일 출선구에서 배출시킨다.

용선은 탕도를 거쳐서 혼선차에 주입되며, 전로 또는 주선기에 운반된다. 또한 슬래그는 출선과 출선 사이의 출재구 또는 첫 출선 시작 후 20~30분 정도 지나면 용선과 같이 나와 대탕도의 스키머(Skimmer)로 용선과 분리되어 슬래그 통로(Slag Runner)를 통하여 건조 피트(Pit)나 수재로서 처리된다.

2 주상의 구조

주상은 출선 출재 작업을 위한 설비가 설치되어 있다. 용선을 유도하는 용선 탕도(Iron Runner)와 슬래그를 배출하는 슬래그 탕도(Slag Runner) 및 경주통 등의 탕도(Runner) 설비와, 개공 작업을 위한 개공기, 폐쇄 작업을 위한 머드건(Mud Gun) 등으로 구성되어 있다.

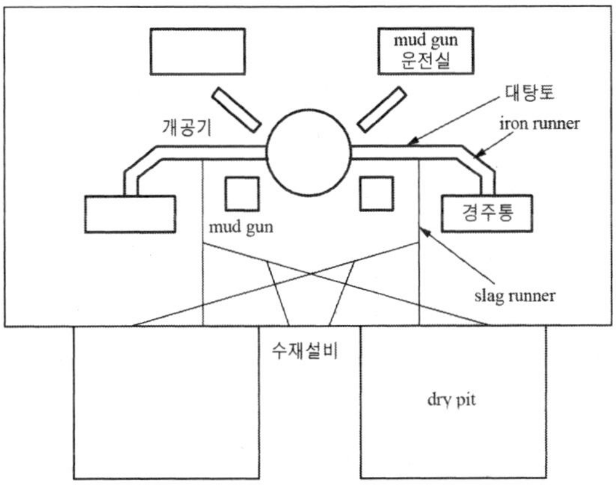

Fig. 4-9 **주상의 구조**

대탕도에서 출선 시 슬래그와 용선이 혼합되어 나와 스키머(Skimmer)에서 비중 차이로 용선과 슬래그를 분리하여, 용선은 용선 탕도(Iron Runner)를 통해 경주통에 받아서 제강 공장으로 이송된다. 슬래그는 슬래그 탕도(Slag Runner)로 보내져 Dry Pit로 받아서 괴상의 괴재로 처리되거나 수재설비로 들어가 수재로 처리된다.

3 출선 작업

출선구의 개공은 압축 공기를 동력원으로 한 개공기로 행해지며 공기의 압력이 내려가서 개공이 되지 않을 경우 산소 용접기에 의하여 개공이 이루어지며, 이때 일정한 위치, 각도 및 깊이를 유지하도록 해야 한다.

실제 조업에서는 개공기, Mud Gun 등의 설비상 위치와 각도가 정해져 있기 때문에 조절이 가능한 것은 깊이 뿐이므로 깊이 조절이 가장 중요하다고 할 수 있다. 깊이의 조절은 출선량, 출선 간격, 머드량 등에 관계가 있기 때문에 정해진 깊이를 유지하도록 주의를 해야만 한다.

출선구로부터의 출선, 출재는 충분히 실시하여 노내에 남아 있지 않도록 하고, 출선 중지 시각은 될 수 있는 한 시간을 지키도록 해야 한다.

출선, 출재가 불충분한 경우 송풍 압력이 변동하므로 노황에 악영향을 미칠 수 있다.

노황 및 출선, 출재가 정상적으로 이루어질 경우 정기 출선을 행하지만 다음과 같은 경우는 조출선을 해야 한다.

① 출선, 출재가 불충분할 경우(관리도, 기타 여러 가지 조건에 의하여 판단)
② 노열 저하 현상이 보일 경우
③ 레이들 부족 및 기타 양적인 제약이 발생할 경우
④ 출선구가 약하고 다량의 출선에 견디지 못할 경우
⑤ 감압, 휴풍이 예상될 경우
⑥ 장입물 하강이 빠를 경우

출선 시에는 용선 온도 측정 및 용선의 시료 채취가 실시된다. 용선의 온도 측정에는 열전대를 이용하고 있으며, 용선의 시료 채취는 목시 판정용과 분석용 시료가 있다.

목시 판정용 시료로서는 금형, 사형을 취하여 그 파면에 의하여 SiO_2를 판정한다.

분석용은 각 혼선차마다 금형 시료를 채취해 분석실에서 분석하도록 한다. 분석 항목은 보통 C, Si, S, Mn, P, (Ti) 등이 있지만 미량 성분(Cu, Ni, As, Sn 등)의 분석을 하는 경우도 있다.

혼선차는 차회의 출선을 예측해서 이것에 대한 충분한 수량을 준비해서 출선 시간에 늦지 않도록 대기시켜야 한다. 또한 용선을 받는 중에는 항상 혼선차의 수선 레벨을 감시하며 용선이 차면 다음 혼선차로 교환을 해야한다.

출선구의 개폐에는 전동식 및 유압식 Mud Gun을 사용한다. 이 Mud Gun으로 출선구에 투입하는 Mud의 배합 비율은 [표 4-4]와 같다.

Table 4-4 **Mud의 배합 비율**

납석	점토	SiC	분코크스	Pitch Pellet	타르
20~35	20~30	5~20	15~30	5~10	20~30

Mud Gun에 사용하는 Mud의 충진성, 소결성 및 기타 작업성이 출선구 관리 및 노황 변동 요인이 되므로 주의하여 관리해야 한다.

Mud Gun의 후퇴는 통상 출선구 폐쇄 30~40분 후이지만 최근에는 사전에 금봉 타입으로 20~25분 정도에서 후퇴한 후 금봉을 박아 놓았다가 차기 출선 시(약 2~6시간 후) 금봉을 뽑아내어 출선이 되도록 한다.

Mud Gun은 출선구 폐쇄에 용이한 출선구 좌, 우측 주위에 설치되어 있으며, 동작으로는 선회, 경동, 충진 운동을 실시하며 출선구 위치 각도에 의해 정해져 고정되어 있다. [그림 4-10]은 Mud Gun의 출선구 개폐를 나타낸 것이다.

출선구 폐쇄 시기 판단은 출선 종료 시 배출 용선량이 줄어들고 노내 충압에 의거 가스 또는 잔량 슬래그의 비산이 발생된다. 그 시기를 정확히 판단하여 Mud Gun으로 출선구에 접입하여 Mud재를 출선구 내로 충진시키는 것이 폐쇄 작업이다.

출선 도중 출선구 표면이 파손되거나 주위에 부착물이 있으며 Mud Gun 노즐과 출선구와의 밀착 상대가 불량하여 출선구에서 방출되는 노내 압력에 의해 Mud재 장입시 Mud재가 외부로 방출되어 출선구 폐쇄가 불가능해 진다.

출선구 폐쇄가 실패하면 감풍 및 휴풍을 해야하므로 고로 조업에 상당한 영향을 주고 노황에도 영향이 미치므로 매우 중요한 작업이라 할 수 있다.

Mud재가 갖추어야할 조건으로는 다음과 같다. 첫째, M/G압내 충진이 가능하고, 충진 시 가스 폭발 및 자파 방지를 위한 충진성이 양호해야 한다. 둘째, 소요 시간 내 소결이 되어야 하며, 과소결로 인한 개공이 불가능해지는 것을 방지해야 하며, 개공 시간까지의 심도를 유지할 수 있도록 소결성이 있어야 한다. 셋째, 개공기 공기압의 범위 내에서 개공이 되고, 개공시 생취 및 혈절을 방지할 수 있는 개공성이 있어야 한다.

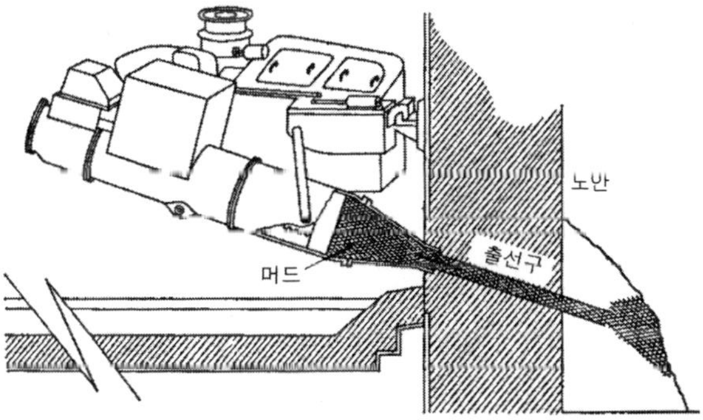

Fig. 4-10 **Mud-Gun과 출선구 개폐**

4 출재 작업

일반적으로 출재는 출재구에서 실시한다. 그러나 출재구 등의 관리, 노저의 보호를 위한 장입 TiO_2를 증가시키는 것 등의 이유로서 출재구로부터 출재하지 않고 최근에는 출재구를 없앤 노 설비로 조업하고 있다. 슬래그는 출선구로서 용선과 같이 배출되며 [그림 4-11]과 같은 대탕도의 스키머(Skimmer)에서 비중 차에 의해 용선과 분리시켜 슬래그 탕도(Slag Runner)로 흘려보낸다.

그러므로 출재 작업 또한 출선 작업의 일환으로 출선 작업과 동일하게 실시되고 있다.

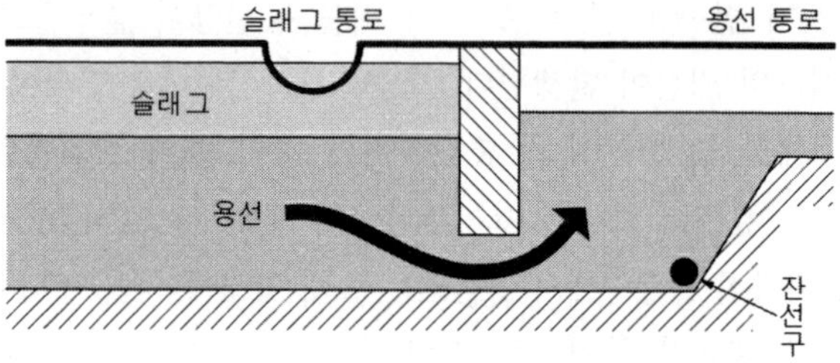

Fig. 4-11 Skimmer의 구조

Section 05 고로 생성물

1 생성물의 종류

고로로부터 나오는 생성물은, 노상으로부터 나오는 선철과 슬래그, 노구로부터 나오는 고로 가스와 연진이다. 선철의 대부분은 용융 상태이므로 제강 공장에 운반되어 혼선로에 넣고, 주물용으로는 선철을 형선으로 응고시킨 다음 큐폴라 또는 전기로에서 재용해하여 주물 제조에 이용된다.

슬래그는 슬래그 면(slag wool), 슬래그 시멘트, 슬래그 골재(slag ballost), 슬래그 벽돌(slag brick) 등의 재료로 사용된다.

고로 가스는 코크스로의 가열, 보일러, 강재의 압연에 보조 연료로 공급된다.

연진은 산화철과 탄소가루를 다량 함유하고 있으므로, 이것을 분광과 혼합시켜 고로에 재장입하거나 산화철과 코크스분은 별도로 분리, 채집하여 활용한다.

2 선철

고로는 철광석과 코크스를 장입하고 1,250℃의 고온을 불어 넣어 코크스를 연소시키면, 여기에서 발생되는 연소열과 환원성 가스(CO)를 이용하여 철광석을 환원, 용해하여 철 함유량이 94~95%의 선철을 제조한다.

고로에서 생산되는 철을 선철(pig iron)이라고 한다. 선철은 금속 조직상으로 2% 이상의 탄소를 함유하는 Fe-C계 합금을 말하며, 실제로는 2.5~4.5%의 탄소 이외에 규소, 망가니즈, 황, 인 등의 주요 5대 원소와 규소(Cu), 타이타늄(Ti), 크로뮴(Cr), 비소(As), 주석(Sn) 등의 특수 성분들이 소량 들어 있다. 선철의 종류는 사용하는 원료, 선철 중에 들어 있는 성분, 용도 등에 따라 여러 가지로 분류되나. 일반적으로 주물용 선철, 제강용 선철, 합금 선철 등으로 크게 나눌 수 있다.

1) 주물용 선철

주물용 선철은 전체 생산량의 4~5%이며, 제강용 선철에 비하여 규소 함유량이 높고, 황 함유량이 낮은 것이 좋다. 망가니즈와 인은 주물의 조직과 유동성을 좋게 하므로, 어느 정도는 허용된다. 주물용 선철을 제조할 때에는 다음과 같이 조업해야 한다.

① 슬래그를 산성으로 한다.

② 코크스 배합 비율을 높인다.

③ 송풍량을 줄여 노 안 장입물의 강하 시간을 길게 한다.

따라서, 제강용 선철에 비하여 코크스 사용량을 10% 이상 증가시키고, 생산량을 10% 이상 감소시켜야 한다. 그리고 고규소 선철을 제조할수록 생산성이 저하되어 값이 비싸진다.

2) 제강용 선철

제강용 선철은 강을 만들기 위한 염기성 선철(염기성 평로 선철, 순산소 전로 선철, 토머스 선철 등)과 산성 선철(베서머 선철, 헤마타이트 선철, 산성 평로 선철, 목탄 선철 등)이 있다.

선철 중에 들어 있는 인이나 황은 산성 제강법에서는 제거하기 곤란하므로, 가능하면 적은 것이 좋다. 그러나 염기성 제강로에서는 인 성분이 쉽게 제거된다.

규소는 산화되어 이산화규소(SiO_2)로 되며, 산성 내화물은 침식되지 않고, 산성 선철에서는 제강할 때 발열원이 되기 때문에 매우 유효한 성분이다.

Mn은 제강할 때에 강의 과산화 방지 및 탈황의 역할을 하므로, 강 중에 어느 정도 남아 있어도 강의 재질에 별 영향이 없기 때문에 산성 선철이나 염기성 선철 모두 어느 정도 함유하는 것이 좋다.

3) 합금 선철

합금철의 일종인 합금 선철은 특수강을 만들 때 강의 특수한 성질을 주기 위해 첨가되는 원소로써의 역할과 양질의 강을 만들기 위한 탈산제 및 탈황제의 역할을 한다.

망가니즈철의 파면은 담청색의 입상을 나타내고, 재질은 취약한 성질을 가지고 있다. 탄소 함유량은 6~7%이고, 망가니즈와 탄소와의 비는 거의 정비례한다. 탄소 함유량은 망가니즈 함유량의 약 10%이다. 탄소 함유량이 높은 망가니즈철은 공기 중에서 풍화하여 메탄가스를 발생하므로 주의해야 한다. 고로에서 망가니즈철을 만들 때 코크스의 배합비는 선철을 만들 때보다 2~3배가 더 필요하고, 송풍량도 증가해야 한다.

4) 형선

대부분의 용선은 제강로로 옮겨 용선 그대로 사용하지만, 주물선 또는 전기로 제강 회사로 보내는 경우, 선강 일관 공정 내에서 균형이 맞지 않은 경우에 30~40kg의 형선으로 만든다. 이들은 잉곳(ingot)으로 만들 때에 주형으로부터 잘 떨어지도록 하기 위한 것 이외에는 특별한 형상의 규격은 없다.

3 슬래그

고로 슬래그는 선철의 원료가 되는 철광석과 석회석 중 맥석 성분이 용해되어 용선 위에 뜨는 광재로서 비중의 차이를 이용하여 철과 분리하게 되며, 선철 1톤 당 300kg 정도의 슬래그가 생성된다. 슬래그 처리 과정에서 서랭시키면 암석 형태의 괴재 슬래그가 만들어져 도로 포장용 골재로 사용된다. 수중에서 급랭시키면 수재 슬래그가 만들어지며 시멘트 제조에 사용한다.

1) 슬래그 생성

가) 원리

용융 제련에서 중요한 것은 금속 화합물의 환원 반응과 함께 슬래그를 만드는 반응이다. 장입물의 석회석($CaCO_3$)은 600℃에서 분해를 시작하여 800℃일 때 가장 활발하게 반응하고, 약 1,000℃에서 반응을 완료한다.

$$CaCO_3 \rightarrow CaO + CO_2$$

분해된 산화칼슘은 광석 중의 맥석, 코크스 회분 중의 이산화규소(SiO_2), 산화 알루미늄(Al_2O_3) 및 미 환원의 일산화철(FeO), 산화망가니즈 등과 반응하여 슬래그를 만든다.

$$CaO + SiO_2 + Al_2O_3 \rightarrow \text{규산염}$$

나) 성분

슬래그는 이산화규소, 산화칼슘, 산화알루미늄을 주성분으로 하고, 소량의 산화마그네슘, 산화망가니즈, 일산화철, 이산화타이타늄, 산화인 및 황화물 등이 포함된다.

Table 4-5 **슬래그 생성 산화물의 분류**

구분	산화물
염기성	FeO, MnO, CaO, MgO, Na_2O, K_2O
산성	SiO_2, P_2O_5, Cr_2O_3, WO_3, V_2O_5, MoO_3
중성	Al_2O_3, Fe_2O_3

다) 염기도

슬래그의 주성분은 목적하는 바에 따라 다르나, 광석 중에 혼입되어 있는 맥석의 대부분이 규산 광물이며, 제선 슬래그는 SiO_2, CaO가 주성분이다. 염기도는 슬래그 성질을 나타내는 계수로서 가장 일반적인 표기법은 다음의 두 가지 방법이 있다.

$$\text{염기도(P)} = \frac{\text{염기성 성분}}{\text{산성 성분}} = \frac{CaO + MgO + FeO + MnO}{SiO_2 + Al_2O_3}$$

$$\text{염기도(P')} = \frac{CaO}{SiO_2}$$

염기성 성분이 많고 염기도가 1보다 큰 것($P' > 1.3$)을 염기성 슬래그, 1보다 작은 것($P' < 1.3$)을 산성 슬래그라 한다. [표 4-6]는 슬래그의 성분 범위이다.

Table 4-6 **슬래그의 성분 범위**

SiO_2	Al_2O_3	CaO + MgO	FeO	MnO
25~43	5~20	40~60	0~6	0~10

2) 슬래그 부산물

슬래그의 생산량은 장입 원료의 사정에 따라 다르나, 보통 선철 1톤당 250~450kg에 해당한다. 슬래그는 조성에 따라 여러 가지 화학적 성질을 나타내며 슬래그 벽돌, 슬래그 시멘트, 슬래그 골재, 슬래그면, 규산질 비료 등과 같은 부산물을 만들고 있다.

가) 슬래그 벽돌

고로 슬래그로는 붉은 벽돌과 거의 같은 정도의 성질을 가진 슬래그 벽돌을 만들 수 있다. 고로에서 나오는 용융 슬래그에 직접 고압으로 살수하면, 물리적인 변화에 의해 경석상의 미세한 물질인 슬래그 면이 얻어지는데, 이것은 수경성의 성질을 가지고 있다. 이와 같은 슬래그 면을 생석회와 잘 혼합하면 슬래그 면 중에 들어 있는 수분(20~30%)의 작용으로 생석회를 소석회로 바꾼 다음, 다시 새로운 슬래그 면과 적당히 배합한다. 배합된 것을 인공 또는 기계적 성형을 한 다음 건조 시키면 자연적으로 경화되어 슬래그 벽돌이 만들어진다.

나) 슬래그 시멘트

슬래그 시멘트는 슬래그의 수경성을 이용한 것이다. 시멘트 제조 방법으로는 먼저 슬래그 면을 건조하여 얻어진 건조 슬래그에 석회석, 연규석 및 산화철 등을 첨가하여 혼합 및 분쇄하고 이것을 회전로에서 소성하여 클링커를 만든다. 이 클링커에 다시 건재, 석회 및 소량의 석고를 가하여 분쇄한 것이 슬래그 시멘트이다.

슬래그 시멘트는 다음과 같은 장점을 가지고 있다.

① 포틀랜드 시멘트보다 가볍다(비중이 약 3).

② 유리 석회가 적으므로, 화학 작용에 의한 저항력이 크다.

③ 철근과의 결합력이 크므로 팽창에 대한 균열이 적다.

④ 응결 속도가 늦어 초기 강도는 약하지만, 시간이 지나면 오히려 높아진다.

다) 슬래그 골재

용융 상태의 슬래그를 넓은 곳에 편평하게 유출시켜 방냉하면 경질의 암석들이 만들어진다. 이 암석에서 다공질의 것과 붕괴성이 있는 것들은 제외하고, 나머지는 파쇄하여 슬래그 골재를 만든다.

슬래그 골재의 특성은 다음과 같다.

① 슬래그의 높은 염기도가 철근의 산화를 방지한다.
② SiO_2 및 Al_2O_3의 함유량이 높으므로 콘크리트의 내구성이 높아진다.
③ 표면이 조잡하므로 콘크리트와 밀착하기 용이하다.
④ 열전도율이 낮으므로 방화성이 크다.
⑤ 가격이 싸다.

라) 슬래그 면

용융 상태의 슬래그 속에 고압의 공기 또는 증기를 고압수와 함께 불어 넣으면 견사 모양의 석면상이 얻어지는데 이것이 슬래그 면이다. 이것은 열의 전열성이 좋으므로 증기 보일러용의 피복이나 냉장고 등에 사용된다.

마) 규산질 비료

고로 슬래그는 가용성 규산이 20% 이상, 알칼리 분이 35% 이상 함유되어 있는데, 가용성 규산은 벼의 잎이나 줄기 등을 강하게 만들고 병충해 및 냉해 등을 막는 작용을 한다. 또한 알칼리 분은 토양의 산성화를 방지할 수 있다.

4 고로 가스

고로 가스는 고로 조업에서 선철 1톤당 1,500~2,000m^3의 가스가 발생한다. 고로 내에서 철광석을 환원한 가스는 연진을 포함하여 배출되는데, 이 가스의 주성분은 N_2, CO, CO_2, H_2 등이다. CO, H_2가 각각 20~25%, 1.6~4.5% 함유되어 있고, 발열량은 3,558.9~3,977.7 kJ/m^3가 된다.

노정 가스의 총 발열량은 고로에 투입되는 총 발열량의 약 30%에 해당되며, 열원으로 사용할 때에는 우선 연진을 제거한 다음 가스 저장소에 포집, 저장한 뒤 사용한다. 환원 제련에 의한 고로 가스는 일산화탄소가 다량 포함된 저열량 가스가 얻어지기 때문에 증기 보일러용 연료로 사용하거나, 코크스로 가스와 적당한 비율로 혼합하여 가스로 사용한다.

5 고로 연진

고로 가스를 정세할 때 포집되는 연진은 건식 연진(건연진)과 습식 연진(습연진)으로 나뉜다. 이들 연진은 장입 원료 중에서 발생한 미세 입자가 대부분이며, 고로 내에서 기화된 물질이 노 상부의 온도가 내려감에 따라 응축되어 배출된 것도 있다. 또, 중유를 다량 취입할 경우에는 바람 구멍 안에서 완전 연소하지 않고 매연 상태로 연진을 만들기도 한다. 고로에서의 연진 발생량은 5~30kg/pig톤이다.

연진의 용도로는 건연진의 경우 철분과 C를 각각 분리, 회수하여 철분은 각종 괴성화에 이용하고, C는 소결 원료로 이용되기도 하지만, 대부분 연진 그대로 소결 연료로 재활용한다.

습연진에 함유된 성분들이 Zn, Na_2O, K_2O, S 등으로, 이것들은 노내로 장입되면 내화벽돌 손상, 노벽에 부착물을 형성하기도 하고, K_2O의 경우는 노내에서 고온의 코크스를 열화시키므로, 재사용이 제한되고 있다. 또한 습연진은 탈수 처리를 해도 수분이 15~30% 정도 함유하고 있으므로, 탈Zn, 탈Na_2O, 탈K_2O를 한 다음 펠릿의 원료로 사용하기도 한다.

Section 06 송휴풍 및 사고 대책

1 휴풍

고로 및 고로 관련 설비의 보전, 수리, 개조 혹은 용선 원료의 수급 조절 등으로 인하여 고로에 대한 송풍을 일시 중단하는 것을 휴풍이라고 한다.

1) 휴풍의 종류

휴풍은 정기 휴풍, 임시 휴풍, 긴급 휴풍 등 3가지로 나눌 수 있다.

정기 휴풍은 월생산 계획 및 정비 계획에 의하여 예정된 휴풍이다.

임시 휴풍은 설비 보전, 수리 및 용선 원료 수급상 정지를 하지 않고 행하는 휴풍을 말한다.

긴급 휴풍은 돌발 사고에 의해 즉시 행해지는 휴풍을 말한다.

2) 휴풍 시의 조치

휴풍 시의 조치에 대해서는 표준 작업지시 순서대로 하는 것이 중요하며, 만일 잘못된 조치 및 조작을 실시하므로 인해 발생하는 사고를 미연에 방지하기 위하여 주의하지 않으면 안된다.

즉, 휴풍 시 노정부 및 포집관(Dust Catcher)내의 가스 압이 저하하면 공기 침입에 의한 폭발을 일으킬 위험이 있다.

따라서 이 가스압을 적정 압력으로 유지하기 위하여 수증기를 첨가해서 공기의 침입을 방지하던가 또는 장시간 휴풍하여 수리할 경우에는 풍구를 Mud 또는 샤모트로 막아 노내 코크스의 연소를 억제하며 노정 가스를 추출한 후 공기로 치환해야 한다.

또 노정부에 근소하게 발생한 가스는 장입물의 상면에서 점화하여 태워버리면 안전하게 수리할 수가 있다.

고압 가스의 폭발 한계는 공기에 대하여 하한 38~46%, 상한 73~76%이며 폭발을 미연에 방지하기 위하여는 가스 또는 공기가 어느 한쪽이 압도적으로 많은 것이 필요하다. 휴풍 후 송풍의 경우는 먼저 노정 가스관 관계에 증기를 채운 다음 다량의 가스로써 치환하여 장기간 방산한 후 청정기에 통입하는 것이 안전하다.

조치해야할 사항을 열거하면 다음과 같다.

① 휴풍 전에 휴풍해야 할 고로, 이유, 휴풍 예정 시간, 소요 시산을 관계 부서에 연락한다.
② 휴풍은 출선 완료 후 행하며 휴풍 전의 출선은 충분히 행한다.
③ 휴풍 전의 가스 차단은 송풍 압력 600~800g/cm^2, 노정 압력 50~60g/cm^{2}로써 행한다.
④ 휴풍 시간이 2시간 이상으로 예정될 때는 각 풍구를 Mud로 막는다.
⑤ 휴풍 시간이 3시간 이상으로 예정될 때는 원칙적으로 가스 배출 작업을 하며, 노정부의

작업이 있을 때에는 노정 점화를 하지 않을 경우 필히 노정에 증기를 취입한다.

⑥ 송풍기를 정지하고 있는 경우에는 송풍 예정 시간 1시간 전에 송풍기의 송풍 예정 시간을 알린다.

⑦ 송풍 시 노정, 제진기에 증기가 들어가 있지 않을 경우 송풍 전에 증기를 넣는다.

⑧ 송풍 후 가스 연락까지의 시간은 노황에 따라 다르지만 Bleeder로부터의 가스 발생 상황을 보고 통풍 상태가 어느 정도 좋아진 후 가스 통입을 시작한다.

3) 휴풍 시 작업 순서

Table 4-7 **휴풍 시의 작업 순서도**

순	고로 작업 내용	열풍로 및 기타 작업 내용
1	관계 부서에 휴풍 작업을 연락한다.	
	〈가스 차단 및 휴풍〉	
2	고압 중유 및 산소 취입 중지한다.	
3	송풍 압력을 내린다.	감압과 동시에 연소 중지, Dust 절출 중지, 풍구의 슬래그 역류 유무 확인
4	노정 및 D.C에 증기, N_2 취입 가스 중지	
5	노정 Bledder를 서서히 열고 노정압을 조정 (50~60g/cm^2)	#1, #3 Bleeder는 열지 않음
6	노황 가스 수봉(Goggle) 밸브 폐쇄	
7	송풍 압력을 재차 내림	Bleeder를 조작해서 노정 가스 압력을 정압으로 유지
8	방풍 밸브를 연다.	
9	휴풍 신호를 발신한다.	휴풍후에도 부압으로 되지 않게 한다.
10		열풍 밸브를 폐쇄한다.
11		송풍 밸브를 폐쇄한다.
12		배풍 밸브를 폐쇄한다.
13	Air Bleeder Open	
14	각 풍구를 Mud로 막는다(휴풍 예정시간이 3시간 이내일 경우 막지 않아도 좋음). ※ 평상 휴풍은 이 단계까지 실시	
15	증기 및 N_2의 취입을 확인	
16	노정 Bleeder 밸브를 전개	
17		제진기 출구관의 부압 확인
18		수봉 밸브 측 Bleeder를 전개하여 공기 흡입을 확인

19	#1 Bleeder를 개방하여 공기의 흡입 여부를 확인	
20		균배압 밸브 및 송풍 밸브를 개방하여 #1 Bleeder에 의한 흡입 여부 확인
21	가스 치환 대기	
22	가스 배출 개시 후 45분 후 완료	
23	노정 점화	
	※ 예정 휴풍은 전 단계 실시	

4) 송풍시 작업 순서

Table 4-8 **송풍시의 작업 순서도**

순	고로 작업 내용	열풍로 및 기타 작업 내용
1	송풍 준비 램프 점등(30분간)	
2	송풍 준비 : 풍구 개방, Air Bleeder 폐쇄, 노정 맨홀 폐쇄, 박풍 밸브 점검, 냉각수의 배수상태 점검, 노정 및 제진기에 스팀증기 흡입	방풍 밸브 폐쇄 송풍 온도를 지정 온도로 세팅
3	송풍 신호를 보낸다.	
4		송풍 밸브 Open
5		열풍 밸브 Open
6		냉풍 밸브 Open
7	방풍 밸브를 잠근다.	#2, #4 Bleeder에 의해 가스 방산
8	누풍 여부를 확인	
9	서서히 승압을 실시	노정 스팀가스 취입 중지, 필요에 따라 장입 실시
	〈가스 통입〉	
10	#1 Bleeder로부터 가스 방산	
11	수봉 밸브 Bleeder 개방	
12	노정 Bleeder를 조정하며 노정 가스 압력을 50~60g/cm^2로 조정함	
13		제진기 출구에서 가스를 채취해서 점화시험을 한다.
14	통풍 상황을 보고 가스 센터에 연락을 한다.	
15		수봉 밸브를 잠근다.
16	Bleeder를 서서히 잠근다.	
17	통풍 상황을 보고 풍구 상태를 확인하면서 지정 풍량으로 한다.	

5) 휴풍 작업상의 주의 사항

① 가스를 열풍 밸브로부터 송풍기측에 역류시키지 말 것

② 노정 및 가스 배관을 부압으로 하지 말 것

③ Bleeder가 불충분하게 열렸을 때 수봉 밸브를 잠그지 말 것

④ 제진기의 증기를 필요 이상으로 장시간 취입하지 말 것(Dust 고화 방지)

⑤ 노정 점화를 한 경우 노정 온도계에 주의하여 온도가 너무 내려갈 경우에는 Bleeder를 가감한다. 또한 노정의 불이 꺼지지 않도록 확인을 한다.

⑥ 풍구 등이 파손되어 노내에 다량의 물이 누수되었을 때는 Penstock의 커버를 열면 노내로부터 가스가 분출되기 때문에 주의할 것

⑦ 휴풍 중 노정에서 때때로 폭발할 때는 풍구에서 공기를 흡입하지 않도록 Bleeder를 가감한다.

⑧ 송풍 전에 반드시 각 냉각수의 상황을 점검하고 이상이 없음을 확인한 후 송풍할 것

⑨ 송풍 직후 압력이 낮을 때 누풍을 점검하고 누풍이 있으면 수리한다.

2 노체 점검

고로가 안정되고 일정한 조업을 행하여 양호한 조업 실적을 올리기 위해서는 항상 노체가 완전한 상태가 되어 있어야 한다. 고장의 발견, 사고의 미연 방지 등은 정비부문 담당의 작업이지만 공장측으로서도 설비를 완전히 움직이기 위한 조정 수단으로서 작업과 관계가 있는 설비의 상황을 정확히 파악하기 위하여 노체 점검을 하는 것이 중요한 작업으로 다루어지고 있다.

1) 노체 각부의 점검 내용

Table 4-9 **노체 각부의 점검 내용 항목**

노체각부	점검개소	점검내용	비고
풍구주위	• 풍구 • 대풍구 • 풍구 맨틀 • 냉각반	• 노풍의 유무 • 주위로부터의 누수 유무 • 배수의 상태	• 가장 파손이 일어나기 쉬운 부분부터 점검을 자주 실시
	• 보시냉각반	• 물, 온도, 급배수 관의 누수	
	• Blow Pipe • Pen Stock • 송풍지관 • 환상관	• 누풍의 유무 • 균열의 유무 • 적열개소의 유무	

노체각부	점검개소	점검내용	비고
샤프트 주위	• 샤프트 냉각반 • 샤프트 맨틀	• 냉각반 파손의 유무 • 배수량 • 냉각수 온도 • 가스 누설 상태 • 철피의 적열 및 균열	• 가스 누설이 많기 때문에 점검 시에는 유독 가스에 주의 • 풍향을 고려하여 2인 이상이 점검 실시 • 산소 마스크 필히 착용
노저부	• 노저 맨틀 • 출선구 및 출재구 하부	• 냉각수의 살수방법 • 철피 균열 및 적열 상태 • 온도계의 감시	• 노저부에 카본 연와를 사용한 후 노저 파손의 발생이 거의 없음

2) 열풍로 관계 설비의 점검

최근에는 주로 고온 송풍을 행하고 있기 때문에 Flange부 Expansion Joint로부터의 누풍, 돔(Dome)부의 균열 등의 사고가 나타날 수 있다. 열풍로 관계 설비의 점검상 주의점은 다음과 같다.

① 열풍변, Casing, Ring, Diffuser의 배수량, 배수 온도, 누수의 유무
② 각변, 철피, 신축관, 열풍관의 통풍, 균열, 과열의 상태
③ 팬의 운선 상황(특히 이음 부분, 진동에 대하여)
④ 가스의 연소 상태
⑤ 연와의 탈락 상황

3 사고 대책

설비에 관한 주요 사고는 다음과 같다.

① 풍구 파손에 의한 노내 침수
② 냉각반 파손
③ 냉각반과 하우징 간의 가스 분출
④ 송풍지관에의 슬래그, 중유 역류에 의한 파손 또는 막힘
⑤ 출선구의 파손
⑥ 노저 파손
⑦ 스키머 배출
⑧ 블루어 파이프의 저열, 누풍
⑨ 슬래그, 용선 레이들상의 용선 부착
⑩ 열풍 밸브 파손

이상과 같은 여러 가지 사고는 그 정도의 크기와 관계없이 사고가 발생하면 직접 생산에 미치는 것도 있으며 정도에 따라서는 직접 영향을 미치지 않는 것도 있다. 따라서 모든 사고는 사전에 방지하는 것이 중요하며, 사고 발생과 함께 적절한 조치를 취함으로써 피해를 줄이는 것이 가장 중요하다고 할 수 있다.

1) 풍구 파손

가) 판단 및 원인

① 배수 온도의 상승(계기실)
② 풍구를 들여다 보고 파손 유무를 확인(감압 시에는 비교적 판단이 용이)
③ 풍구나 냉각반 주변에서 누수, 증기, 기포 등의 발생
④ 노정 가스 중의 H_2% 상승
⑤ 배수의 이상을 풍구 파손 검지기로 확인
⑥ 슬래그의 급격한 변화
⑦ 파손 풍구 상부의 보시 가스에 불이 붙어 붉은 화염이 발생
⑧ 휴풍 시 풍구로부터 화염이 급격하게 분출

나) 대책

① 파손이 발견될 경우나 의심스러울 경우에는 배수를 줄여 노내에의 침수를 적게 하고 출선 후 휴풍하여 교환한다.
② 파손 시에는 감압하여 즉시 주수해서 필요하면 출선, 출재를 한 후 휴풍하여 교체한다. 출선 후 상당한 시간이 경과하여 노내에 슬래그가 고여 있을 때는 감압에 의하여 풍구에 슬래그가 역류하는 경우가 있으므로 주의해야 한다.
③ 교체 후 풍구를 샤모트로 막아 송풍 후 서서히 개공한다.

다) 예방

① 냉각수의 감수, 단수에 주의(10분 정도 단수시 용손됨)
② 노황을 순조롭게 유지할 것(생광 강하, 행깅, 슬립 등이 일어나지 않도록 할 것)
③ 장기간 사용한 것은 예정 휴풍 시에 교체할 것

2) 냉각반의 파손

가) 판단 및 원인

① 냉각반 주위로 부터의 누수, 증기, 기포의 발생
② 배수의 이상
③ 노정 가스중의 H_2% 상승
④ 파손 개소 주변 가스에 불이 붙어 불꽃이 발생
⑤ 수압 테스트 실시 후 수압의 부적정

나) 대책

파손을 확인하면 급, 배수관을 제거하여 맹봉을 타입해 둔다. 또한 필요에 따라 내부에 샤모트를 넣어두고 휴풍 시에 산소로 용해하여 새것과 교체한다.

다) 예방

① 교체할 때 주물 흠의 유무에 주의
② 냉각수 감수, 단수에 주의
③ 노황을 순조롭게 유지
④ 수압 테스트를 정기적으로 실시

3) 송풍지관에의 슬래그 및 중유 역류에 의한 파손

가) 대책

파손, 누풍이 심해지면 휴풍하여 교체한다.

나) 예방

① 노내 가스류의 순조로운 유지
② 점검을 자주하여 중유 역류의 위험성이 있을 때는 신속히 스팀으로 퍼지한다.
③ 각 접합부로부터의 누풍을 방지한다.
④ 적열 및 균열이 발생한 것은 휴풍해서 교체한다.

4) 노저 파손

가) 판단 및 원인

① 주수 냉각 불량
② 출선량이 많을 경우
③ 성분이 현저히 변동 시
④ 노황의 변동
⑤ 노내 침수(맨틀, 균열, 풍구 파손 등)

나) 대책

① 파손된 경우는 즉시 휴풍하여 파손부를 제거하고 노내 용자물을 빼낸다.
② 파손부는 탄소질의 노재로 막고 맨틀을 전용한다.
③ 보수 후는 냉각수를 증수하고 감압 조업을 계속한다.
④ TiO_2 장입량을 증가한다.
⑤ 출선구가 2개일 때 한쪽 출선구 부근이 파손되었을 경우는 다른 방향의 출선구로 출선한다.

다) 예방

① 주수량을 증가한다.
② 고온부 상부의 풍구를 일시 좁힌다.

③ 온도가 매우 높게 될 경우에 휴풍해서 온도가 상승하는 것을 정지시킨다. 동시에 고온부 상부의 풍구를 샤모트로 막고 냉각 파이프를 증설한 후 송풍하여 당분간 감압 조업을 한다.

④ 장입 TiO_2의 증가, 염기도를 높여 고열 조업으로 노저 코팅을 한다.

5) 샤프트 가스 누설

가) 원인

① 행깅, 슬립의 빈발

② 불균일 강하

③ 냉각 불량

나) 예방

① 고온부를 수냉한다.

② 알칼리 함유량이 많은 광석의 사용량을 낮춘다.

③ 순조로운 조업을 행한다.

④ 고온부 아래 풍구의 풍량을 줄인다.

다) 대책

① 샤모트, 머드 등으로 막아 보수한다.

② 주수 냉각한다.

6) 출선구 파손

출선구 머드의 충진이 계속 불량한 경우 또는 출선구 냉각반을 파손 상태로 방치함으로써 출선구가 얇아져서 결국 파손되어 유출되는 경우가 있다. 또한 출선구 상황이 순조롭지 않으므로 감압해서 출선을 하지 않으면 안되는 경우도 있다.

가) 원인

① 출선구 위치 및 각도 불량

② 머드 부족 및 머드 질 불량

③ 출선구 냉각반의 파손

나) 예방

① 출선구 위치 및 각도를 일정하게 유지하도록 노력할 것

② 머드를 충분히 충진

③ 양질의 머드를 사용한다.

④ 머드 건을 정비한다.
⑤ 슬래그를 과도하게 출재하지 말 것
⑥ 염기도를 높게 하고 고열 조업을 실시할 것

다) 대책

① 휴풍한 후 파손 부분의 용해물을 뽑아낸다.
② 머드로 막는다.
③ 출선구 상부의 풍구를 샤모트로 막는다.

7) 가스 폭발

휴풍 시 노정 및 관내에서 가스 폭발 또는 열풍로 연소 시에 청정 가스관, 노황 가스, 충진 가스 배출을 할 때 가스 폭발을 일으키는 예가 가끔 있다. 특히 가스에 대해서는 조작 상태에 따라 세심한 주의를 가지고 작업하는 것이 중요하다. 특히 휴풍 시에는 다음과 같은 사항에 주의하여 작업을 해야 한다.

① 노내 및 D.C에 증기를 충진하여 노내 가스를 희박하게 한다.
② 장입선은 될 수 있는 한 올려 노정 온도를 낮게 할 것
③ 풍구는 샤모트로 막고 필요하다면 분광 장입에 의하여 가스 발생을 억제한다.
④ 장기간 휴풍할 경우 가스 배출을 할 필요가 있다면 노정에 점화한다.
⑤ 밸브 관계의 조작에 실수가 없도록 할 것
⑥ 가스관의 균열, 플랜지 부에서의 가수 누설에 주의한다.
⑦ 밸브 류의 가스 누설에 주의한다.
⑧ 특히 관부의 가스 배출, 충진 시에는 충분한 주의를 요한다.

8) 머드 건 (Mud Gun) 고장

가) 원인

① 청소 불량
② 모터 고장 및 배선 불량
③ 기계적 불량

나) 예방

① 출선전에 시운전을 한다.
② 선재 등의 부착물을 제거한다.
③ 각종 계기에 주의한다.
④ 점검, 정비를 강화한다.

다) 대책

① 휴풍 시에 정기적으로 정비한다.

② 출선구 폐쇄 시 고장이 일어날 경우 또는 출선이 끝날 때까지 수리가 불가능할 경우 감압한다.

9) 대탕도 (Runner) 및 스키머 (Skimmer) 보수

가) 원인

① 대탕도 재료 및 설치 불량

② 대탕도 재료 건조 불량

③ 점검 불량

나) 예방

① 대탕도 재료의 스탬핑(Stamping)을 세심하게 한다.

② 건조를 충분하게 해둔다.

③ 스토퍼(Stopper)의 취부시에는 건조된 모래를 사용할 것

④ 출선 전에 다량의 점토수를 칠하지 말 것

다) 대책

① 머드 건으로 즉시 막는다.

② 파손 개소를 찾아 수리한 후 건조한다.

③ 복구에 장시간을 요할 시에는 감압한다.

10) 용선 레이들의 과대 장입 및 레이들 파손

가) 원인

① 레이들 감시 불충분

② 레이들의 경과가 클 때

③ 레이들의 연와 사이로 용신이 스머들 때

④ 레이들의 건조 불충분

⑤ 유선이 다량 있는 경우

나) 예방

① 레이들 감시를 충분히 한다.

② 레이들의 연와 사이로 용선이 스며들거나 연와 쌓은 곳에 손상이 발생한 레이들은 조속히 레이들을 교체한다.

③ 용선 레이들의 핀은 확실히 끼운다.
④ 레이들에 빗물 또는 청소용 살수가 들어가지 않도록 한다. 레이들에 물이 들어간 경우는 뒤집어 물을 빼내고 레이들을 건조하여 사용한다.
⑤ 슬래그 레이들에는 유선이 가지 않도록 용선 분리를 완전히 한다.

다) 대책

① 레이들에서 용선이 넘치거나 또는 레이들이 파손되어 유출한 경우는 출선구를 즉시 폐쇄하고 레이들을 뽑아낸 후 타 출선구로 재출선 또는 출재를 행한다.
② 복구에 장시간을 요한다고 예상될 때는 감압한다.

11) 열풍로 노내 연와 및 밸브 손상

가) 원인

① 장기간 사용
② 연와 재질 및 구조 불량, 공사 불량
③ 열풍 밸브 침수에 의한 연와의 침식
④ 휴지 및 가동이 빈번하게 반복될 때

나) 예방

① 열풍 밸브 침수의 경우에는 교체한다.
② 고로의 노황을 안전하게 하여 될 수 있는 한 송풍 온도를 일정하게 하여 휴풍이 없도록 한다.

다) 대책

① 파손의 정도에 의하여 휴로하고 노내를 냉각한 후 연와를 교체한다.
② 예비품을 준비해 두고 될 수 있는 한 조속히 교체한다.

라) 기타 사항

① 열풍 밸브 관계 플랜지(Flange)로 부터의 누풍, 열풍로 노체, 철피 열풍관에 균열을 일으켜 누풍이 심할 경우에는 감압 또는 휴풍해서 누풍부 수리 혹은 전용 보수를 행한다.
② 버너 관계 또는 밸브 관계의 조작 공정상의 고장이 발생한 경우에는 전기적 고장인가 또는 기계적 고장인가를 신속 정확히 파악하여 관계처에 연락하여 수리하도록 한다.

12) 장입 컨베이어 고장

조업 중 원료장입 설비 관계의 고장에 의하여 장입이 불능이 되어 장입선이 저하될 때는 정비 측에 연락하여 고장 상황 및 복구 예상을 파악하여 현상 유지, 감압, 휴풍 등 적절한 처리를 해야 한다. 또한 노정 가스 온도에 주의해서 조속히 증기를 충진한다. 고로에는 다음과 같은 처리를 행한다.

① 복구시간 불명 시(원인 불명)는 조속히 감압한다.

② 장입 지연이 오래 계속될 경우 원칙적으로 감압한다.

③ 장입 선회 장치의 고장으로 선회가 정지되었을 때는 감풍 및 경우에 따라 휴풍을 실시한다.

5

고로내 반응

Section 01 노내 반응 기초
Section 02 장입물 및 가스의 움직임
Section 03 노내 열 편형
Section 04 노내 상황 관리
Section 05 노내 장입물 관리
Section 06 융착대와 고로 조업
Section 07 슬래그 관리

제선공학

Iron Making Engineering

CHAPTER

05

고로내 반응

Section 01 노내 반응 기초

1 고로의 장입물 및 생산물

대부분 선철은 고로에서 생산하고 있다. 고로 노정에서 철광석, 석회석 및 코크스 등의 원료가 장입되면 하부의 풍구로부터 열풍이 취입되어 코크스를 연소시켜 환원 가스와 열을 발생하여 철광석을 환원 용해하여 선철을 제조한다.

한편 철광석 중의 불순물 및 코크스 염분은 석회석의 분해에 의하여 생성된 CaO와 결합하여 슬래그를 형성된다. 철광석을 환원한 가스는 노정으로 방출된다.

2 장입 제원료의 분해

1) 장입물로부터의 수분 제거

장입 원료의 수분은 원료의 기공 중에 스며든 부착수, 화학물 상태의 결합수 또는 결정수로서 존재한다.

부착수는 100℃ 이상에서는 증발하여 일반적으로 입도가 작은 광석이 낮은 온도에서 증발하기 쉽다.

결합수는 500~1,000℃에서 제거된다.

광석에서 분리된 수증기는 가스 중의 CO 및 코크스 중의 고정탄소와 다음 중 한가지 반응을 일으킬 가능성이 있다.

$$H_2O + CO \rightarrow H_2 + CO_2$$
$$H_2O + C \rightarrow H_2 + CO$$
$$2H_2O + C \rightarrow 2H_2 + CO_2$$

2) 석회석의 분해열

석회석은 노내에서 다음과 같이 분해되어 CaO가 된다.

$$CaCO_3 \rightarrow CaO + CO_2 - 425kcal/kg_f$$

이와 같이 석회석이 분해하여 CaO가 될 때는 다량의 열을 흡수하기 때문에 석회석을 다량으로 장입해야 할 경우에는 열적으로 불리하다.

이 석회석의 분해는 샤프트 하부 부근의 800~1,000℃ 부분에서 가장 왕성하게 일어나며 CaO는 부서지기 쉬운 괴상이 되어 노내에서 하강하여 장입물 중의 SiO_2, Al_2O_3, MgO 등과 반응하여 용해되어 슬래그가 형성된다.

이때 발생한 CO_2는 노내 가스 중의 CO 가스의 농도를 묽게할 뿐만 아니라 흡열 반응을 일으켜 철광석의 환원 작용에서 열적으로 불리할 수 있다.

3) 코크스의 반응

가) 풍구 부근에서의 반응

풍구에서 취입된 열풍은 거의 그 형태가 변하지 않고 하강한 코크스와 반응하여 먼저 $C + O_2 \rightarrow CO_2 + 94.3kcal$의 반응으로 CO_2가 되며 이 CO_2가 백열 코크스와 반응하여 $CO_2 + C \rightarrow 2CO - 41.1kcal$와 같이 CO 가스가 된다.

따라서 풍구 부근 연소대에서는 다음과 같은 반응이 진행되며 공기 중 산소의 2배 체적에 해당하는 CO 가스가 발생하며 동시에 다량의 열을 방출하게 된다.

$$\begin{array}{rl} & C + O_2 \rightarrow CO_2 + 94.3kcal \\ +) & CO_2 + C \rightarrow 2CO - 41.1kcal \\ \hline & 2C + O_2 \rightarrow 2CO + 53.2kcal \end{array}$$

나) 샤프트 하부에서의 반응

노내 온도가 1,000℃까지는 석회석이 열분해하여 왕성하게 CO_2 가스를 발생하며, 또한 철광석을 환원하는 CO 가스가 $O + CO \rightarrow CO_2$와 같이 CO_2로 되어 샤프트 하부에서도 CO_2의 농도가 상승한다.

이 CO_2가 780℃ 이상인 곳에서 코크스와 반응하여 $CO_2 + C \rightarrow 2CO - 40.9$Kcal와 같이 코크스를 소비한다. 이 반응을 용해 손실(Solution Loss)이라 하며 다량의 열을 흡수하기 때문에 노황 면에서 뿐만 아니라 열적인 면으로도 불리하다.

4) 환원 반응

가) 철광석의 간접 반응

연소대에서 코크스는 연소하여 발생한 다량의 CO 가스가 철광석과 접촉하면 200℃ 이상에서는

$$3Fe_2O_3 + CO \rightarrow 2Fe_3O_4 + CO_2 + 15.7\text{kcal}$$

500℃ 이상에서는

$$Fe_3O_4 + CO \rightarrow 3FeO + CO_2 - 5.0\text{kcal}$$

700℃ 이상에서는

$$FeO + 3CO \rightarrow Fe + CO_2 + 3.0\text{kcal}$$

결과적으로는 $Fe_2O_3 + 3CO \rightarrow 2Fe + 3CO_2 + 7.9$kcal의 발열 반응으로 철광석을 환원한다. 이와 같은 CO 가스에 의하여 철광석이 환원되는 것을 간접 환원이라 한다.

또한 노내 500℃ 정도인 곳에서는 $2CO \rightarrow C + CO_2$의 반응에 의한 미세한 탄소가 석출한다. 이 반응을 탄소 석출(Carbon Deposition)이라고 하며 이 미세한 탄소는 750℃ 이상에서 강력한 환원력을 나타내어 $FeO + C \rightarrow Fe + CO$의 반응에 의하여 금속철을 만든다.

나) 철광석의 직접 환원

일반적으로 철광석은 풍구 면부근까지 내려올 동안 대부분 환원되어 금속철이 되어 있으나 이때까지도 아직 미환원 상태로 남아있는 경우가 있다. 또한 풍구 앞에서는 금속철이 풍구로부터 들어오는 열풍 공기로 인해 산화될 수 있는 기회가 많아진다.

이러한 산화철은 노상부에서 적열 상태인 코크스와 반응하여 다음과 같이 금속철이 된다.

$$3Fe_2O_3 + C \rightarrow 2Fe_3O_4 + CO - 25.2\text{kcal}$$
$$Fe_3O_4 + C \rightarrow 3FeO + CO - 45.9\text{kcal}$$
$$FeO + C \rightarrow Fe + CO - 37.9\text{kcal}$$

이상과 같은 반응은 큰 흡열 반응을 일으킨다. 이와 같이 직접 코크스 중의 탄소와 환원되는 반응을 직접 환원이라 한다.

일반적으로 고로 조업에 있어서는 직접 반응이 큰 흡열 반응인 것에 반하여 간접 환원은 근소하나 발열 반응이므로 열적으로 유리할 뿐만 아니라 반응 속도 면에서도 가스와 고체의 접촉 반응의 경우가 고체와 고체간의 반응보다 유리하다는 것을 알 수 있다.

따라서 실제 조업에 있어서는 용해 손실에 의한 직접 환원은 어느 정도까지는 불가피하다고 하지만 될 수 있는 한 직접 환원을 감소시켜야 하며, 가능한 간접 환원을 왕성하게 일으켜 장입물이 노상에 도달할 때까지 금속철의 형태로 환원 시켜 노상부에서의 직접 환원을 감소시키도록 유의해야 한다.

이를 위해서는 장입물을 작게 파쇄하여 가스와의 접촉 면적을 크게 하거나, 정립하여 가스의 통기성을 크게 하거나, 반응성이 적당한 강도가 큰 코크스가 필요하다.

산화도가 높은 적철광이 일반적으로 산화도가 낮은 자철광보다 환원이 쉬우며 고로 조업에서 유리한 것은 그 품위면에서 뿐만 아니라 적철광이 통상 기공이 많아 가스 환원에 유리하기 때문이다.

따라서 요철이 많고 다공질인 소결광도 이러한 점에서는 매우 유리한 성상을 가지고 있다고 할 수 있다.

5) 슬래그의 생성 및 용해

장입물 중의 불순물은 대부분 산화물의 형태로 존재하며 저온에서 용이하게 환원되는 것 중 기화 온도가 낮은 것은 가스 중에 들어가 제거되며, 그 외에는 거의 대부분이 슬래그 및 선철 중에 들어간다.

광석 중의 불순물은 환원된 철이 재분해(슬래그 분해)를 시작하기 전까지 거의 변화를 받지 않고 일부 S, Zn, Pb 등이 기화할 뿐이다.

샤프트부에서 철이 용해되기 시작하면 MnO, SiO_2, Al_2O_3, MgO, S, TiO_2 등의 불순물은 샤프트 하부에서 왕성하게 일어나는 $CaCO_3$의 분해에 의하여 생성된 CaO와 접촉하게 되며 염기도 및 용융점이 높고 점성이 있는 슬래그가 생성되기 시작한다. 이것을 보시 슬래그(Bosh Slag)라고 한다.

이 슬래그는 보시 풍구면을 통과함에 따라서 코크스 중의 불순물인 SiO_2, Al_2O_3, Fe_2O_3, MgO, S를 대량으로 흡수하고 염기도는 저하하며 용융점도 내려간다.

슬래그가 고온도의 부분을 통과하여 과열되면 보다 유동성이 양호한 슬래그로 변한다. 특히 이 근처는 탄소에 의한 직접 환원이 활발하게 일어나 슬래그 중에는 Cu, P, Ni 등은 전부, Si, Mn, Ti, Cu 등은 일부가 환원되어 선철 중에 용해된다.

6) 탈황(S) 반응

고로에서는 코크스로부터 들어오는 S분이 매우 많다. 아무리 연료를 엄선해도 장입된 S를 거의 제거하지 않으면 선철 중의 S가 상승한다.

현재로서는 제강에서 충분한 탈황을 실시하는 것은 기술적으로 또는 작업 능률적으로도 매우 곤란하고 강재 제품 중의 S 함량은 그 재질의 성질을 좌우하므로 고로에서는 탈황을 충분히 하지 않으면 안된다.

철광석 중의 S는 소결 중에 상당량 SO_2로 되어 제거되며 코크스 중의 S도 풍구 앞에서의 코크스 연소 중에 약 20%가 SO_2 가스가 되어 가스 중에 들어간다.

그러나 S의 대부분은 FeS 형태가 되어 용해를 시작한 샤프트 부의 생성철 중에 들어가 슬래그와 반응함에 따라 차차 적하하는 동안 또는 슬래그층을 통과하는 동일 슬래그에 흡수되어 슬래그로서 노외로 배출되며 선철 중에 들어간 것은 그 일부에 지나지 않는다.

Section 02 장입물 및 가스의 움직임

1 조업 중 고로내의 상태

조업 중 노내의 장입물 상태, 휴풍 시 노정의 상태, 휴풍 시 풍구를 제거했을 때의 노내의 상태 등은 중요한 것이다. 실제로 이러한 지식은 대부분 경험이나 조사를 병행하여 추정해서 얻을 수 있다.

일본에서는 소형 고로를 휴지 후 불을 끄고 해체하여 노내의 상태를 조사한 예가 있지만 최근 주로 러시아에서는 조업 중 노내의 상태를 조사하기 위하여 노체의 각소에 구멍을 뚫어 파이프를 삽입하여 노내의 온도, 가스, 압 등을 측정하고 장입물의 일부를 채취하여 조사하는 방법을 시도하였다. [그림 5-1]은 고로의 상황과 온도 분포를 나타낸 것이다.

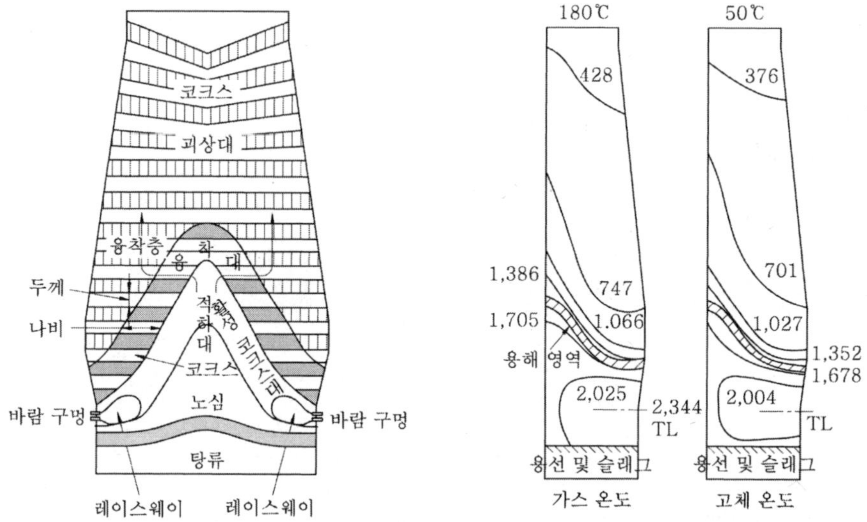

Fig. 5-1 **고로내 상황과 온도 분포**

조업 중 노내의 상태는 최근에 와서 다음과 같이 추정하고 있다.

노정 근처의 온도는 200℃ 전후이지만 하강함에 따라 고온이 된다. 온도가 가장 높은 곳은 풍구 앞의 연소대로써 약 2,000℃ 정도이다.

또한 노내 중심부와 노벽 쪽은 온도가 다르며 같은 장소라도 노내 가스는 고체 장입물 보다도 항상 온도가 높다.

노정 근처에서 아래로 내려가면서 조사하면 어느 부분에서도 고체 장입물은 매우 천천히 하강(매시간 2~3m정도)하며 이 장입물의 틈 사이로 가스는 위로 향해 빠르게 흐르고 있다. 노정 부근에서 광석과 코크스는 서로 층을 이루고 있으며 코크스 층의 중심 부근은 두껍고 노벽부는 얇다. 이와 반대로 철광석은 중심부가 얇고 노벽쪽은 두껍다.

코크스는 부피, 비중이 적고 그 층은 광석층의 2배가 된다. 노정 부근의 장입물은 장입전과 거의 변화가 없으며 온도가 높아져 광석 등의 수분이 건조될 뿐이다.

다시 하강하면 코크스와 광석의 각층의 경계가 분명해지지 않으며 샤프트 중간에서는 500℃ 정도의 온도가 되며 철광석은 표면에서 일부 변화된다.

샤프트 하부의 벨리(Belly) 가까이 오면 온도는 약 1,000℃가 되며 철광석은 백열 상태가 되어 일부는 용해되고 점성을 갖게 되며 중심부까지 변질되게 된다.

그러나 코크스는 수분이 없어진 것 이외에는 거의 변화가 없으며 장입전 상태와 비슷하다.

계속 하강하여 보시(Bosh) 부근까지 도달하면 철광석과 코크스와 타고 남은 회분은 부근의 용융 슬래그 중에 용입되어 철과 슬래그 형태로 얼음이 녹아내리듯이 적하하게 된다.

용해된 광석과 코크스가 다시 내려와 풍구 부근에 이르면 상당량의 용선과 슬래그가 있으며 그 위에 타고 남은 코크스가 떠 있고 비중의 차에 의하여 용선은 아래로 고이게 되고 슬래그는 위로 뜨게 된다. 이때 용선이 슬래그 사이로 통과하여 아래로 고이는 동안 용선 중에 다량 함유되어 있던 S 성분이 대부분 슬래그에 제거된다.

한편 풍구에서 노내에 흡입된 공기의 흐름을 보면 열풍이 풍구를 통과할 때 공기 속도는 매우 빨라 조업 상태에서는 풍속이 매초 280~300m, 풍온은 1,000~1,200℃, 풍입은 1.9~3.5kg$_f$/cm^{2}의 열풍이 풍구에 들어가 코크스를 격렬하게 순회시키면서 연소시킨다.

즉, 열풍은 코크스를 연소시켜 N_2와 CO로 된 보시 가스(Bosh Gas)가 발생되어 그 부근에 발생한 CO_2, H_2 등과 함께 상승한다. 가스의 통로는 보시부에서 노벽 가까이 상승하고, 샤프트부에서는 나누어져 노 중심 부근을 통과하나, 그 일부는 노벽을 따라 상승을 계속한다.

가스는 필연적으로 철광석이나 코크스의 틈이 많은 곳을 통과하게 된다. 가스가 장입물 사이로 통과하는 동안 그 압력은 점점 저하된다. 또한 장입물에 열을 공급하기 때문에 온도도 내려가서 철광석이 환원하거나 기타 장입물에서 발생하는 각종 가스를 흡수하여 성분도 변화하게 된다.

또한 장입물 사이로 통과할 때 장입물의 수분을 증발시키고 최종적으로는 장입물에서 발생하는 연진은 가스 포집관에 들어간다. 이때의 가스 온도는 200℃ 정도로 내려가며 풍구에서 노정으로 배출되는 소요시간은 10여초 정도로 짧은 시간이다.

2 장입물의 하강과 가스의 상승

장입물의 노내 분포는 조업 시의 여러 가지 중요한 의미를 갖기 때문에 그 장입 분포를 균일하게 하기 위한 여러가지 방법을 강구해야만 한다.

노정 장입선(Stock Line)에 있어서 장입면의 형상은 노 구경, 벨의 크기, 벨의 각도, 장입물의 입도, 장입물의 점도 등에 의해서 결정된다.

장입물이 일단 노내에 낙하해서 자중에 의하여 낮은 곳으로 이동되지만 비교적 입도가 크고 점성이 적은 코크스는 노 중심부로 향하여 굴러가거나 표면이 미끄러운 형태로 바뀌는 경향이 크다. 즉, 노의 중심 일부 부근과 노벽부에는 층이 두껍게 되고 그 중간층은 얇게 된다.

광석의 경우는 둥글고 큰 것이 노의 중심 일부를 향해 이동하며 다음에 점성이 높은 것, 평평한 것, 입도가 적은 것 순서로 노벽에 가까이 있게 된다.

실제는 노벽보다 약간 중심부에 가까운 곳이 산과 같이 되며 광석이라도 펠릿, 대괴의 소결광 등은 노의 중심 근처로 굴러가 그 층이 넓고, 산의 정상부에는 점성이 큰 광석이나 이들로 포위된 소립의 광석이 있어 층이 두껍게 된다.

노벽 근처는 세립의 소결광이나 광석으로 쌓이게 되며 이것은 비교적 층이 얇다.

이와 같이 노정부에서의 코크스 층이 두꺼운 노 중심부에서는 가스가 통과하기 쉽지만 이러한 경향은 노황 측면에서 바람직하지 못하다. 광석을 정립함으로써 노내 분포와 가스의 흐름을 될 수 있는 한 균일하게 하도록 해야한다.

노내 가스는 장입물 사이를 통해서 급속히 상승하기 때문에 장입물 중에 미분이 많거나 대괴가 배합되어 있으면 가스의 흐름이 악화되어 노정압이 상승하게 된다.

노내에 들어간 장입물은 스스로의 무게에 의해 하강하지만 하강이 일어나기 쉽도록 고로의 형태를 설계해야 한다. 노벽에 부착물이 발생하면 장입물의 하강이 어렵게 되고 가스의 상승 또한 방해하게 된다. 이와 같은 현상은 조업상 바람직하지 못하므로 장입물은 입도가 일정하고 큰 하중에 견딜 수 있는 강도를 가지고 있는 것이 좋다.

특히 노 하부에는 고온에 노출된 장입물이 위에 누적된 대량의 장입물을 견디어 내어야 하므로 코크스 강도는 특히 중요하여 코크스 기준 강도에 의한 코크스의 품질 관리가 철저히 이루어져야 한다.

노정 부근에서는 장입물 사이를 가스가 급속히 상승하기 때문에 장입물의 입도가 미세하면 연진이 발생하게 되어 노외로 노정 가스와 함께 방출되거나, 노내 일부로만 가스가 흐르는 현상인 취발 현상이 발생하게 된다. 이러한 점 때문에 장입물 중의 미분의 함유량을 제한해야만 한다.

Section 03 노내 열 평형

고로는 다량의 코크스를 연소하는 큰 용해로이기 때문에 열의 이동은 조업 능률을 크게 좌우하게 된다.

고로내의 열은 대부분 풍구 앞에서 발생하며, 여기에서 가스에 포함되어 상승하면서 장입물로 이동하고, 마지막에는 용선과 슬래그로 들어가 노외로 나오게 된다. 이러한 열의 흐름은 장입물의 흐름에 따라 비교 검토할 수가 있다.

1 가스와 장입물의 열교환

장입물은 일반적으로 대기 온도에 가까운 온도로 노정에서 장입된다. 한편 노내 가스는 노하부의 고온도 부분에서 상승해 오기 때문에 장입물은 노내에서 화학적으로 노내 가스의 영향을 받을 뿐만 아니라 노내 가스의 열을 공급받아 서서히 고온이 되면서 노내로 하강하게 된다.

이러한 열 교환은 고로 작업에서 매우 중요한 의미를 갖고 있으며, 고로 샤프트의 높이가 높은 이유가 바로 열 교환 때문이라고 할 수 있다.

장입물은 가능한 빨리 온도를 높여 환원 반응이 진행되기 쉽도록 열을 공급받아야 한다. 이를 위해서 가스가 노내의 각 부를 균일하게 가열하기 위해서는 대괴를 적당한 크기로 파쇄하며, 가스와 장입물과의 접촉을 좋게 하기 위해서는 가스의 유속이 너무 빠르지 않도록 해야 한다.

열 교환이 잘 이루어지지 않으면 가스는 고온 상태 그대로 노정으로 배출되기 때문에 노정 온도가 높아지고, 반대로 장입물의 가열이 충분하게 이루어지지 않으므로 노상 온도는 저하하여 냉기류 현상을 나타낸다.

현재의 고로가 과거의 고로와 비교해서 노정 온도는 낮고, 코크스 소비량은 적고, 노상 온도가 높은 것은 장입물의 예비처리, 장입물의 정립이 실시되고, 노내의 가스 유통이 균일하게 되므로 열 교환이 잘 이루어지기 때문이다.

2 용해와 가열

용선을 방치하면 열을 방출하고 냉각이 된다. 슬래그에 대해서도 같은 변화가 일어난다. 코크스가 반응하여 얻어지는 열의 일부는 선철과 슬래그의 용해와 가열에 사용되고 있다. 용해된 용선과 슬래그가 노저로 흘러내려 고이기 때문에 노내 온도는 그다지 상승하지 않으므로 노상부의 온도를 조절하기 위해서는 송풍온도를 조절함과 동시에 노내의 슬래그 성분을 적당하게 조절하지 않으면 안된다.

3 풍구 앞 연소대의 온도

송풍 온도를 높이거나 낮추는 것은 노상부의 온도를 조정하기 위해서이다. 즉, 송풍 온도를 높이면 풍구 앞 연소대의 온도가 올라가며 그에 따라 노상부의 온도를 높일 수 있다. 송풍 온도와 송풍 중 수분을 변화시킬 경우 800℃의 송풍 온도로써 26g/m^{3}의 수분이 포함되어 있으면 연소 온도는 2,000℃ 정도이며, 송풍중 수분이 동일하여도 송풍 온도를 900℃로 하면 풍구 앞 이론 연소 온도는 2,085℃로써 약 85℃가 상승한다.

이와 같이 송풍 온도를 높이면 노상 온도를 직접 올리는 것이 되는 것이므로 송풍 예열이 의미있다는 것을 알 수 있다. 고온의 송풍 조업을 할수록 적은 코크스로 많은 광석을 제련할 수 있으므로 코크스비를 저하시킬 수 있다. 그러나 연소 온도가 너무 높으면 노내의 온도 분포가 변화하여 노황에 악영향을 미치므로 송풍 중에 수증기를 첨가하고 있다.

송풍 중 수분을 10g/Nm^3 증가시키면 연소 온도는 60℃ 저하한다. 이 때문에 풍구 앞 연소 온도 조절을 위해서는 송풍 온도와 송풍 중 수분을 함께 관리해야 한다.

4 송풍의 현열

송풍 온도를 높이면 코크스비를 저하하는 이유를 좀더 이해하기 위해 다음의 고로내 입열의 내역을 조사해보면 알 수 있다.

대부분의 열은 풍구 앞에서 코크스의 연소에 의하여 발생하는데 선철 톤당 800,000~900,000kcal이다.

즉, 고로의 노내에서 필요한 열량의 약 $\frac{1}{3}$은 열풍의 현열로써 송풍이 갖고 들어오는 것이다. 만약 냉풍을 보내어 조업을 한다면 송풍 열량이 없으므로 그 열량 만큼의 코크스를 노내에서 연소시켜 발열하므로 코크스비가 크게 상승한다는 것을 알 수 있다.

Section 04 노내 상황 관리

고로 내부를 종방향과 횡방향으로 나누어 노내 상황을 예측할 수 있다. 종방향에 대해서는 노내의 온도분포에 따라서 상단의 광석 상태에서 시작하여 용선과 슬래그가 강하하는 탕류부로 생각할 수 있다. 횡방향에 대해서는 반경 방향과 원주 방향 분포가 있다. 반경 방향은 노벽이라는 경계가 있으므로 본질적으로 불균일하지만 원주 방향은 어느 방향에 있어서도 원이므로 균일하다고 할 수 있다.

따라서 고로 조업 관리는 이와 같은 3차원의 분포를 항상 염두해 두고 행하여야 하며 반경 방향의 분포, 원주 방향의 분포 및 융착대(종방향 분포)는 전부 일체라 할 수 있다.

1 횡방향의 분포 상황과 관리 항목

Table 5-1 **횡방향 분포 상황과 관리 항목**

분포	균일성	노내상황과 관리항목				
		현상		설비	원료	조업
지름 방향	균일 하지 않아도 됨	열류비 분포	장입물 분포	• Profile • 장입설비의 상대위치 (Bell Clearance Etc)	입도 구상	장입방법 : Sequence Coke Base
		강하 속도 분포	Cas 량 분포			송풍조건 : Gas 유속, 풍구유속
원주 방향	균일 해야함	열류비 분포	장입물 분포	• 장입설비 • Belt 방향 • 선회 슈트		
		강하속도 분포	Cas 량 분포	• Profile 부착물 • 출선구 위치 • 열풍본관 위치 • 풍구경 분포		송풍조건 : 지관중유유량, 출선재 작업

2 종방향 분포 상황과 관리 항목

Table 5-2 **종방향 분포 상황과 관리 항목**

분포	대상	기능	노내상황과 관리항목			
			현상	설비	원료	조업
괴상대	• 고상광석, Coke • 기상	• 2상 Counter - flow 고 : 중력(↓) 기 : 강제통풍(↑) • 원료의 예열환원	통기성	• 공간으로서의 profile - Linning의 마모 - 부착물(Alkali, Zn 등)	• 고체(주도광석)의 통기저항 • 공동율과 균립도 (SI, RDI, 열할, Swelling)	• 기류의상승속도 - Gas량과 로정압
			전열 반응	• 외난요인 - 노내침수	• 고체의 비표면적 • 고체의 피환원성	• 고체의강하속도 - 생산속도 - O/C - 기체의 상승속도 - 열류화 - 산소 부화 - 연료화
융착대	• 고상 융착물 • 기상	• Gas distributor 고 : 중력(↓) 기 : 강제통풍(→) • 원료의 환원, 산화 융착	통기성	• 부착물	• 유착증폭 • 연화 • 융착성하 • Slit coke의 통기성저하 • 공극율과 평균입도	• Slit Gas 류속 - Slitaus적 - Coke base - Gas량 입력
			로벽열 부하	• Profile (조정 Shaft각) • 냉각구조, 능력		• 근의 안정성 - 로벽O/C 열류비 - 융착증후 (Ore base)
적하대	• 고상 (coke) • 액상 (선재) • 기상	• 3상 Counter - flow 고액 : 중력(m^2) 기 : 강제통풍(cm) • 선재의 용해, 적하, 승온, 정련	통기성	• 부착물	• Coke의 통기저항 - 공극율과 평균 입도(DI반응계 강도)	• 선재의 유동성 • 성분, 온도 Gas의 상승속도
			전열			• 근의 용해 능력(Tf)
			품질	• 로내침수	• 장입S 등	• 탈황능력 등
Race way	• 고상 (coke) • 기상	• Coke, 중유원료 • 발생 Gas의 노내 도입	racoway 안정성	• 풍구개소, 경	• Coko의 연소성 - 입도, 반응성	• 풍구유속(Tf)
			생광력 (전열)		• 고체의 비표 면적	• 하부열류비의 공하속도
탕유부	• 고상 (coke) • 액상 (선재)	• 선재의 1차 저장과 추출	통기성	• 저선능력 (TH, CN,OT)		• 적선재 - 유동성 - 출선재작업
			축출성		• Coke의 통액성	• 선재 유동성
			로저 침식	• 로저 Brick적 구조 • 냉각구조	• 장입 TiO_2	• 생산속도, 생광낙하

Section 05 노내 장입물 관리

1 장입물 분포와 안식각

배합 원료를 수평면에 수직으로 또한 낙차가 적은 상태에서 산적하는 경우 원료는 산 모양처럼 쌓이게 된다. 이 산에서 미분은 중심부에, 괴는 굴러서 하부에 쌓이게 된다.

이때 하부의 각도를 원료의 안식각이라고 하며 원료의 입도 구성, 비중, 형상 등에 의하여 정해진다. 장입 원료의 안식각은 [표 5-3]과 같다.

Table 5-3 **장입 원료의 안식각**

	입도 범위	안식각	부피 비중
코크스	25~75	30	0.5
정립 광석	8~25	38	2.2
소결광	6~50	26	1.8
펠릿	5~15	27	2.2

고로에서 장입 벨로부터 노내에 들어갈 때 장입물 중 대괴는 벨에서 떨어지는 속도가 크므로 멀리 튀어나가고, 미분은 바로 아래에 떨어지게 된다. 원료의 입도분포를 [그림 5-2]와 같이 나타낼 수 있다.

또한 고로에서 노구벽과 벨의 위치 관계에 따라 장입물의 노내 분포상태가 변하게 된다. 즉, 노구벽과 벨 사이의 거리가 클 경우 그림에서 (b)와 같이 노벽의 주변에 대괴가 집중되고, 그 반대일 경우는 (c)와 같이 노벽에 대괴는 없고 중심부를 향하여 미분, 조립, 중괴, 대괴의 순으로 배열된다.

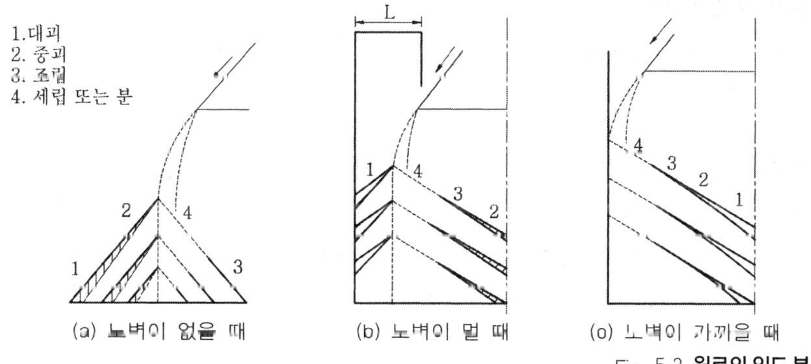

Fig. 5-2 **원료의 입도 분포**

2 반경 방향의 분포

반경 방향 분포에 대한 개념은 고로에 따라 약간의 차이가 있으며 중심류 지향형에서 Flat 지향형까지 여러 종류가 있다. 장입 원료의 분포가 중요한 것은 분포 그 자체가 아니라 통기성, 가스 이용률, 노벽 열부하 등의 고로 조업 관리 항목에 대한 것이라 할 수 있다.

1) 반경 방향 분포 관리 항목

가) 통기성

통기성은 생산성과 직결되는 항목으로 통기성에 중점을 두는 경우에는 중심류를 발달시켜야 한다.

나) 가스 이용률

가스 이용률은 연료비에 직결되는 항목으로 가스 이용률에 중점을 두는 조업의 경우 중심류를 가능한 억제해야 한다.

다) 노벽 열부하

노벽 열부하는 연료비에 직결되는 항목으로 가스류와 융착대와의 관계를 고려하여 중심류를 발달시키는 것이다.

2) 장입물 분포 제어

장입물 분포 제어 항목으로는 코크스 및 광석의 종류, 장입 Sequence, 장입 레벨, M/A (Movable Armour) 및 P/M(Profile Meter) 등이 있다.

3) 송풍 조건의 제어

송풍 조건의 제어 항목으로는 레이스웨이 조건, 풍구 유속, 풍구 전 온도 등의 제어가 있다.

4) 효과

송풍 조건 제어보다 장입물 분포 제어의 폭이 현저하게 나타나고 그 중에서도 M/A 및 P/M가 장입물 분포를 적극적으로 변화시키는데 가장 효과가 크며, 실제 조업에 있어서는 이상과 같은 항목들을 적절히 조합해서 제어를 해야 한다.

5) 분포 상태 파악 검출 장치

① 노구부 고정 Sonde
② 노구부 Batch Sonde
③ Shaft Sonde
④ 노정 Profile Meter
⑤ 적외선 Television
⑥ Microware 적외선 사용법

3 원주 방향의 분포

고로의 대형화에 따라 복수 출선구가 일반화되고 있는 추세이므로 고로의 원주 방향에서의 균일성이 직접 출선, 출재에 영향을 미치므로 균일성 확보가 필요하다. 과거에도 샤프트에서의 원주 방향의 불균일성이 문제가 되었지만 출선재를 포함한 종합적인 파악이 행해지는 것은 고로의 대형화에 따라 더욱 중요시되고 있다.

1) 원주 방향 균일성 파괴 요인

원주 방향의 분포는 본질적으로 균일하지 않으면 안된다. 이 균일성을 파괴하는 요인으로는 다음과 같은 것들이 있다.

① 장입물 분포의 불균일성
② 풍구에서의 송풍, 유량, 중유 유량의 불균일성
③ 출선 작업
④ Profile 불균일성(노부 침식물 부착)

2) 원주 방향의 불균일성을 나타내는 현상

원주 방향의 불균일성을 파괴하는 요인은 상호 관련하여 원주 분포를 나타내고 있으며 이들 요인에 의해 원주 방향의 불균일성을 나타내는 현상으로는 다음과 같은 것들이 있다.

① 노구 온도, Shaft 연와 온도, Stave 증발량, 노저 연와 온도 등의 열류비에 기인하는 불균일성
② 장입물 강하의 불균일성
③ 선재 성분의 불균일성

고로의 고능률화를 위해서는 이러한 불균일성을 가능한 제거하는 것이 중요하다.

4 노내의 가스 분포

노내를 급속히 상승하는 가스의 환열과 환원능력을 유효하게 이용하려면 가스와 장입물이 충분히 접촉하여 가열과 환원이 일어나도록 해야 하며 이를 위해서는 노정의 전 단면적에 걸쳐서 균일한 가스 분포가 요망된다.

한편 장입물의 원활한 강하를 위해서 노벽구의 가스류를 다른 부분에 비하여 강하게 유지해야 한다. 이것은 노내의 장입물과 노벽과의 마찰에 의한 장입물 강하의 정체 및 광석의 노벽 부착을 방지하기 위해서이다.

또한 노벽부의 강한 가스를 유효하게 이용하기 위하여 주변부에 많이 광석을 장입해야 한다. 그러나 노상부에서 발생한 가스를 상승 과정에서 샤프트 전체에 걸쳐 균일하게 침투시키려면 샤프트 중심부의 가스 저항을 적게 해서 주변으로부터 중심부로 가스를 보내주어야 한다. 이렇게 함으로써 극단의 주변의 가스 흐름은 어느 정도 약하게 되고 주변과 중심과의 중간부에 있는 장입물은 가스와 접촉이 좋아진다.

따라서 노벽 주변에는 괴광, 중심부에서는 코크스가 모이도록 해서 주변과 중심의 가스류를 활발하게 하여 가스의 유효 이용과 원활한 장입물 강하를 확보하도록 해야 한다.

즉, 노내의 가스 분포는 [그림 5-3]와 같이 노정부 장입물 분포 상태에 따라 크게 영향을 받으며 그 장입 분포 상태를 보면 장입선의 변경, 장입량 층 두께의 변경, 장입 순서 변경 등으로 볼 수 있다.

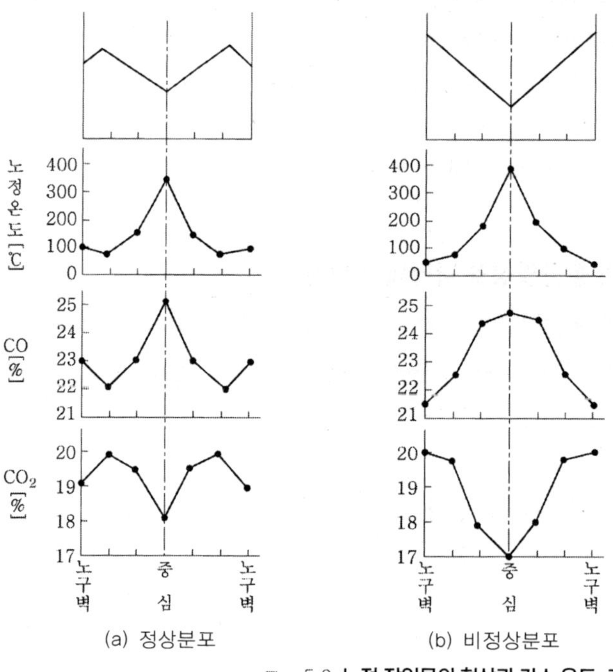

Fig. 5-3 **노정 장입물의 형상과 가스 온도, 가스 성분의 분포**

Section 06 융착대와 고로 조업

1968년 신 일본제철소에서 4개의 고로에서 조업 상태 그대로 고로를 휴지하고 해체한 다음 노내의 상황을 조사하였다. 조사 결과 [그림 5-4]와 같이 노내에 연화 융착대가 존재하고 있음이 확인되었다. 연화 융착대는 층상으로 장입된 철광석, 코크스 중에서 승열 환원된 철광석 층이 1,100℃ 부근의 온도에 도달한 시점에서 연화 융착되기 시작하고 가스가 통과하기 어려운 반용융의 암반상으로 된 것이다.

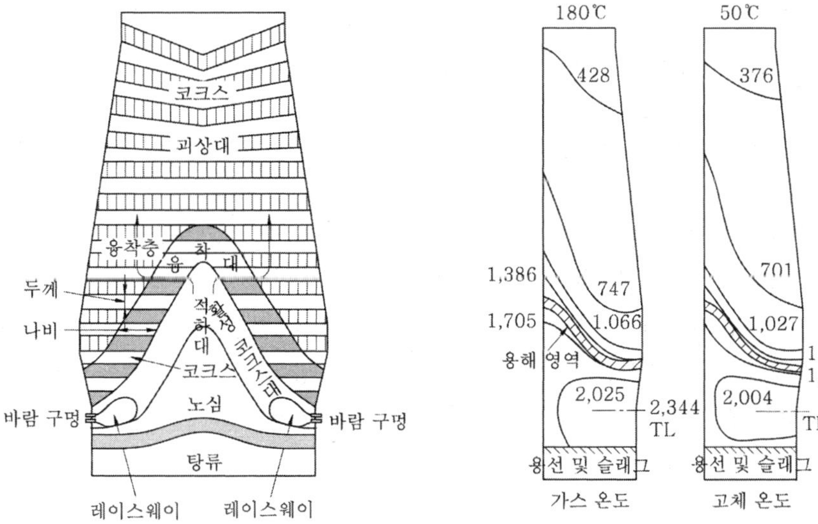

Fig. 5-4 **고로내 상황과 온도 분포**

보통 고로내의 온도는 중심부가 높으며 주변부가 낮으므로 연화 융착대가 생기는 위치도 중심부가 높고 주변부는 낮아지며 전체로 보아 노벽 샤프트부의 아래쪽에 역V자 형상을 가진 도넛 링 모양으로 존재하고 있다.

고로의 현상은 그 윗 부분에서 아래 부분에 걸쳐서 볼록하며 노저를 향해서 다시 오므라든 모양을 한 거대한 원통상 용기 형태로 노정에 원료 장치, 하부에 풍구와 출선구가 있을 뿐이며 내부에는 어떤 장치든 칸막이를 하고 있는 것이 전혀 없다.

고로 조업이 시작되면 이 연화 융착대 영역을 경계로 하여 몇 가지 다른 영역이 나타난다. 즉, 융착대 영역의 상측이 괴상대역, 그 하측은 용해된 철광석(용선)이 흘러 떨어지는 적하대역, 풍구 근처의 부분이 레이스웨이, 적하대역의 아래쪽이 용선 및 슬래그가 고이는 탕유부이다. 또한 적하대역 내측의 대부분은 노심 즉, 원추상인 코크스의 기둥으로 되어 있다. 코크스가 적하대 하방에 축적되고 원추상의 기둥으로 되어 있는 것은 노심 부분이 산소가 없는 환원 분위기로 되어 있어서 고온이 되어도 연소하지 않기 때문이다.

취입된 공기의 유속은 200~280m/s 정도이며 이 풍속에 의해 풍구 앞의 coke가 밀리면서 공동이 생겨 coke가 선회 운동을 하는데, 이 공동을 레이스웨이(race way)라고 한다. 송풍 중의 O_2, H_2, O 및 풍구에서 취입된 중유(미분탄)는 다음과 같이 반응, 연소하면서 2,000℃ 이상의 고온 gas가 된다.

$C + O_2 \rightarrow CO_2 + 94.1kcal$

$C + CO_2 \rightarrow 2CO - 41.2kcal$

$C + H_2O \rightarrow CO + H_2 - 31.4kcal$

$C_mH_n + m/2O_2 \rightarrow mCO + n/2H_2$

연소대의 고온부에서는 CO_2, H_2, O는 곧 백열 coke와 반응하여 CO, H_2가 된다. 따라서 연소대를 나오는 gas는 N_2, CO, H_2만으로 이루어져 있으며 이 가스를 보시가스(bosh gas)라고 한다.

풍구 부분의 레이스웨이에서 연소로 발생한 고온 가스는 노의 중심부의 코크스 기둥을 따라 상승하고 동심원인 도넛 링상이 되어 있는 융착대간의 코크스 슬릿(Coke Slit)을 통과하여 취출하나 이 연화 융착대의 형상 및 위치가 노내의 가스 분배를 결정하는 중요한 역할을 하며 고로의 통기, 열교환, 환원 기능을 지배하고 있다.

효율적인 조업을 하려면 철광석의 가스 환원 반응이 진행되는 괴상지역이 커야하며 또한 대량의 가스가 통과하는데 충분한 수의 가스 슬릿을 융착대역에 갖추어야할 필요가 있다. 실제 조업에서는 노외로부터 융착대 형상을 검출하고 제어하기 위해서 많은 검출단이나 조업 관리 시스템이 개발되고 있다.

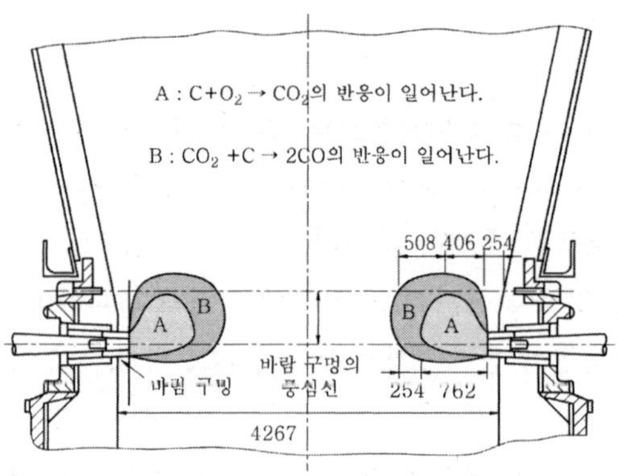

Fig. 5-5 **레이스웨이 화학반응 및 가스 성분**

Section 07 슬래그 관리

고로의 슬래그 상태는 노황을 결정짓는 중요한 역할을 한다. 노황에는 최종 슬래그의 성질과 조성뿐만 아니라 초기 및 중간 슬래그의 성질 및 조성도 영향을 주게 된다. 그러나 최종 슬래그의 조성에 의해 변화되므로 장입 광석의 화학적, 물리적 성상 및 노내 분위기 상태에 따라 결정된다고 할 수 있다. 따라서 장입 원료의 대부분을 차지하고 있는 고로 조업에서는 소결광의 물리 화학적인 입도 및 성상 관리가 매우 중요한 역할을 한다.

1 슬래그의 생성 및 용해

장입물 중의 불순물은 대부분이 산화물 형태로 존재하며 저온에서 용이하게 환원되는 것 중 기화온도가 낮은 것은 가스 중에 들어가 제거되며, 그 외에는 거의 대부분 슬래그 및 선철 중에 들어간다. 광석 중의 불순물은 환원된 철이 용해를 시작하기 까지는 거의 변화를 받지 않고 일부 S, Zn, Pb 등이 기화할 뿐이다.

샤프트부에서 침탄이 진행됨에 따라 철이 용해를 시작하여 MnO, SiO_2, Al_2O_3, MgO, S, TiO_2 등의 불순물은 샤프트 하부에서 왕성하게 일어나는 $CaCO_3$의 분해에 의하여 생성된 CaO와 접촉하게 되어 염기도 및 용융점이 높고 점성이 있는 슬래그가 생성되기 시작한다. 이것을 보시 슬래그라고 한다. 보시 슬래그는 보시, 풍구면을 통과함에 코크스 중 불순물인 Al_2O_3, SiO_2, FeO, MgO, S 등을 대량으로 흡수하여 염기도는 저하되고 용융점도 내려간다. 그리고 고온 부분을 통과하여 승열이 되면서 유동성이 양호한 슬래그로 변한다.

특히 이 근처는 탄소에 의한 직접 환원이 활발하게 일어나 슬래그 중 Cu, P, Ni은 전부 환원되고, Si, Mn, Ti, Cr 등은 일부가 환원되어 선철 중에 용해된다.

가스화 하는 불순물 가운데 S는 전부 가스 중에 들어가 버리지만 Zn, Pb는 샤프트 상부에 오면 일부는 재응고되어 노벽에 부착을 한다.

2 슬래그 성분

슬래그의 주성분은 SiO_2, CaO, Al_2O_3이며 이것에 소량의 MgO, MnO, FeO, TiO_2, P_2O_5 및 황화물을 포함하고 있다.

코크스를 사용하는 고로의 슬래그의 조성은 SiO_2－CaO－Al_2O_3의 3성분으로 되며 이 3성분의 조성 변화에 의하여 슬래그의 용융점이 현저히 다르기 때문에 양호한 유동성을 얻기 위해서는 이들 주성분 관리를 충분히 하여 용융점이 낮은 슬래그를 만들 필요가 있다.

염기도가 낮을수록 유동성은 좋아지며 CaO, Al_2O_3량이 증가하면 유동성은 나빠진다. 이 슬래그의 유동성은 노내 환원, 열교환 작용, 통기성, 탈황 반응과 같은 조업 인자에 막대한 장애가 되므로 고로의 순조로운 가동, 고능률 생산 및 노황 안정을 위해서는 샤프트부 및 노저부에 필요한 슬래그 유동성을 확보하도록 해야 한다.

Table 5-4 **슬래그 성분에 영향을 주는 요인**

<table>
<tr><th>위치</th><th>항목</th><th>영향을 주는 요인</th><th>영향 및 대책</th></tr>
<tr><td rowspan="3">연화
융착대,
적하대</td><td rowspan="2">통기성</td><td>• 연화 융착대의 폭이 좁은 편이 유리</td><td>• 연화에서 적하까지 온도범위가 좁은 범위의 장입 원료를 선택(피환원성이 좋은 장입 원료, 고염기도 slag 성분의 장입 원료)
• 장입 원료의 slag 성분의 균일화</td></tr>
<tr><td>• 적하대에 있어서 유동성 slag부피 증가</td><td>• Gas류 Level 안정
- 2차 slag의 점도 저하
- 저FeO slag</td></tr>
<tr><td>노열</td><td>• 적하 slag중 FeO(FeO가 적은 것이 유리)
• 고염기도 slag(염기도가 높은 쪽이 열이 있음)</td><td>• 고염기도 장입 원료 선택
• 피환원성이 좋은 장입 원료 선택</td></tr>
<tr><td rowspan="3">탕류대</td><td>탕류</td><td>• 염기도 및 slag의 유동성
• slag 부피
• 용선 온도</td><td>• 고염기도, 저점성 slag 조성 지향
• 연료비, 출선 출재 작업의 악화를 고려
• 노열 Level의 확보</td></tr>
<tr><td>저선재
Level</td><td>• 출재 속도
• slag 속도
• 출선 횟수
• 고로 중심부 온도 확보
• 코크스 입도대</td><td>• 속도 증가 → 잔재량 증가
• 점도 증가 → 잔재량 증가
• 많게 되면 잔재량 감소
• 풍구류속 상승, Tf 상승</td></tr>
<tr><td>노저
보호</td><td>• 용선의 유동성
• 노저 냉각 강화</td><td>• Ti의 장입
• Paste 압입, 공냉 Duct 청소</td></tr>
</table>

6

고로 조업법

Section 01 송풍 조업 기초
Section 02 고온 송풍
Section 03 고압 조업
Section 04 조습 송풍
Section 05 보조 연료 취입 조업
Section 06 전 코크스 조업법

CHAPTER

06

고로 조업법

Section 01 송풍 조업 기초

고로에서의 송풍은 고로의 출선량과 선철의 품질을 좌우하는 중요한 인자가 된다.
따라서 송풍에 관한 기술은 여러 가지 있으며 일상 조업 기술과 함께 송풍은 고로 조업 기술의 대부분을 차지하고 있다.

고로에 송풍되는 공기는 약 79%가 불활성 질소이고 이용되는 산소는 21%에 불과하다. 따라서 산소부화 송풍을 실시함으로써 더욱 효과를 높일 수 있다. 공기 중의 산소가 풍구 앞에서는 다음과 같은 반응을 일으킨다.

$$O_2 + C = CO_2$$
$$CO_2 + C = 2CO + 58.2kcal/G-Mol$$

이와 같은 반응으로 인해 풍구 앞의 연소대의 온도가 필요 이상으로 상승하면 노내에 고온의 용융대를 만들어 걸림(Hanging), 슬립(Slip) 등의 노내의 통기성 저해에 따른 노황 불안정을 초래하게 된다.

Section 02 고온 송풍

1 고온 송풍의 목적

고로의 송풍 온도는 과거에는 500~700℃였으나 최근에는 원료 예비 처리의 강화, 소결광 또는 펠릿 등 처리광의 배합율이 높아짐에 따라 노내 통기성 형상, 조습 송풍, 연료 취입 송풍 처리 설비 등 열풍로의 설비 및 조업 개선 등에 의하여 현재는 최고 온도를 1,200~1,250℃의 고온 송풍을 실시하고 있다.

송풍 온도를 올리면 코크스 비(Coke Ratio)는 저하하고 코크스에서 나오는 회분이 적어지므로 첨가하는 석회석량도 적어져서 출선량을 높이는 효과가 매우 크다.

일반적으로 송풍 온도를 100℃ 증가시키면 출선량을 2.4~5% 정도 증가시킬 수 있다. 송풍 온도가 코크스 비에 미치는 효과는 조업 조건에 따라 다르지만 일반적으로는 송풍 온도 100℃ 상승에 대하여 코크스 비는 15~20kg_f/T－P 저하한다.

고온 송풍을 하면 통기성이 악화되므로 장입물의 예비 처리 강화가 필요하다. 하지만 통기성 악화의 원인이 코크스 비 저하에 따른 노내의 광석과 코크스 층 두께의 변화 즉, 광석의 비율이 증가함에 따른 장입물 전체의 입도 구성의 변화에 의한 것인가, 또는 풍구의 온도 상승에 의한 열 평형의 변화에 의한 것인가를 확인해야 한다.

2 고온 송풍에 필요한 열풍로 조업

고온 송풍을 하기 위하여 설비상, 열풍로 조업상 여러 가지 개선이 이루어지고 있다.

설비면에서는 가열 면적의 증가, 연와 재질의 향상, 분리 연소형 열풍로의 채용, 열풍 밸브의 개량, 고로 풍구 주위의 송풍지관 개선 등이 있다. 열풍로 조업상 개선으로는 열풍로 교체 시간의 단축, 연소 가스량의 규제, 연소 가스의 칼로리 상승 등의 방법이 있다.

1) 열풍로 교체 시간의 단축

송풍량이 송풍 온도의 상승에 따라 열풍로의 열부하는 크게 되고 연소 말기에는 배기 온도가 상승해서 열효율이 떨어진다. 이 때문에 연소 시간을 단축하여 배기 온도의 상승을 피해서 가스의 유효 이용을 할 수 있도록 해야 한다. 또 열풍로의 2기 병열 송풍을 하기도 한다.

2) 연소 가스량의 규제

열풍로의 잔열을 크게 하는 것은 열손실을 크게 하고 노체의 보호에도 좋지 않다. 이 때문에 부하에 알맞은 연소 가스량을 결정하고 있다.

3) 연소 가스의 칼로리 상승

고로의 코크스 비가 저하하면 BFG의 열량도 저하한다. 전에는 900kcal/Nm^{2}였던 것이 750kcal/Nm^{2}로 저하하고 있다. 가스의 칼로리 저하는 화염온도의 저하를 초래하고 돔의 온도는 상승하지 않으며 배 가스량이 증가하여 열효율이 저하한다. 이 때문에 BFG에 COG나 기타의 연료를 첨가해서 900~1,000kcal/Nm^2 정도로 부화하는 일도 있다.

Section 03 고압 조업(Pressure Operation)

1 고압 조업의 목적

고로를 화학 공학적으로 살펴보면 샤프트 부는 강하하는 장입물과 상승하는 환원 가스로 이루어진 향류식 반응기라 할 수 있으며, 보시 부는 충진된 코크스 층을 용선과 슬래그가 적하하고 환원 가스가 상승하는 유동 충진탑이라고 볼 수 있다. 또한 샤프트와 보시의 중간(벨리 부 상·하)에서는 산화철 또는 금속철이나 1차 슬래그(코크스 회분을 함유하지 않음)의 역화 용해가 일어나서 조업 상태에 따라서는 통기성을 극단으로 악화시키는 부분이 있다. 이 각부에서의 압력 손실에 관하여 완전히 수식화 된 것은 없지만 샤프트 부 충진층에서의 압력 손실에 관한 이론식은 몇 개 나와 있으며 정성적으로는 원료의 성질이 일정하면 노내 가스의 유속과 밀도의 함수이고 특히 유동 속도가 크게 되면 압력 손실이 크게 되어 마침내는 가스의 국부 관통류를 일으키게 된다. 따라서 가스 출구측 즉, 노정의 압력을 올려서 노내 가스의 유속을 낮추어 걸림(Hanging)이나 관통류를 일으키지 않는 범위에서 송풍량을 증가하여 생산량을 증가할 수 있다. 이 방법을 고압 조업이라고 한다.

고압 조업은 1940년대부터 실제 조업에서 사용하고 있으며, 최근에는 노정압이 설비적으로 2.5kg$_f$/cm^2, 일상조업에서는 2.0kg$_f$/cm^{2}의 초 고압 조업을 하는 경우도 있다.

2 고압 조업의 효과

노정 압력과 출선비, 코크스 비와의 관계는 0.1kg$_f$/cm^{2}의 노정압 상승에 따라 출선량은 2% 증가하고, 코크스 비는 2.2kg$_f$.T−P 저하하고 있다. 출선량의 증가 및 송풍량의 증가와 관련한 고압 조업의 방법에는 현재 두가지 방법이 사용하고 있다. 첫 번째로 노정압은 일정하게 하고 원료의 성상 변화에 따라 노내 압력 손실이 허용 범위를 넘지 않도록 송풍량을 증가하는 방법이다. 또다른 방법으로 코크스 비 또는 노내의 열수준을 일정하게 하고 원료 성상에 대한 노내 압력 손실이 허용 범위 내에 있도록 송풍량과 더불어 노정압을 상승시켜서 코크스 비의 전위한정을 피하는 방법이 있다.

노정 압력과 송풍량과의 관계는 일반적으로 노정압이 높은 고로일수록 노정 압력의 상승에 따른 송풍량의 증가는 커진다. 이것은 충진물 층내의 가스 압력 손실의 변화는 절대 가스 압력의 변화에 반비례하는 것 때문이라고 할 수 있다. 즉, 가스 압력을 올리면 가스 압력 손실은 작게 되는 것이고, 보통 노정압을 1.0kg$_f$/cm^2 증가시켜도 송풍 압력은 0.5~0.7kg$_f$/cm^{2}의 상승에 그치게 된다. 또한 이 값은 장입물의 성질에 따라서 변하게 된다.

노정 압력의 상승에 따른 코크스 비의 저하는 노내 가스의 유속이 낮아지는 것과 가스 밀도가 크게 되는 것에 의해서 노내의 가스 분포가 보다 균일화되어 아크 이용률(간접 환원율)이 상승하고 또 가스와 장입물 간의 전열이 좋아지기 때문이다.

이와 같이 고압 조업은 출선량의 증가, 코크스 비의 저하에 효과가 있을 뿐만 아니라 연진의 감소, 걸림, 관통류 등의 노황 불안정의 방지에도 효과가 있다.

3 고압 조업 설비

1) 노정 압력 제어 장치

일차 청정을 위한 가스 관에 셉텀 밸브(SV : Septum Valve)를 설치하여 그 밸브를 작동시킴으로서 노정 압력을 높여 소정의 압력으로 제어하도록 되어 있다. 셉텀 밸브는 일반적으로 3개의 버터플라이 밸브(Butterfly Valve)로 구성되어 그 중 2개는 자동, 1개는 수동으로 되어 있다.

또한 셉텀 밸브의 고장이라든가 노황부조 등으로 노정 압력이 이상 상승하는 일이 있기 때문에 그때 노정의 원료 가스 블리더(Crude Gas Bleeder)와 청정 가스 블리더(Clean Gas Bleeder)를 순차로 열어 노정 압력을 저하시키도록 안정 장치가 설치되어 있다.

2) 벨(Bell)간 호퍼(Hopper)의 균배압 제어

노정 압력의 상승에 따라 벨 개폐가 곤란하게 되며 벨 및 호퍼의 접촉부 마모가 심하게 된다.

이것을 방지하기 위하여 청정 가스 관으로부터 분기해서 벨간 호퍼에 청정 가스를 취입하여 호퍼 압력이 고로의 노정 압력과 같도록 균압해서 대 벨 개폐를 용이하게 하며, 벨 개폐 시에는 압력 밸브에 의하여 호퍼 내의 가스를 방산해서 호퍼 압력을 대기압까지 내려서 벨 개폐를 용이하게 하고 있다.

또한 벨간 호퍼에 취입하는 청정 가스는 압력 손실 때문에 노정 압력보다 압력이 약간 낮아 가스 압축기에 의하여 승압한 2차 청정 가스를 호퍼에 취입해서 벨간 호퍼의 압력을 노정 압력보다 높게 하여 벨 및 호퍼의 마모에 대처하고 있다.

한편 반청정 가스 관에서 분기된 1차 균압관을 통해서 1차 벤투리 스크러버(VS : Venturi Scrubber) 출구 측의 반청정 가스로 충압하여 1차 균압을 하며, 다시 소 벨 호퍼에서 대 벨 호퍼에 2차 노황가스 균압관을 연결하여 노황가스를 충진시켜 2차 균압을 하는 경우도 있다.

3) 습식 집진기와 수위 제어

고로 가스의 1차 청정을 위해 벤투리 스크러버(VS) 또는 오리피스 스크러버(OS : Oriffice Scrubber) 따위의 습식 집진기를 설치하고 있지만 이들 습식 집진기의 배수가 고압 조업에서 생기는 여러 가지 가스 압력에 있어서도 충분한 수봉을 유지하기 위해서 배수의 액면 제어가 필요하다. 이를 위해 액면의 높이를 검출해서 배수 밸브의 개도 제어를 하고 있다.

4) 노정부의 구조

고로의 노정부는 노내 가스와 외기를 차단하고 또한 장입물을 적절하게 분포되게 장입하는 분배기의 역할을 하고 있다.

장입물에 의하여 벨 및 호퍼가 마모되어 간격이 생기면 가스의 통로가 되고 급속히 가스 커팅(Cutting)에 의하여 마모가 생겨 노정 압력의 유지가 곤란하게 되기 때문에 호퍼 및 벨은 내마모성 주강으로 제작되며 실링부에는 Ni, Cr, Co 등의 합금 용접을 하는 것이 바람직하다.

4 고압 설비의 문제점

고압 조업 방식에 의한 고로 조업 시 발생되는 문제점은 주로 설비상의 문제로서 이 중에는 압력 상승에 대한 문제점과 대량 출선에 대한 문제점이 있다. 대량 출선에 대한 문제점으로는 대량 원료의 장입, 용선과 슬래그의 배출 및 운반 등을 들 수 있지만 압력 상승에 대한 것은 다음과 같이 노체 설비에 다양한 문제점을 일으킨다.

1) 벨 및 호퍼의 마모

대 벨 마모량은 종래에는 100만Ton 출선 시마다 10mm가 마모되고 있으며 소 벨 교환 2회, 대 벨 교환 1회가 일반적으로 되어 있다.

소 벨 교환은 10시간 정도의 휴풍으로 행하여 질 수 있지만 대 벨은 75~100시간을 요하므로 가동률에 큰 영향을 주기 때문에 구조 및 재질면에서의 마모에 대한 대책이 필요하다.

2) 각종 밸브 및 배관 등의 마모

균배압 밸브, 블리더 밸브, 셉텀 밸브 및 고압 가스를 통하는 관 등은 가스 및 연진에 의한 손상 및 마모가 이루어지고 있으며 그 중에서도 블리더 밸브 등의 노황가스가 통하는 부분의 마모가 심하다.

3) 노체의 구조

노체에 대해서 수평 냉각반 삽입 방식을 사용하는 경우 철피에 벌집과 같이 700~1,100개에 달하는 다수의 구멍이 뚫어져 있기 때문에 가스 실링이 불완전하게 되어 가스 누설이 많아지며 가스 중의 CO 때문에 노체 주위의 작업이 곤란한 경우가 발생할 수 있다.

이러한 가스의 누설에 대한 대책으로는 수평 냉각반의 설치 구조의 개선 및 충진재의 개발 외에 수직 냉각반(Stave 방식)의 채용 방법이 유효하다.

Stave 구조는 주물로 만들어진 수직 냉각반을 철피의 내측에 볼트로 고정시키고 그 중에 물 또는 증기를 통과시켜 노체를 냉각하는 방식으로 되어 있다.

4) 출선구

대량 출선이 되면 하루 중 출선구가 폐쇄되어 있는 기간이 짧아진다. 또한 1회당 출선량도 500~600Ton의 대량이 된다.

동시에 노내 압력의 상승에 의해 출선구에 대한 부하는 점점 증대된다. 따라서 안정한 출선 작업을 행하기 위해서는 출선재에 섞여 들어가기 어려운 출선구 재료의 개발과 강력한 출선구 개공기와 출선구 폐쇄기가 요구된다.

5) 설비 유지상의 문제점

고압 조업의 채용에 의한 설비의 고장, 손상, 마모가 증가하며 또한 고로는 점차 대형화하기 때문에 고로의 휴지에 의하여 제철소 전체의 생산에 미치는 영향이 종래보다도 매우 크게 되었다. 따라서 휴지 시간은 가능한 짧게 하기 위하여 일상 점검의 강화 및 고장 시의 수리 시간을 단축하는 것이 극히 중요하게 되었다.

Section 04 조습 송풍(Humidity Control)

1 조습 송풍의 목적

과거에는 고로에 송풍하는 바람은 대기 그대로의 상태이었으므로 송풍의 변동이 심하여 노황 불안정의 원인이 되었다. 그 동안의 연구 결과 대기 습분이 높은 하절기에는 걸림이 적고 대기 습분이 적은 동절기에는 걸림이 많다는 것이 판명되었다. 따라서 송풍 중 습분을 어느 정도 수준까지 수증기에 의해서 첨가하는 조습 송풍이 개발되어 현재 널리 이용하고 있다. 조습 송풍은 2차대전 후 소련에서 대기에 수증기를 가하여 15~20g/Nm^2 범위로 조습하는 조업이 연구되어 생산성 향상, 코크스 비 저하, 송풍 온도의 상승 등 좋은 결과를 얻었다. 한편 광석의 정립 강화에 따라 고로에서는 1,000~1,200℃의 고온 송풍이 가능하게 되어 이 과정에서 고온 송풍이 일으키는 걸림 등 노황 불안정의 방지를 위하여 수증기를 첨가해서 풍구 앞의 연소 온도를 조절하거나 또는 송풍 온도를 최고로 유지하고 첨가 습분량으로 노황을 조종하는 방법도 취하여지고 있다. 현재는 대부분의 고로가 15~30g/Nm^{2}의 조습 송풍을 하고 있으며 전 코크스(All Coke) 조업이 행하여진 후로는 30g/Nm^2 이상의 수증기를 첨가하고 있다.

2 조습 송풍의 결과

1) 풍구 앞에서의 수증기

풍구로 들어간 습분(H_2O)은 풍구 앞의 연소대에서 수성 가스 반응을 일으켜 다음과 같이 CO와 수소 가스로 분해한다.

$$C + H_2O = CO + H_2 - 31.2\text{kcal/g-mol}$$

따라서 일정한 풍량에 수증기를 첨가하면 실질 송풍량은 증가하게 된다. 또 수성 가스 반응은 현저한 흡열 반응이므로 보시 가스의 온도 상승을 억제해서 노황의 안정제로서의 효과가 크다. 또 수증기 첨가에 의한 풍구 앞의 연소 온도 저하분의 열보상을 송풍 온도의 상승으로 하는 경우 습분 10g/Nm^{2}당 송풍 온도 70~80℃이고 생산량의 상승률은 약 4.5%이다.

2) 노내에서의 수소

풍구 앞에서 발생하는 수소는 노내에서 일부가 다음과 같은 반응으로 철광석을 환원시킨다.

$$Fe_2O_3 + 3H_2 = 2Fe + 3H_2O - 21.8kcal/g\text{-}mol$$
$$Fe_3O_4 + 4H_2 = 3Fe + 4H_2O - 35.3kcal/g\text{-}mol$$
$$FeO + H_2 = Fe + H_2O - 6.7kcal/g\text{-}mol$$

분 증가에 따라서 보시 가스 중의 CO 농도 및 H_2 농도가 상승하므로 선철 톤당 송풍량 및 가스량이 감소하고 코크스 비도 저하된다.

3) 조습 송풍의 실시

조습 송풍의 조업 시험에 의하면 출선량을 일정하게 한 후 송풍 습분을 증가시켰을 때 출선량의 증가율은 습분 10g/Nm^{2}당 5%라고 보고되어 있다. 이는 이론값인 4.5%와 거의 일치한다고 볼 수 있다. 또 코크스 비는 습분 15~25g/Nm^{2}의 범위내에서는 분 10g/Nm^2 증가당 10g/T−P 저하한다. 이때 습분 10g/Nm^2 증가에 의한 풍구 앞 연소 온노의 서하에 내한 얼보상으로 송풍 온도를 82℃ 상승시키고 있다. 또 송풍 습분이 어느 정도 이상으로 높은 경우(24g/Nm^2)는 노정 중의 수소가 거의 일정하게 되어 노내에서 이용되는 수소가 많아진다.

Section 05 보조 연료 취입(Fuel Injection) 조업

1 보조 연료 취입의 목적

고로의 연료 및 환원제로서는 코크스가 주체로 되어 왔으나 최근에는 코크스 대용으로 중유나 다른 연료를 풍구로부터 취입하는 기술이 개발되었다. 1960년대 프랑스의 Pompey 제철소에서 풍구로부터 경유를 취입하여 조업한 것이 성공한 이래 현재는 거의 모든 고로에서 중유를 취입하고 있다.

취입 연료로는 중유, 타르(Tar), 천연 가스(LNG), 코크스 가스(COG), 미분탄 등 여러 종류가 있다. 미국의 경우는 풍부한 천연 가스가 주로 사용되고 유럽 등 다른 지역에서는 중유가 주로 사용되고 있다.

하지만 1980년대 이후 중유 값의 상승으로 일본이나 우리 나라에서는 거의 전 코크스(All Coke) 조업을 하게 됨으로써 중유 취입 조업은 하고 있지 않고, 중유 대신 미분탄이나 타르 등의 연료를 취입하고 있는 실정이다.

2 보조 연료 취입 시의 열보상

취입된 연료는 풍구 앞의 코크스에 비해 현열이 적고 풍구 앞에서 CO, H_2 등으로 분해할 때의 분해열을 요하므로 풍구의 이론 연소 온도는 저하한다. 이 저하분을 송풍 온도, 송풍 습분, 산소 부화 등으로 보상하여 풍구 앞의 연소 온도를 일정한 수준으로 유지한다. 연료 취입에 의한 열 보상량을 이론적으로 나타내면 다음 [표 6-1]과 같다.

Table 6-1 **보조 연료 취입시의 열 보상량**

	중유(10kg$_f$ T)	C가스(10Nm^2/T)	미분탄(10kg$_f$ T)
송풍 온도(℃)	+40	+29	+28
송풍 습도(gNm^2)	-5	-3.7	-3.6
산소 부화(%)	+0.68	+0.94	+0.50

3 중유 취입

1) 중유 취입 방법

중유 취입 방법으로는 [그림 6-1]과 같이 풍구 주입식, Blow-Pipe식, 펜 스토크(Pen Stock) 커버식 등이 사용되고 있다.

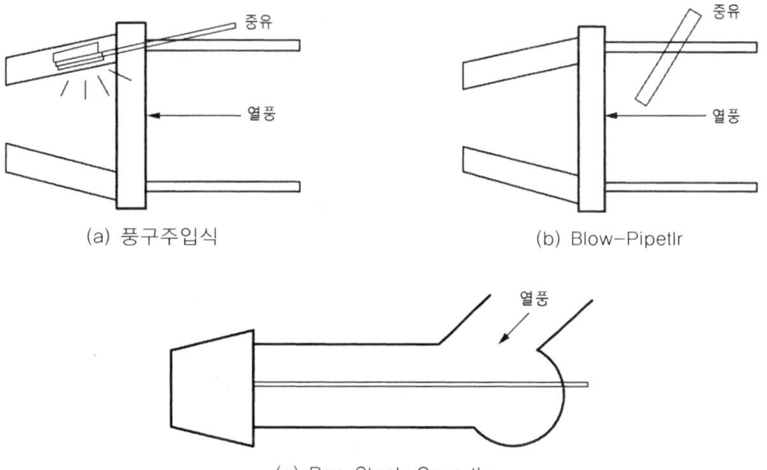

Fig. 6-1 **중유의 취입 방법**

2) 중유 취입시의 온도 보상

고로에 있어서 광석을 환원해서 선철과 슬래그를 생성하기 위해서는 장입물이 노상에 이를 때까지 반응이 완료되어 소정의 성분과 상당의 온도를 유지할 만큼의 열량이 필요하며 동시에 일정 이상의 반응 속도를 유지시키기 위해 온도를 유지하지 않으면 안된다. 고로에서 열량의 공급은 풍구 앞에서 탄소의 연소열 및 송풍 현열이 대부분을 점하고 있다.

풍구로부터 중유 등의 보조 연료를 취입하면 송풍 중 산소는 보조 연료의 연소에 일부 소비되어 코크스의 연소량은 저하한다. 취입 연료의 주성분이 탄화수소일 경우 탄화수소의 분해열만큼 풍구 앞에서 발생하는 열량은 적어진다. 또한 수소분 만큼의 가스량이 증가하기 때문에 풍구 앞의 연소 온도는 저하한다. 고로에 공급되는 열량은 풍구 앞에서 발생한 고온의 가스를 모체로 해서 장입물 및 선철 슬래그에 접촉하게 되지만 연소 가스 온도가 낮으면 가스－고체 간의 온도차가 적어져서 전열 효율의 저하를 초래하며 결국에는 열량 부족을 가져오게 된다. 여기서 중유 취입을 행할 경우 탄화수소의 분해열 및 풍구 앞에서의 현열은 중유 쪽이 노내 코크스보다 작기 때문에 그 만큼의 열량, 가스량의 증가에 대한 부족 열량 등을 송풍 온도, 조습 송풍 등으로 보상하여 풍구 앞 온도를 일정하게 유지할 수 있다. 이론적인 계산으로는 $10g/Nm^2$의 중유 첨가에 대해서 약 44℃ 만큼 풍온을 상승해야 한다.

3) 중유 연소성의 한계

중유 $1kg_f$을 연소시키는 데 필요한 공기량을 계산해보면 공기 $1Nm^2$당 $0.095kg_f$이 그 한계이다. 그러나 실제로는 풍구 간의 풍량 변동이 매우 크므로 이 값보다 낮다.

4) 중유와 코크스의 치환율

코크스와 중유와의 치환율을 산출하는 방법에는 여러 가지 의견이 나오고 있으나 현재까지는 통일된 방법이 없다. 주로 사용되는 방법은 다음과 같은 방법이 있다.

가) 중유 취입 후의 코크스화 저하량을 중유비로 감하는 방법

중유를 취입하지 않는 경우를 기준 조업으로 해서 기준 코크스 비를 정한 후 중유 취입 조업에 있어 코크스 비의 절감량을 중유비로 나누어 치환율을 구하는 방법으로 가장 많이 사용하고 있다.

나) 수소의 노내 이용률, 노정 가스 등을 사용하여 산출하는 방법

다) 다중회로 분석을 이용해서 산출하는 방법

라) 풍구 앞에서 코크스화하는 탄소량으로부터 산출하는 방법

마) RV Flint의 코크스화 추정식을 이용하여 산출하는 방법

5) 중유 취입에 의한 노정 가스의 변화와 가스 이용률의 변화

가) 수소 가스

① 중유 취입량이 증대함에 따라 보시 가스 중의 수소 농도가 상승해서 노정 가스 중의 H_2%가 증가한다.

② 중유 취입량이 증대함에 따라 H_2 가스 이용률이 향상되어 H_2 환원율이 대폭적으로 향상한다.

나) CO 가스

① 중유 취입량의 증대에 따라 보시 가스 중의 CO_2 농도는 감소하지만 노정 가스의 ($CO + CO_2$)%의 변화는 일정해지지 않는다.

② CO 이용률($\eta CO = \dfrac{CO_2}{CO_2 + CO}$)은 중유 취입량에 비례한다.

③ CO 가스 환원율은 보시 가스 농도에 따라 감소하는 경향이 있다.

다) 기타

① 노정 가스량의 N_2% 변화에 대해서는 명확하지 않다.

② 노정 가스 온도, 가스 열량에 대해서는 중유 취입에 의하여 상승하는 경향이 있지만 명확하지 않다.

6) 조업상 문제점과 그 대책

가) 노내 통기성

중유 취입량의 증가에 수반되는 가스 발생량 증가에 의해 풍압 / 풍량(P/V) 비는 상승하고 풍구 앞 연소 상황의 악화, 열보상 부족 등에 의한 노내 열 평형의 파괴 등에 의해 걸림, 슬립 등이 증가한다. 이에 대한 대책으로는 다음과 같은 방법들이 있다.

① 장입물 입도 분포 개선(특히 −5mm 이하의 미분 제거)
② 코크스 소결광의 입도 개선
③ 풍구에서의 균일 취입에 의하여 연소성 및 노내 반응의 개선
④ 취입량의 제한
⑤ 코크스 베이스(Coke Base)의 변경, 장입 방법의 개선 등

나) 풍구 파손

중유 취입에 의해 풍구 수명은 단축되고 있다. 이것은 중유 취입에 의해 통기가 악화되어 걸림, 슬립이 증대하고 풍구 앞 연소 상황이 악화된다. 풍구 파손의 원인에는 미환원 용융물과의 접촉에 의한 국부 과열, 냉각 불량에 의한 용손, 중유 연소 화염에 의한 영향 등이 있다.

중유 연소 화염에 의한 영향으로는 다음과 같은 것들이 있다.

① 중유 연소에 의한 분위기 습도의 상승
② 연소 가스량 증가에 의한 풍구 풍속의 상승
③ 연소 가스 중 SO_2에 의한 Cu의 취화
④ 중유 회분 중 V에 의한 영향

풍구 파손에 대한 대책으로는 다음과 같은 방법이 실시되고 있다.

① 각 풍구마다 균일 취입
② 풍구 냉각의 강화(수압의 상승, 급수량의 증가)
③ 풍구 재료의 검사 강화(Cu 순도의 향상, 외견 검사, 수압 시험)
④ 풍구 돌출의 변경
⑤ 풍구 길이의 변경
⑥ 코크스 베이스의 변경

다) 중유의 역류

중유가 역류하는 원인은 세가지로 볼 수 있다.

첫째, 풍구 앞에 미환원 광석이 하강할 때(생광 하강 시) 중유가 부착해서 풍구 앞에 벽을 만들어 Blow Pipe에 중유가 역류하는 경우이다.

둘째, 풍구간의 중유 유량 평형이 파괴되어 취입량 과다 혹은 무화불량이 되어 완전히 연소하지 않고 풍구에 미연소 탄소가 부착해서 풍구내에 벽을 만들어 그 벽의 발생에 의해 중유 연소가 악화하여 역류하는 경우이다.

셋째, 풍구 파손 시 풍구 앞 온도가 급저할 때 중유가 역류하는 경우이다.

중유가 역류할 때의 대책으로는 다음과 같은 방법이 있다.

① 각 풍구마다 균일 취입
② 무화 방식의 개량
③ Blow Pipe의 개량(라이닝 재질의 개량, 라이닝 두께의 변경, 접합부 재질 강화, 캐스터블 박리 방지 등)
④ 중유 역류의 검지
⑤ 버너 팁 선단 최고 위치의 결정

라) 청정기의 사고

중유 취입량의 증대, 노황 부조 시의 중유 취입 등으로 노정 가스 중의 미연소 중유가 그을음이 되어 전기 집진 장치의 집진 효과를 저해할 염려가 있으나 현 상태로는 전혀 문제가 되지 않고 있다.

4 미분탄 취입(PCI : Pulverized Coal Injection) 조업

1) PCI 조업 특성

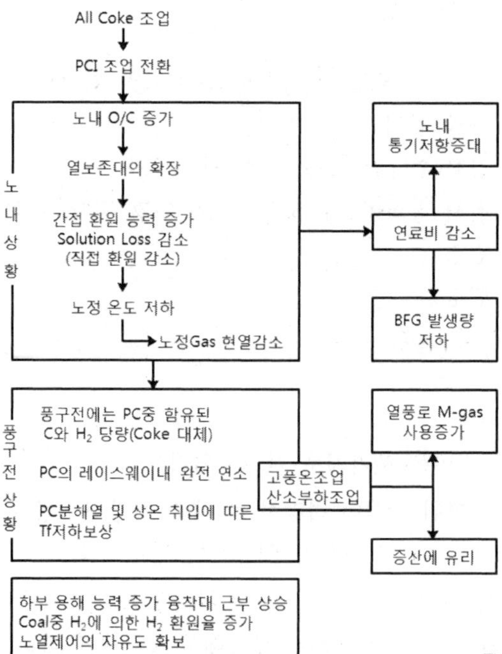

Fig. 6-2 **PCI 조업의 특징**

2) PCI 조업 공정 개요

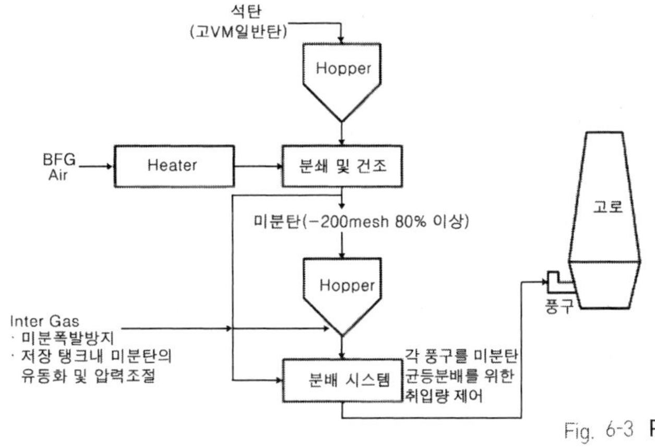

Fig. 6-3 **PCI 조업 공정도**

3) PCI 조업 이론

가) 풍구 앞의 미분탄(PC) 연소

연구에 의하면 풍구 선단에서 급격한 O_2 감소 및 CO_2% 증가, CO 가스 및 H_2 가스의 발생 영역이 풍구 선단으로 이동하며 이는 다음과 같은 연소 반응에 의한 것으로 추정할 수 있다.

〈1차〉 Coal 중의 휘발유 분해

Coal 중 성분이 다음의 반응에 의하여 CO_2, CO, H_2의 가스로 풍구 선단으로 이동한다.

$CO + O_2 \rightarrow 2CO$

$C(O) \rightarrow CO$

$2C(O) \rightarrow CO_2$

$C + CO_2 \rightarrow C(O) + CO$

H_2의 부해

〈2차〉 PC의 연소(풍구전 O_2의 급격한 저하)

(1), (2)가 PC 연소 주반응이다.

$2C + O_2 \rightarrow 2CO$

$2CO + O_2 \rightarrow 2CO_2$, $C + O_2 \rightarrow CO_2$ ………… (1)

$CO_2 + C \rightarrow 2CO$

$C + O_2 \rightarrow CO_2$

$2H_2 + O_2 \rightarrow 2H_2O$ ………… (2)

〈3차〉 Coke 연소

$$C + CO_2 \rightarrow 2CO$$

$$C + H_2O \rightarrow H_2 + CO$$

나) 풍구 앞 미분탄 연소 한계량

PC 취입 가능량은 송풍 산소량, 연소 효율에 의해 좌우되며 통상 연소 효율은 0.5~0.6 정도이며 산소부화 없이 최대 취입 가능은 $80kg_f/T-P$ 전후로 알려져 있다.

다) 미분탄 연소에 영향을 미치는 인자

휘발분이 높을수록 탄(Coal)의 열분해가 촉진되어 분해된 C, H의 연소가 빨라지므로 연소 효율은 증가한다. 연구 결과 휘발분 80% 이상이 고휘발분이므로 거의 Oil 연소와 같으며 레이스웨이(Race Way) 내의 완전 연소가 가능하다고 알려져 있다.

라) 입도

미분탄 입도는 연소 과정에서 표면 산화 단계인 중요 인자이며 입도가 작을수록 연소 시간이 짧아짐을 알 수 있다. 즉, 입자가 미세할수록 반응 표면적이 증가함으로서 산소와의 접촉이 활발하게 되며 반응 속도가 빨라지기 때문이다.

레이스웨이에서의 미분탄의 연소는 −200메시(Mesh) 이하가 80% 이상일 때 완전 연소가 가능한 것으로 밝혀지고 있으며 PCI 고로 대부분이 이와 같은 입도를 사용하고 있다.

마) 송풍 온도

미분탄 연소 분위기가 높을수록 연소 속도에 의해 연소 효율이 증가하지만 온도 상승에 따른 연소 속도 증가율은 둔화되며 현재까지 연구된 결과에 의하면 1,150℃ 이하에서는 온도 상승에 따라 연소 속도는 크게 둔화된다고 알려져 있다.

바) 산소 부화

산소 부화의 경우는 풍구 선단에서 연소 분위기 온도를 상승시킬 뿐만 아니라 탄화 수소를 연소시키는데 필요한 충분한 산소를 공급하여주기 때문에 PCI 조업 효과를 높일 수 있다. Gobe의 실험에 의하면 산소 1% 부하에 5% 정도의 연소 효율이 향상되며 이에 따라 분탄의 코크스 치환율이 상승한다. 또한 입도 미세화, 송풍 온도 증가보다는 산소 부화가 유리한 것으로 나타나고 있다.

4) 코크스 치환율

가) 겉보기 치환율

미분탄 취입에 따른 고로 조업 지수의 변화를 고려하지 않고 미분탄 취입량과 코크스 감소량을 단순비로 나타내면 다음과 같은 지수로 나타낼 수 있다.

$$겉보기\ 취환율 = \frac{기준조업대비\ 코크스\ 감소량(kg/T-P)}{미분탄\ 취입량(kg/T-P)}$$

나) 보정 치환율

보정 치환율은 미분탄 취입에 따른 송풍 온도 등의 고로 조업 지수 변화를 고려하여 미분탄 취입시의 보정 코크스 비를 계산한 것으로 코크스 대체 효과를 나타내는 지수이다.

$$보정\ 취환율 = \frac{기준조업시\ 코크스비(kg/T-P) - 미분탄취입시\ 보정코크스비(kg/T-P)}{미분탄\ 취입량(kg/T-P)}$$

5) 미분탄 취입시의 고로 조업 관리

가) 풍구선 이론 연소 온도(Tf)

미분던 취입 시의 풍구선 화염온도는 임현열, 풍구선 연수 가스 발생량 증가 및 연료 분해열 등에 의해 저하하게 된다. 이때의 온도는 다음 식으로부터 산출할 수 있다.

$$Tf = 1{,}559 + 0.839\,T_B - 6.033\,W_{H_2O} - 3.01\,W_{P.C} + 4.973\,W_B$$

- Tf : 풍구선 이론연소온도
- T_B : 풍온
- W_{H_2O} : 조습
- V_B : O_2량
- $W_{P.C}$: 미분탄 취입량

나) 연료 및 원료의 품질

고로 노내의 통기성을 좌우하는 가장 큰 요인은 코크스이다. 그런데 미분탄을 취입함에 따라 코크스 장입량이 감소하므로 통기성을 악화시킬 가능성이 커지게 된다.

따라서 통기성을 적절하게 유지하기 위해서는 코크스 및 소결광의 강도가 우선적으로 확보되어야 한다. 이러한 요구 조건은 미분탄 취입량이 증가할수록 커지게 된다.

다) 노내 가스 이용률

미분탄 취입 시에는 O/C 상승 및 미분탄 자체의 성분 차이에 의해 가스 이용률이 변화하게 된다.

라) 노내 열 반응

미분탄의 취입 개시 혹은 취입량 증가 시 그 반응 시간은 2~4시간이다. 즉, 이 시간을 고려하여 미분탄 취입에 따른 O/C, 풍온 또는 조습 등의 열적조치가 뒤따라야 한다.

Section 06 전 코크스 조업법(All Coke Process)

1 개요

원유 가격의 급격한 상승은 에너지를 대량으로 소비하는 제철 산업에 있어서 제조 단가면에서 큰 부담이 되고 있다. 특히 제철소 소비 에너지의 절반을 차지하는 제선 부문에 있어서 총 단가 에너지(Total Cost Energy) 관리는 필수적이므로 저 오일비 조업, 타르 취입 조업, 미분탄 취입 조업, 전 코크스 조업 등의 여러 가지 방법으로 연료를 절약하려는 노력을 기울이고 있다.

중유 등의 오일 취입 조업 상태에서 점차 오일비를 낮추어 궁극적으로는 Oil－Cut에 이르는 동안 노내 장입물 분포, 통기성, 연화 융착대 패턴, 풍구 앞 레이스웨이 등의 노내 상황이 상당히 변화되므로 안정 조업 유지를 위해서는 이들에 대한 충분한 사전 검토와 연구로 적절한 조치를 취해야할 필요가 있다.

2 전 코크스 조업 이행 방법

Table 6-2 **All 코크스 조업 이행 방법과 문제점**

이행방법	문제점
가. 정기수리(S.D)후 재송풍 시 중광을 보류하고 Oil Cut	이행은 쉬우나 노내 융착대의 대폭적인 변화로 노황 부조 발생(Slip, Channeling)
나. Oil비의 단계적 저하(설비능력 하한)로 최소량 취입 중 Oil Cut	이행 소요 시간이 길지만 Oil비의 단계적 저하에 따른 대책 실시로 노내 프로파일의 안정 도모, 노황 안정을 기할 수 있다.

3 장입물 분포 상황

1) 장입물 분포의 변화

가) 노내 가스류 분포의 변화

All 코크스 조업에서는 O/C의 감소에 따른 중심류의 발달로 환원 효율면에서 불량해지고, Solution Loss carbon 량의 증가로 안정 조업 유지가 어려운 조건이 된다.

나) 노 하부의 불활성화

노벽 측의 환원 전열이 악화되어 융착대 부근에 늘어지면서 노하부 온도 저하에 의한 주변 불활성층이 생겨 Belly부에 정체층을 형성하여 장입물 강하 불안정, 불활성층 탈락 등의 현상이 생긴다.

2) 대책

장입물 분포 제어 기술의 확립과 노체 온도 관리를 위해 다음과 같은 사항을 유의해야 한다.

① 중심류형 모드와 주변류형 모드의 조합 사용 기술 확립으로 전체 가스 이용률 향상

② 노체 온도 관리 강화

③ 광석 Base, 코크스 Base, Stock 레벨 조정

④ 입도 인자의 영향, 장입물 분포 형상 파악 및 노내 현상과의 대응 관계를 파악하여 조업에 응용(프로파일 미터, 유속계 활용)

7

화입 및 종풍 조업

Section 01 고로의 건조 및 충진
Section 02 종풍 조업

제선공학

Iron Making Engineering

CHAPTER

07

화입 및 종풍 조업

Section 01 고로의 건조 및 충진

1 건조

고로 내화물은 화입 시 일어나는 급격한 가열 팽창에 견딜 수 있도록 건조가 필요하다. 이것은 또한 노수명에 크게 관계하며 내화물의 수분은 스폴링(Spalling)의 원인이 된다.

건조는 주로 열풍로에서 준비된 열풍으로 건조를 행하지만 그 준비가 불가능한 경우에는 노전에서 코크스를 연소시켜 실시하기도 한다.

현재와 같은 경제적 조건하에서는 가능한 빠른 생산 개시가 유리하므로 건조 시간은 가능한 단축하는 것이 바람직하다.

노건조는 노체 각부의 온도 분포를 조정하여 균일하게 승온하는 것이 중요하며 실제로는 송풍 온도, 노정 온도로 건조를 관리하면서 일정 기간 건조를 계속한다.

1) 건조 기간

건조 기간의 적정화에 대하여는 신일본제철에서 실제 고로와 동일한 두께의 연와 판넬을 사용해서 모델 실험을 행한 결과 과거의 건조 실적에 비하여 상당히 단축할 수 있음이 나타났으며 일본의 토바타제철소 제1고로 및 2차 개수로를 1일간 건조하여 효과를 거두었다.

2 열풍로 건조

1) 열풍로 건조의 목적

건설 또는 개수 후 고로에 송풍하기 전 열풍로를 건조하는 목적은 첫 번째로 급격한 수분 증발 또는 열적 충격을 피하기 위한 것으로 열풍로 연와가 탈수를 완료하며 연와 사이의 모르타르 중 수분 증발 요인을 제거함으로써 연와 이음 부분 파손을 방지하기 위함이다. 두 번째로 가열에 의한 열풍로 팽창의 완료로 열응력에 의한 단체 연와의 파손 방지 및 노체 불균일 가열에 의한 최종 단계에의 이행 불량 또는 파괴를 방지하기 위함이다. 마지막으로는 축열을 완료하기 위함이다.

2) 규석 연와의 특성

가) 열팽창성

규석 연와 팽창의 대부분은 300℃까지의 저온에서 일어나고 300℃ 이후는 급격히 팽창속도가 저하하며 800℃ 근방에서는 거의 팽창하지 않는다.

나) 하중 연화성

규석 연와는 고온에 있어서 용적은 안정적이지만 어떤 하중이 걸리면 연화 개시 온도에서 붕괴 온도까지 용적이 작아진다. 즉, 규석 연와는 고알루미나(Hi-Al) 연와에 비하여 하중 연화 개시 온도가 높지만 붕괴 온도가 낮기 때문에 1,600℃ 이상으로 가열하는 것은 절대 금물이다.

다) Creep 강도

치밀한 규석 연와는 고알루미나 연와보다 크리프 강도가 크다. 고알루미나 연와는 1,500℃에서 50시간 경과하면 5~6% 변형을 한다. 규석 연와는 1,550℃에서 50시간 경과하면 약 0.6% 변형한다.

3) 승온 속도의 결정

열풍로의 승온 속도 결정은 규석 연와(또는 고알루미나)의 열팽창성, 하중 연화성 등을 고려하여 대략 3~4개 정도 온도 구간을 나누어 승온 속도를 계산한다.

Table 7-1 **일본 및 우리 나라 일부 회사의 고로 열풍로 건조 실적**

항목	후쿠야마 1, 2고로		미즈시마 1고로		와가야마 5고로		P사 3고로	
	온도	속도	온도	속도	온도	속도	온도	속도
승온 속도 (℃/D)	~100 100~400 400~800	0.6 10.3 66.5	~100 100~200 200~300 300~450 450~800	4.8 8.3 12.5 30.0 70.0	~100 100~250 250~450 450~800	6.0 8.0 20.0 60.0	~100 100~300 300~450 450~800	6.0 8.0 21.4 58.3
최고 돔 온도	800		725		650		800	
합계 건조일수	45		45		50		51	

4) 투입 열량의 결정

승온 속도가 구간별로 결정되면 전 투입 열량의 구간별 분배는 승온 속도에 비례해서 할당하고 할당한 구간별 투입 열량의 합이 전 투입 열량이 되도록 하여 구간별 투입 열량이 계획 돔 온도가 되도록 과잉 공기량을 산출하여 투입하게 된다.

5) 건조 관리

열풍로 건조시 주요 관리 항목은 다음 [표 7-2]와 같다.

돔 온도 및 배 가스 온도가 계획선 범위를 벗어날 경우 COG량 및 과잉 공기율을 조정하여 계획 관리 온도 범위가 되도록 한다. (단, Action 순서는 COG량 조정이 우선이다.)

Table 7-2 **열풍로 주요 관리 항목**

관리항목	측정주기	비고
Dome 온도	연속 Recording	
배가스 온도	〃	
HS outlet 온도	〃	
Checker 수금물 온도	〃	
COG 유량	〃	
연소 공기 유량	〃	
배가스 성분 및 수분	1회/8Hr	과잉 공기율 산정
과잉 공기율	〃	
대기 온도	〃	
대기 습분	〃	
Dome 심도	1회/일	연와 팽창
수금물 냉각 공기량	연속 Recording	필요시 사용

3 고로 건조

1) 고로 건조의 목적

연와 및 모르타르 내의 유리 수분을 제거하여 모르타르의 접착 강도를 증대시키고 연와의 탈수를 행함에 따라 화입 후의 열적 충격에 의한 노체 연와의 손상을 방지하기 위한이다.

2) 승온 속도의 율속 조건

가) 스폴링 (Spalling)

연와에 발생하는 균열은 승온 과정보다는 항온 과정에서의 급격한 항온에 의한 것이 대부분이나 연와를 균열한계 승온 속도보다 높일 경우 승온 과정에서도 많은 균열을 일으킨다.

나) 균열 한계 승온 속도

① High Al_2O_3 계통 : 200℃Hr까지 균열 없음

② Vr 계통 : 225℃Hr까지 균열 없음

③ 샤모트(Al_2O_3 : 47%) 계통 : 400℃Hr까지 균열 없음

다) 연와 이음 부분 (목지부)의 Bursting 현상

승온 과정에서 승온 속도가 한계치보다 빠르면 목지부의 수분이 증발하여 생긴 수증기는 외기와의 압력차가 목지의 강도보다 크게 되어 목지의 Bursting 현상이 일어난다.

3) 최고 온도와 보유 지간

냉각반을 사용하지 않는 판넬 테스트에 의하면 800~1,100mm까지 연와 내부가 건조되기까지는 약 8~16일 정도 소요된다. 그러나 실제 고로의 건조 시에는 연와 배면에서 냉각반으로 냉각되고 있기 때문에 실제 테스트보다 상당한 기일이 필요하다.

4) 항온 속도

가) 연와 균열

50℃Hr의 항온 속도에서는 거의 균열이 발생하지 않으나 500℃Hr 이상의 급속 냉각에서는 연와 표면에 직각으로 균열이 발생한다.

나) 목지 균열

항온 속도에 관계없이 목지부의 균열은 발생한다. 그러나 항온 속도가 느릴수록 균열 발생량이 감소하므로 항온 속도를 낮추는 것은 강도면에서 유리하며 또한 화입 후의 알칼리 공격에 대한 것에서도 유리하다.

5) 최근 고로의 건조 실적

가) 건조 온도 곡선

과거 건조는 어느 정도 기간을 두고 행하였으나 최근 공기의 단축 등으로 4~7일 정도까지 단축되고 있다.

승온에 있어서는 연와의 균열면에서 어느 정도 주의를 요하고 있지만 항온 속도에 대해서는 그다지 신경을 쓰지 않았으나 최근에는 목지부의 균열 등을 고려하여 주의를 요하고 있다. 최근 고로내 건조 온도는 노정 설비 보호면에서 풍구전 온도를 500~550℃ 이하로 억제하고 있다.

나) 건조 풍량

노벽의 풍속을 일정하게 하면 송풍량은 내용적에 비례한다.

그러나 내용적에 비례한 송풍량으로는 단위 연와 표면에 대하여 과대한 풍량이 되어 대형 고로에서는 송풍 온도를 낮추지 않으면 노정 온도 상승의 위험이 있다.

6) 건조 포인트

가) 건조 정도의 판단

연와 배면에서 냉각 작용이 없는 경우는 800mm까지 500℃에서 5.5일 정도로 건조는 완료된다고 본다. 냉각 시에는 건조 기간이 더 필요하다. 일반적으로 안전 측면에서 400mm 부분이 100℃ 이상 상승시킬 때를 건조 종료로 보고 있다.

나) 승온 속도

승온 조정면에서 열풍 본관, 팽창 조인트 등이 완전 팽창을 고려하여 2~3일의 승온 기간이 필요하다.

다) 항온 속도

목지부를 고려하여 항온 속도를 조정할 필요성이 있으며 가능한 한 항온 속도를 늦추고 연와 내부의 열응력을 적게할 필요가 있다. 대부분 6시간 정도 이상으로 한다.

4 충진

1) 충진 및 화입 초기의 유의점

① 노내 장입물 및 노체의 조기 승온과 열의 확보

② 노벽 연와의 손상 방지

③ 수조로유 출선 및 출재 작업

④ 첫 출선 후 제강선으로의 원활한 이행

2) 충진 계획 작성시의 고려사항

① 충분한 화입 코크스의 장입으로 조기에 노체의 승열이 확보되도록 한다.

② 노상부에 충분한 열이 붙도록 노상에는 광석 하중에 견딜 수 있는 침목 적재를 행한다.

③ 화입 초기에는 노열이 충분하지 못할 것이 예상되므로 출재 시 슬래그의 유동성 확보가 요망되므로 저 염기도 저 Al_2O_3로 조업을 한다.

④ 코크스 베이스는 코크스 층후를 고려하여 적정한 톤수를 결정한다.

3) 화입용 코크스

화입용 코크스의 양은 다음 식으로 구할 수 있다.

> 화입용 코크스 = 베드 코크스 + 승열 코크스

화입 후 초당 성분에 상당하는 광석이 노상에 강하할 때까지 충진물의 승열은 완료되어야 한다. 이에 필요한 코크스를 승열용 코크스라 한다. 한편 용해대 이하의 공간을 채우는 데 필요한 충진물 즉, 연소하지 않는 코크스를 베드 코크스(B.C : Bed Cokes)라 한다.

가) 베드 코크스량의 계산

베드 코크스는 화입 시 연소하지 않고 노상부와 보시의 일부에 남아 노심을 형성하는 코크스로서 풍구 레벨 이하는 코크스가 노상부 용적을 채우게 되며 풍구 레벨 이상에서는 원추형이 되는 것으로 산정한다.

나) 승열용 코크스의 계산

① **계산에 의한 방법** : 고로 전체의 열수지를 계산하여 승열용 코크스를 구하는 방법

> 입열항 = 풍구밸브 C 연소에 의한 발열량 + 송풍 현열

② **노정 온도 상승 완료에 의한 추정** : 화입 후 노정 온도가 상승하여 일정하게 되는 시점을 장입물 승열 완료가 된 시점으로 보아 그때까지의 코크스 연소량을 승열용 코크스로 추정하는 방법이다.

다) 화입 코크스의 결정

① 고로의 내용적과 화입용 코크스 실적표에 의한 추정

② 계산식에 의한 추정

③ 노정 온도 상승 시까지의 연소 코크스량에 의한 추정 등으로 화입용 코크스를 계산한 후 충진 시 O/C 1.0 이하가 화입용 코크스가 되도록 장입 단수를 구분한다.

4) 광석 충진

가) 초탕 Si 목표

초탕 Si은 화입 후 축열의 기준이 되기 때문에 조기 승열을 위해서는 높은 편이 바람직하나 너무 높으면 출선 시 배재 작업이 어렵게 되므로 약 4%Si 정도를 목표로 한다.

나) 충진 평균 O/C

충진 시 평균 O/C는 화입용 코크스량과 Top O/C가 결정되면 대략 그 범위가 결정되며 충진 시의 장입물은 초탕 Si과 밀접한 관계가 있다.

다) 충진 시 장입물의 선택

① **소결광** : 노내에서 장기간 체류에 견딜 수 있는 열간 성상 확보를 위해 $Al_2O_3 < 10\%$, FeO : 8~10%로 하며 통기성 확보를 위해 −10mm의 분율이 25% 이하가 되도록 한다.

② **괴광석** : 점성광, 자철광 등의 장입을 피하고 지 Al_2O_3 고품위광을 사용한다.

③ **조재제** : 저온 용해가 용이한 고로 슬래그인 Ballast를 Al_2O_3 범위가 허용하는 한 최대로 사용하며 저온 용융이 어려운 석회석, 규석 등의 장입량은 가능한 한 소량으로 한다.

④ **슬래그 성상 및 양**

㉠ CaO/SiO_2 : 연와 보호면에서 염기도는 1이하가 바람직하지만 탈황성에서 보면 염기도는 높은 쪽이 좋다. 그러나 화입 초기와 같이 노열이 충분히 붙지 않은 시점에서 가장 문제가 되는 것은 슬래그 유동성이므로 1,400~1,450℃에서 유동성이 양호한 1.05~1.10 전후가 가장 좋다.

㉡ Al_2O_3 : 슬래그 유동성 확보를 위하여 낮은 쪽이 바람직하나 너무 낮을 경우는 슬래그량이 증가하므로 슬래그 중 Al_2O_3는 대략 13% 전후로 하고 있다.

⑤ **코크스 베이스** : 일반적으로 코크스 베이스를 결정하는 요인은 노구부에서의 코크스 층 두께에 있으므로 노구부의 층 두께가 600~700mm가 되도록 결정한다.

$$C.B = \pi\left(\frac{DT}{2}\right)^2 \times 0.6 \times d$$

• DT : 노구경 • d : 코크스의 겉보기 밀도

4) 출선구 보호벽 축조 및 침목적

가) 출선구 보호벽 축조

출선구 보호벽은 고로 화입 시 노내에 장입되는 코크스, 광석 등의 낙하에 의한 출선구 심도 관리 및 조업 중 노내의 여러 가지 반응으로부터 출선구를 보호하기 위한 축조 작업이다.

보호벽은 다음과 같은 조건을 갖추어야 한다.

① 벽체가 외부에서 작용하는 힘에 견딜 수 있어야 한다.

② 조업 중 노내 반응에 강한 재질이어야 한다.

나) 침목 쌓기

고로 화입 시 연소되지 않는 코크스의 노저 강하를 방지하는 한편 노내 온도를 조기에 상승시켜 원활한 고로 장입을 수행하기 위한 작업으로 고로 내부 풍구 하단까지의 침목을 쌓는 작업이다. 침목적의 방법은 밀착 쌓기, 1단 띄워 쌓기, 2단 띄워 쌓기, 3단 4단 띄워 쌓기, 풍구 보호용 침목 쌓기 등이 있다.

5) 장입물 분포 조사

가) 목적

충진 시 노내 장입물 분포 조사는 화입 후 조업을 원활하게 실시하기 위하여 충진 시에 기초 데이터를 채취하고 장입 장치의 설비 특성을 파악하여 두고자 하며, 특히 고로 내에 있어서 장입물 분포는 고로 1대기를 통하여 충진 시 밖에 조사할 수 없기 때문에 장입물 노내 분포 측정을 충분히 실시하여 정상 작업 시 조업 방침에 참고하도록 하는데 그 목적이 있다.

나) 분포 조사 항목

① Bell 고로

㉠ 분포 방식의 차이에 의한 대소 벨 호퍼(Bell Hopper) 내 장입물 분포 상태 조사

㉡ 광석 충돌판에의 광석 및 코크스의 충돌 위치 조사

㉢ M/A 사용시 광석 및 코크스의 충돌 위치 조사

㉣ M/A 노치 변경에 따른 노내 장입물 분포 조사

㉤ 장입물 노내 조사 : 표면 형상 체크, 샤프트 존대(Shaft Sonde), 노정 온도 감지 장치, 노정 점화 장치

② Bell-Less 고로

㉠ 장입 B.C상 입도 분포 조사

㉡ 고정 호피 내 분포 조사

㉢ MCG 유량 특성 조사

㉣ 장입 소요 시간 측정

㉤ 장입 레벨 측정 및 장입 횟수 보정

㉥ 낙하 궤적 조사

㉦ 노내 장입물 분포 조사 : 표면 형상 조사, 입도 편석 조사, 노내 원주 평형 조사, 직경 방향 입도 편석 조사

㉧ 노정 센서 작동 상태 테스트 : 사운딩(Sounding) 장치, 샤프트 존대(Shaft Sonde), 프로파일 미터(Profile Meter), 노정 점화 장치

6) 조업도 상승 계획

가) 개요

조업도 상승이란 화입 후 정상 조업 시까지의 이행 과정을 의미하며 조업도 상승 기간 중에는 연와 보호와 노내 프로파일의 조기 안정을 도모하기 위하여 O/C 보다는 송풍량을 우선으로 조업도를 상승시켜 나가며 화입 초기 노열을 충분히 확보하고 노정 장입 장치의 부하 위험 부담을 고려하여 화입 후 약 7일 간은 O/C를 낮게 유지한다.

나) 단계별 조업도 상승 계획

Table 7-3 **단계별 조업도 상승 계획**

단계	기간	주요 조업 관리 항목
1	화입~초팅	• 화입 직후부터 초탕까지의 증풍 • 가스 통입 • 노열의 확보(노열 여유) • 초출선 준비
2	초탕~7일	• O/C 변화 • Si 변화 • 증풍 피치(Pitch)
3	8일~30일	• 각종 조업 Index의 조정 • 노내 프로파일의 형성(1종 → 다종 링)
4	31일~정상시	• 노정압 발전기 • 열풍로 폐열 회수 장치 등 부대 설비의 기동 • 신설비에 대한 표준 작업 체제 확립

다) 화입 후 24시간 조업 계획

이 기간은 승열용 코크스에 의한 노내 장입물의 승열과 철광석의 환원 용해가 시작되며 한편 노상부 침목적의 연소로 노저 연와의 승열을 도모하기 위하여 출선구로 순조롭게 수행하여야 할 시기이다.

라) 화입 후 24일간 조업 계획

이 기간은 노벽 및 레이스웨이(Race Way), 용해대의 열 레벨이 정상화 되어가는 기간이므로 상당한 열 여유를 가지고 조업해야 하므로 Si가 높아지게 되나 고Si의 경우 제강 취련이 곤란하므로 단계적으로 Si를 낮추고 노내 프로파일의 조기 안정을 위하여 O/C 및 송풍량을 적극 증가시켜 나가야 할 시기이다.

그러나 화입 초기 전후 공정 및 기타 여러 가지 여건에 돌발 휴풍의 위험성에 대비하여 노열을 어느 정도 이상 유지할 필요가 있다.

Section 02 종풍 조업

종풍 조업이라 함은 개수 공사를 위해 고로의 불을 끄는 조업을 말하는데 클리닝(Cleaning) 조업, 감척 종풍 조업, 노저 출선 작업, 주수 냉각 작업의 4단계로 구분하여 말할 수 있다.

1 클리닝 (Cleaning) 조업

1) 클리닝 조업의 목적

샤프트 부착물 제거에 의한 안전한 감척 종풍 조업을 실시하고 노내의 부착물을 용해하여 노저 출선을 원활히 하고 노내 잔류 용융물을 완전히 제거하여 노저 해체 시 공사 물량을 감소하기 위하여 클리닝 조업을 실시한다.

2) 클리닝 조업 방법

가) 부착물 생성 요인의 제거

① **장입물 중 Zn 입량 규제** : 노내 샤프트 상부에 주로 부착물을 형성하는 것으로써 클리닝 조업 기간 중에는 당시의 원료 조건 중 장입 Zn을 최소화할 수 있는 원료를 선택 사용할 필요가 있다.

② **장입물 중 TiO_2 입량 규제** : TiO_2는 노저의 점조층을 형성하고 용선의 유동성을 저해하게 된다. 따라서 클리닝 조업 기간 중에 장입 TiO_2를 최소화하여야 한다.

나) 부착물의 제거

① **노벽 부착물 제거 방법** : 주변 O/C 저하(주변류 조장), O/C 저하(감강)

② **노저 점조층 제거** : 용선 온도 상승, 용선 중 성분 조정(Mn, S, Ti), 염기도 다운, 노저 살수량 감소, 노저 수냉량 감소

③ **용선재의 유동성 향상** : 슬래그 성분 조정을 위해서 슬래그의 유동성이 좋은 성분 범위를 선택하여 성분 조정을 한다. 슬래그의 염기도를 1.15~1.20, Al_2O_3를 13~15%, MgO를 5~7% 범위로 조정한다.

용선의 성분 조정을 위해서는 가능한 양호한 유동성을 가진 성분으로써 Mn 0.9~1.1%, S 0.03~0.04%, Si 0.5% 내외로 선택하여 조정한다.

3) 클리닝 조업 기간

통상 클리닝 조업을 7일~10일 정도 실시하고 있다. 또한 장입물 중 Zn 및 TiO_2 입량 규제는 2개월 정도 실시하고 노저 냉각 수량 감소는 종풍 조업 1~2개월 전부터 서서히 실시하는 것이 좋다.

2 감척 종풍 조업

1) 감척 종풍 조업의 목적

감척 종풍 조업이라 함은 조업 중 고로를 완전히 소화시켜야 하는 개보수에 앞서서 소화 후의 노 내용물 해체 철거를 전제로 고로 조업을 종료시키는 최종의 휴풍 조업 과정으로써 그 주 목적은 노내의 광석을 완전히 용융 배출시켜 노내를 코크스로 치환하면서 노내 장입물 레벨을 저하시키는 조입을 말한다.

2) 감척 조업 방법

가) 감척 조업 시 고려해야할 사항

감척 조업은 고로내를 빈 상태로 또는 고로 내를 코크스 만으로 채우게 됨에 따라 폭발의 가능성이 높아지게 된다. 따라서 폭발에 대한 조치 및 감척 조업 중의 소요되는 장입물 및 풍량 등 안전 조업에 대한 몇가지 고려해야 할 사항이 다음과 같다.

① 소요 장입 물량 및 풍량을 결정하기 위한 고로 내용적을 추정하여야 한다.
② 종풍용 장입 물량에 대한 결정으로 원료 및 코크스 저장고(Bin)의 공 저장고(Bin) 유지를 도모하여야 한다.
③ 장입물의 연소 및 용해를 위한 소요 풍량을 계산하여 감척 종풍 조업 시간을 결정한다.
④ BFG의 열량(Calorie) 제어로써 BFG 사용 개소에서 가스 열량 변화에 의한 트러블을 방지한다.
⑤ 노정 온도를 350℃ 정도로 유지하면서 감척 조업을 실시함으로써 노정 장입 장치의 변형을 방지한다.

나) 감척 종풍 조업 계획시 포함되어야 할 사항

① **고로 내용적의 추정** : Mn광 투입에 의한 방법, 노체 보링(Boring)에 의한 방법
② **종풍용 장입 물량 결정** : O/C의 결정, Mn광 장입량의 결정, 종풍용 코크스의 결정
③ **소요 풍량의 결정** : 노내 광석 잔존 시 소요 풍량, 노내 코크스만 연소 시 소요 풍량, 종풍 후 소요 풍량

④ **종풍 조업 시간의 결정** : 취발 방지, 가스 열량 제어, 노정 온도 제어
⑤ **감척 속도의 계산** : 감척 체적 계산, 감척 레벨 계산

다) 감척 계획 시 포함해야 할 사항

① 송풍량
② 풍온
③ 노정압
④ 코크스 장입
⑤ 질소 취입
⑥ 노정 살수
⑦ 기타

라) 감척 종풍 조업 방법

감척 종풍 조업 계획 시 포함해야 할 사항이 모두 계획되면 클리닝 완료된 시점부터 감척 조업에 들어간다. 감척 조업은 노내 장입물을 코크스로만 치환하면서 장입물의 레벨을 저하시키는 것이므로 노내 광석이 완전 용해되었는지의 여부를 판단하기 위하여 Mn광을 최초로 장입한다.

그리고 그 이후 장입물 레벨이 저하함에 따라 종풍용 코크스를 장입하고 레벨이 저하할수록 노정 온도가 상승하게 되므로 노정 살수를 실시하면서 코크스도 장입한다. 조업 중 취발이 일어나거나 노황이 불안정하지 않도록 각별히 주의해야 한다.

노내 광석 잔존 여부의 판단은 용선 중 Mn 상승(감척 조업 촉 장입한 Mn광의 용해에 의해 생성)으로 판단하고 용선 중 Mn이 상승하면 계획한 장입물 레벨에서 마지막 휴풍을 실시함으로써 종풍 조업을 완료하게 된다.

최근의 고로 감척 조업은 공로 조업(장입물의 레벨을 보시부까지 내리는 방법)을 하는 추세에 있으며 일부 장입물의 분포 상태를 조사하기 위하여 정상 조업 중 노내에 살수를 실시하여 바로 휴지에 들어가는 경우도 있다.

3 노저 출선 작업

1) 노저 출선 작업의 목적

노저 출선 작업이라 함은 감척 종풍 조업이 완료된 후 통상 출선구 이하의 레벨에 있는 용융물을 배출시키는 작업으로써 개수 공사의 물량 감소 및 개수 공사 공기 단축에 있다.

2) 노저 출선 작업 방법

가) 노저 임시 출선구의 선정

임시 출선구의 원주 방향의 위치 선정은 용선의 수선 방법에 의해서 결정되지만 가장 중요한 점은 노저 출선 작업에 충분한 공간이 있는 곳을 선택한다. 또한 임시 출선구의 레벨은 노저에 설치된 T/C의 온도에 의해 계산된 레벨을 설정하게 된다.

나) 용선의 처리 방법

임시 출선구에서 출선된 용선의 처리 방안으로써 일반적으로 드라이 피트(Dry Pit)에 모래 사장을 만들어 용선을 처리하여 응고시켜 제거하는 방법과 간이 용선통을 제작하여 레이들에 받아 제강 공장에 보내지거나 주선 처리를 하는 경우가 있다.

다) 임시 출선구의 개공

종풍 전 최종 휴풍 시 임시 출선구 설치 위치의 철피를 절단하여 간이 용접을 실시하여 두었다가(시간 단축을 위해서) 감척 종풍 조업을 완료한 후 간이 용접 부위를 제거하고 드릴을 이용하여 최대한 굴착한 후 산소 파이프에 의한 산소 개공을 실시하는 것이 일반적이다. 그러나 최근에는 발파의 기술이 발달하여 노저 출선을 실시하지 않는 경우도 있다.

4 주수 냉각 작업

1) 주수 냉각 목적

주수 냉각이라 함은 노 해체 작업을 쉽게 할 수 있도록 노 내용물인 코크스, 노벽 및 노저 연와를 주수 냉각시키는 것이다.

2) 주수 냉각 방법

가) 주수 냉각 수량 검토

연와 중량을 산출하고 노내 장입물량을 산출하여 냉각에 소요되는 열량을 계산하여 다음과 같이 주수량을 산출한다.

수수량 = (노체 연와 냉각 수량) + (노 내용물 냉각 수량) + (연와 및 노 내용물의 흡습 수량)
+ (누수 수량) + (증발 수량) + (노내 서수 수량)

나) 주수 냉각 속도

노체 및 노 내용물은 상당히 고온으로써 주수 개시할 경우 발생되는 스팀이 노정 블리더(Bleeder)로 배출됨에 따라 노정 블리더(Bleeder)의 수증기 배출 능력에 주수량이 제약을 받게 된다.

초기의 주수는 다량의 수증기를 발생시킴에 따라 주수 낙하하는 물방물이 오히려 안개 상태로 부상하게 될 경우가 있으므로 살수 효율이 저하하기 때문에 초기 주수는 소량씩 실시하게 된다.

수증기의 발생량이 일정하게 되면 시간에 따라 증기압이 저하하게 되므로 주수량을 늘려 노내 특정 수위까지 물을 채워 냉각시킨다.

다) 주수 냉각 완료 확인

주수 냉각의 완료를 확인하는 것은 노정 증기압이 0, 풍구 배수온도가 50℃ 이하일 때 냉각이 완료된 것이라 할 수 있다.

8

장입 계산과 정산

Section 01 고로용 장입물의 평가

Section 02 장입 계산

Section 03 저선재 관리

Section 04 출선재 작업

Section 05 물질 정산

Section 06 열 정산

제선공학

Iron Making Engineering

CHAPTER

08

장입 계산과 정산

Section 01 고로용 장입물의 평가

근내 고로 계산법에 있어서 눈부시게 발전한 원인 중의 하나로 장입 원료의 성상 개선을 들 수 있다. 어느 정도 신설 설비를 가지고 있어도 장입 원료의 품질이 저품질의 것이거나 또는 고품질의 것이라 하더라도 품질관리가 충분히 되지 않으면 고로 조업의 레벨 상승은 기대하기 어렵다. 그러므로 고로 조업에 있어서 장입 원료의 성상 관리는 중요한 기술의 하나로 취급하고 있다.

1 코크스 성상과 고로 조업

고로의 대형화와 고능률화에 반하여 코크스의 품질에 대한 요구는 매우 강하게 대두되고 있다. 그런데도 불구하고 원료탄의 사정은 더욱 악화되어 가고 있으므로 적절히 고로에서 요구하는 양질이 코크스를 제조 공급하는 것이 중요한 과제로 되어 있다.

1) 코크스 회분

고로 조업에 있어서 고로 내열 레벨을 결정하는 코크스 중 탄소량은 회분(Ash)에 의해 결정되며 그 품질은 다음과 같다.

① 코크스 회분의 증가는 연소할 수 있는 탄소량의 저하로 코크스비의 상승 및 생산성 저하가 된다. 코크스 회분 중 회분이 ±1%의 증감이 있을 경우 고로 조업에 있어 코크스비는 ± 10kg$_f$/T−P, ±1.8~2.0의 증감에 해당한다.

② 코크스 회분의 증가는 슬래그가 가져가는 열량을 증가시키고 필요 석회석량의 증가를 가져오게 되므로 코크스비 상승, 생산성 저하가 된다.

③ 코크스 회분의 조성은 SiO_2, Al_2O_3가 많이 함유되어 있고 화합물로는 뮬라이트(Mullite)가 주성분이다. 뮬라이트(Mullite)의 융점은 약 1,850℃로 용융을 위해서는 꽤 많은 열을 필요로 한다.

④ 코크스 회분이 현저하게 상승하는 경우에는 슬래그량이 상당히 증가하여 고로내 열적인 영향이외에도 통기성에도 영향을 미친다. 슬래그량 상승 및 슬래그 점성 증가는 고로내 통기성 악화로 이어진다.

이와 같은 코크스내 회분은 가능하면 저하시키는 것이 좋지만 입하 원료탄의 사정이나 단가 때문에 현재로서는 11% 이하로 유지하도록 하고 있다.

2) 코크스 강도

코크스가 고로내에 장입되기까지의 과정이나 또 장입되고 나서 노내를 강하하는 과정에서 코크스는 몇 번이고 압축과 마찰 등의 강한 충격과 힘을 받고 파쇄되어 부서지면서 분을 발생하게 된다. 이것이 다량 발생하게 되어 고로내에 장입될 경우 통기성 장애를 일으켜 고로 조업에 악영향을 끼치게 되므로 코크스의 강도는 고로 조업에 있어서 매우 중요한 요소로 여기고 있다. 고로 조업에서 고로 노황의 변동은 코크스 강도의 변동에 의해서 생긴다 해도 과언이 아니며 강도의 향상은 고로내 통기성의 개선 및 생산성의 향상을 기대할 수 있다.

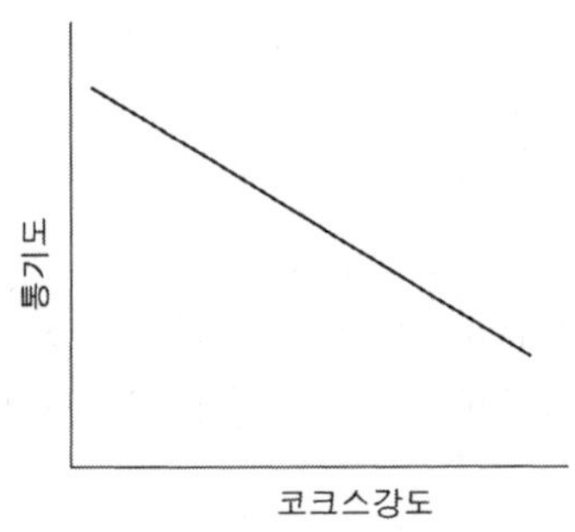

Fig. 8-1 **코크스 강도와 통기도**

3) 코크스 입도

코크스의 입도는 고로에서 여러 가지 의미를 가지고 있는데 충진층에 있어 통기성 확보의 목적을 가지고 있는 코크스에 있어서 분코크스의 존재는 통기성을 저해하거나 가스 회로 노외로 나가므로 장입 전에 체를 쳐서 입도를 일정하게 하는 스크린(Screen) 작업을 하는 것이 통상적이다.

노내에 들어간 코크스는 노내를 강하하는 사이에 압축, 마찰 등의 영향을 받아 파쇄를 일으키고 일부는 용해 손실(Solution Loss) 반응에 의해 소거되어 풍구 앞에 강하할 때의 입도는 비교적 작게 된다.

코크스의 입도와 고로 조업 관계는 다음과 같다.

① 노의 샤프트 하부 적하대에 있어서 용선, 슬래그에 있어 공극의 확보는 코크스 입도 분포와 크게 관계된다. 코크스의 강도가 낮아 샤프트 상부에서 코크스 파쇄를 받아 세립 부분의 비율이 증가하게 되면 적하대에 있어서 통액성 및 통기성의 장애가 되어 고로 조업을 저해하게 된다.

② 코크스에 있어서 입도 범위에 대하여는 될 수 있는 한 균일한 것이 좋으나 실조업에 있어서는 25~75mm 범위를 관리하며 평균 입도는 약 50mm 정도이다.

③ 입도의 변동에 따라 분코크스가 증가하는 경우 고로에 있어서 스크린의 능력이 충분하지 않을 경우 노내에 상당량의 분이 들어가 이것이 가스 회로 되어 실질적인 코크스량 부족으로 적정 노열을 파괴시키는 경우가 있다.

4) 코크스 수분

수분의 변동은 고로 조업에 있어 노열의 변동을 유발하게 되므로 모든 고로는 중성자 수분계가 설치되어 이 문제는 해결되고 있지만 장입 전 수분 보정이 정확하지 않을 경우 열 평형의 파괴를 유발하게 된다.

5) 코크스 유황분

고로에 장입되는 S의 약 80%는 코크스에서 공급되고 있다. 고로 조업 조건이 일정할 경우 용선 중의 S는 장입 S에 비례하게 되는데, 장입 S가 증가하면 동일 품질의 용선 S를 유지하고 노내에 있어 탈황능력을 올리기 위해 슬래그 염기도와 MgO%를 상승시키지 않으면 안된다. 그러나 이러한 것들은 원활한 고로 조업을 위하여서는 한계값이 있으므로 코크스 중에서 S%를 어느 일정 값 이하로 억제하는 것이 바람직하다

그러나 원료탄 사정이 더욱 나빠진다고 하면 노내 탈황 능력의 상승과 공히 노외 탈황은 적극적으로 고려하지 않으면 안 된다고 할 수 있다.

2 소결광 성상과 고로 조업

현재의 고로 제선법의 진보는 자용성 소결광의 다량 사용이 크게 기여한 것으로 볼 수 있다. 현재 거의 모든 고로의 소결광 배합비는 80% 이상이고 소결광 성상의 좋고 나쁨에 따라 고로 조업을 좌우하는 가능성은 대단히 높다.

1) 강도

소결광은 고로에 장입되기 까지에는 수송 과정에서 많은 낙하에 의해 분이 발생하게 되며 소결광은 일정 이상의 강도 유지를 필요로 하게된다. 소결광의 냉간강도는 고로 통기성 중에서 특히 상부 괴상대의 통기성에 크게 영향을 미친다.

2) 입도 및 분율

입도의 변화는 노내 통기 저항 및 가스 분포에 영향을 미친다. 고로내에서의 분의 장입은 통기성의 유지 및 샤프트 부의 부착물 생성 방지 때문에 적극 방지하지 않으면 안된다. 현재의 소결광은 −5mm, −10mm, +50mm를 규제 관리하고 있다.

3) 환원 강도 (저온 환원 분화)

소결광은 환원 분위기의 저온 영역(400~600℃)에서 분화하는 성질을 가지고 있다. 일반적으로 피환원성이 좋은 소결광일수록 환원 분화가 발생하기 쉬우며 고로 조업에 있어 분화에 의하여 통기성에 영향을 미치게 되므로 환원 분화가 낮은 쪽이 유리하다고 할 수 있다. 그러나 환원 분화가 낮아지면 소결광의 피환원성의 면에서 연료비는 상승되고 반대로 환원 분화가 상승하면 노내 통기성의 측면에서 불리하게 되어 O/C의 상승이 어렵게 된다.

4) 화학 조성

가) 전철 (T. Fe)

소결광 중의 전철(T. Fe)는 원료조건에 따라 정해지며 55~60% 정도이다. 고로 측에서 볼때는 소결광의 물리적인 성질에 문제가 없으면 높은 정도가 좋다.

나) CaO/SiO_2

최근의 고로 조업에 있어서 고로에 석회석, 규석의 사용은 원칙적으로 사용하지 않고 소결광 중의 CaO, SiO_2로 고염기도를 관리하는 경우가 많다. 소결광 중의 염기도의 변동은 고로에서의 역기도, 슬래그 양 등의 변동을 유발하게 되어 탈황능, 통기성에 영향을 끼치게 되므로 바람직하지 못하다.

다) Al_2O_3

Al_2O_3가 많은 소결광을 사용할 때는 고로 슬래그 중 Al_2O_3의 증가로 슬래그의 유동성이 저하하게 된다.

3 정광 및 부원료

1) 정립광

철광석은 산소와의 결합 상태 및 수반물에 따라 적철광, 자철광, 갈철광, 능철광으로 분류하며 현재 고로에서 괴광으로 장입되는 것은 환원이 비교적 용이한 적철광이 대부분이며 8~30mm의 정립광을 사용한다.

2) 부원료

가) 석회석

석회석은 철광석 중의 불순물 및 코크스 회분을 슬래그로 해서 선철로부터 분리시키기 위해 사용되는 염기성 용제이다. 코크스 회분 및 대부분의 철광석은 산성인데 슬래그로 제거하기 위해 석회석을 고로에 장입하는 데 석회석을 많이 장입할 시 열분해에 의해 열손실이 크다. 따라서 최근에는 석회석을 파쇄하여 소결광에 첨가하는 자용성 소결광이 많이 사용된다.

나) 규석

고로에서 슬래그 량이 적은 경우 조재제로 사용된다.

다) Mn 광

고로에서 탈황은 슬래그에 의한 것 외에 용선 중의 Mn 분도 탈황 작용을 하는 중요한 성분이며 용선에 필요한 Mn량을 보충하기 위해 사용한다.

Section 02 장입 계산

1 장입 계산법

장입 계산을 하기 위해서는 코크스 량을 포함한 전 장입원료의 량과 화학 성분이 필요하며 1CH당 원료 사용량 기준으로 실시한다. 여기서는 간단히 계산하기 위해 코크스 베이스 10T/CH를 기준으로 해서 CH당 원료 사용량, 성분 분석치를 다음 [표 8-1]과 같은 예를 들기로 한다.

Table 8-1 **CH당 원료 사용량**

종류	장입량	T-Fe	SiO_2	CaO	Al_2O_3	MgO	TiO_2	Mn	P	S	Flux
S.O (소결광)	27,000	56.0	6.0	9.8	1.9	1.9	0.15	0.4	0.05	0.01	-6.0
H.S (적철광)	5,000	65	2.6	-	1.6	-	0.1	0.05	0.05	0.01	+4.4
I.H.G (인도광)	3,000	67	1.5	-	1.5	-	0.1	0.06	0.04	0.01	+1.8
Mn Ore	140	20.0	8.0	0.6	5.6	-	3.0	30.0	0.05	0.01	
$CaCO_3$	150	-	2.0	52.0	0.8	2.0	-	0.07	0.01	-	-95
Coke	10,000	0.5	6.5	0.3	3.5	-	0.15	-	0.04	0.65	

1) 선철 생성량

선철 1톤을 만드는데 Fe가 얼마나 필요한가를 철 평형에 의해 구한 다음 장입한 Fe에서 역으로 선철량을 계산할 수 있다. 하지만 작업 조건이나 방법에 따라 선철의 성분 등이 변동이 생기므로 계산 방법을 약간 수정해야 할 필요가 있다. 고로의 실적으로 계산되는 출선량은 여기에 탕도와 레이들에 달라붙는 것 등을 고려하여 이보다 약간 많은 양으로 계산을 해야 한다. 또한 이 값은 고로에 따라 다소의 차이가 있으므로 실적을 고려하여 고로마다 결정해 줄 필요가 있다.

실제 장입계산에서는 전 장입 Fe의 약 2%는 연진과 슬래그 중으로 함유되고, 나머지 98%가 용선 중에 함유되어 용선 중에는 대략 94%가 Fe라고 생각하여 다음과 같이 선철 생성량을 산출하고 있다.

$$\Sigma(\text{장입량} \times \text{T-Fe}) \times \frac{1 - \text{Fe Loss\%}(0.02)}{1 - [C + Si + Mn + P + S]}$$

$$= \text{T-Fe} \times \frac{1 - 0.02}{1 - [4.5 + 0.5 + 0.5 + 0.1 + 0.1 + 0.1]}$$

$$= \text{T-Fe} \times \frac{0.98}{0.94} = \text{T-Fe} \times 1.0426 \fallingdotseq 20{,}458 \times 1.0426 = 21{,}330\text{kg}_f/\text{CH}$$

2) 선철의 성분

가) Mn의 조성

Mn의 회수율은 노열 레벨에 따라 다소 변동되지만 보통 조업에서는 약 70%이다. 목표 Mn을 0.5%라 할 때 다음과 같이 Mn광석 사용량을 구할 수 있다.

- Mn광, 석회석을 제외한 선철 생산량 = 21,300kg$_f$/CH
- 선철중의 전Mn량 = 21,300 × 0.005 = 106.5kg$_f$/CH
- 필요 장입 Mn량 = 106.5 ÷ 0.7 = 152.1kg$_f$/CH
- Mn광, 석회석을 제외한 Mn량 = (270×0.4)+(50×0.05)+(30×0.06) = 112.3kg$_f$/CH
- Mn광에서 장입되어야 할 Mn량 = 152.1−112.3 = 39.8kg$_f$/CH
- Mn광 장입량은 = 39.8 ÷ 0.3 = 132.7kg$_f$/CH

나) P의 조성

P의 회수율은 거의 100%이다. 실적 계산에서는 분석 오차 때문에 110%를 초과하는 경우도 있으며 용선 중 P의 조정은 고로 조업에서는 불가능하므로 원료 배합에서 조정을 하여야 한다.

다) S의 조성

S는 고로의 품질관리면에서 가장 중요하다. 노열 평형, 슬래그 염기도 등의 조업 조건과 장입 S량에 따라 용선 중 S의 농도가 결정된다. 장입 S는 거의 코크스와 중유에서 들어가며 고로에서의 탈황율은 보통 90~95%이다.

3) 슬래그 생성량

① SiO_2 : 약 10% 전후 환원되어 용선 중에 들어가고 나머지는 슬래그로 된다.

$$SiO_2 = \text{장입 } SiO_2 - \text{선철생성량} \times \frac{\text{목표 Si\%}}{100} \times \frac{60}{28}$$

② FeO : 선철 톤당 약 0.9kg$_f$이 슬래그로 들어가 FeO로 된다.

$$FeO = \text{선철생성량} \times 0.0009 \times 1.286 \quad 1.286 \leftarrow \left(\frac{FeO}{Fe}\right)$$

③ MnO : 30%가 슬래그로 들어간다.

④ TiO_2 : 70%가 슬래그로 들어간다.

$$TiO_2 = \text{장입 } TiO_2 \times 0.7$$

⑤ S : 90%가 슬래그로 된다.

⑥ CaO, Al_2O_3, MgO 등은 전량 슬래그화 한다.

이상과 같이 슬래그 생성량을 구하지만 좀더 정확하게 보면 Gas 회에 들어가는 양, 알칼리 등 타 성분도 고려할 수 있다.

슬래그의 경우 양보다는 조성이 중요하므로 실제 슬래그의 양 계산에서는 다음과 같이 한다.

$$\text{슬래그 생성량} = \frac{SiO_2 + CaO + Al_2O_3 + MgO}{0.975}$$

2 장입 계산의 실제

1) 광종의 변경

고로에서의 사용 원료는 장기적으로 안정되어야 하지만 원료 사정, 소결 공장 사정 등의 이유로 광석을 변경하지 않으면 안되는 경우가 있다. 이와 같은 경우 고로 조업에서의 영향을 최소로 억제하기 위해서는 열 평형과 선철, 슬래그의 성분 특히 슬래그 성분의 안정이 중요하다.

광종 변경시 주원료 전체의 2~3% 정도이나 변동폭이 클 경우 1일 몇차례 나누어 5~7%로 억제하는 것이 필요하다.

2) 슬래그 성분의 조정

가) 소요 석회석 양

광석 100kg_f을 용융시키는 데 필요한 소요되는 석회석 양을 말한다. 계산의 예는 다음과 같다(플럭스 : Si 목표 0.5%, 슬래그 중 염기도 1.24일 경우).

①

$$\text{선철생성량} = Fe \times \frac{100 - 2}{94} = 1.04Fe$$

②

$$\text{용선 중 Si량} = 1.04Fe \times \frac{0.5}{100} = 0.0052Fe$$

③

$$\text{용선 중 } SiO_2\text{량} = 0.0052Fe \times \frac{60}{28} = 0.01114Fe$$

④

광재 중에 들어가는 SiO_2량은 전 SiO_2 → 0.01114Fe

⑤

$$\text{염기도} = \frac{CaO}{SiO_2} = \frac{\text{전장입 } CaO - 0.52Flux}{\text{전장입 } SiO_2 - 0.01114Fe} = 1.24$$

⑥

Flux(소용 석회석량) = $2.38SiO_2 - 0.027Fe - 1.92CaO$

나) CaO/SiO_2의 조정

광종 변경 시 가장 중요한 것은 염기도 조정이다. 조정의 예를 들면 다음 [표 8-2]와 같다. 따라서 석회석을 약 180kg_f/CH 가하여 줄 필요가 있다.

Table 8-2 **염기도 조정의 예**

광석 절체량	필요한 석회석량
소결광 200kg_f/CH	(−20)×(−6.0) = 120
H.S + 1,000kg_f/CH	(10)×(4.4) = 44
IHG + 800kg_f/CH	8 × 1.8 = 14.4 = 178.4kg_f/CH

다) Al_2O_3 조정

장입계산 결과 슬래그 중 Al_2O_3는 15.40%이지만 고로 조업에서는 15.0% 이하로 하는 것이 좋다. 이 때문에 규석과 석회석을 사용하며, Al_2O_3을 낮게 하는 것이 보통이다.

Section 03 저선재 관리

고로 조업에서 생성된 용융물을 노외로 배출시키는 작업은 가장 기본적이면서 중요하다고 할 수 있다. 생성물과 배출량의 평형을 항상 관리해서 노내 용융물이 남아 있지 않도록 출선재 작업을 행하지 않으면 안된다.

1 저선재 능력

고로의 저선재 능력을 표시하는 방법에는 2가지가 있다. 첫째는 출재구까지의 용선이 고인다는 경우이고, 둘째는 풍구까지 슬래그가 고인다고 하는 경우이다. 최근 고로에서는 출선구에서의 유선을 방지하는 의미에서 저선재 능력은 풍구까지 슬래그가 고이는 경우를 사용하고 있다.

2 저선재 관리도

종래에 저선재 관리는 용선과 용재를 별도로 계산하며 특히 용선 쪽에 중점을 두고 저선 능력을 베이스로 해서 관리도를 작성하였으나, 노내에서 선재가 항상 일정하게 배출되지 않기 때문에 선재를 포함한 용융물 레벨을 관리하는 것이 바람직하므로 다음과 같이 선재를 일체화한 선재 관리법이 생각되고 있다.

1) 보정 출선량

용선 1톤과 슬래그량 300kg_f/T과 합한 체적에 해당하는 배출 용융물량이 보정 출선량 1톤이 된다(0.273m^2).

따라서 용선 1톤은 1/7 = 0.143m^2이므로 보정 출선량은 0.523톤이고, 슬래그 1톤은 1/2.3 = 0.435m^2이므로 보정 출선량은 1.593톤이 된다. 그러므로 1회 출선 시 용선 400톤, 슬래그 100톤이 배출되었다면 보정 출선량은 (400 × 0.523) + (100 × 1.593) = 369톤이 된다.

2) 관리도의 사용 방법

[그림 8-2]는 저선 한계가 250톤이고 선철 생성 속도가 200톤 / hr일 때 저선재 관리도의 예를 나타낸 것이다.

그림에서

① 출선구 폐쇄 20분 후 출선 개시점(A점)

② 출선구 폐쇄 후 1시간에 용선 200톤(보정 출선량 105톤)을 출선하고 슬래그의 배출이 시작(B점)

③ 출선 개시 후 2시간에 용선 400톤(보정 출선량 209톤) 슬래그 100톤(보정 출선량 159톤)을 배출하고 출선구 폐쇄(C점)
④ 출선구 폐쇄 후 20분간 출선 개시(D점)
⑤ 출선 개시 후 60분에 용선 150톤(보정 출선량 78톤)을 출선했지만 슬래그가 나오지 않으므로 다른 1곳의 출선구를 개공해서 동시 출선(E점)
⑥ 최초의 출선 개시로부터 90분 되어서 최초로 출선구로부터 슬래그가 나왔으므로 출선구를 하나 더 개공했던 것은 폐쇄한다. 이때까지 용선 200톤(105톤), 슬래그 100톤(159톤)을 배출시켰다(F점).
⑦ 최초의 출선 개시로부터 150분이 되어 출선구를 폐쇄했다. 이때까지는 용선 600톤(314톤), 슬래그 200톤(319톤)을 배출했다(G점).

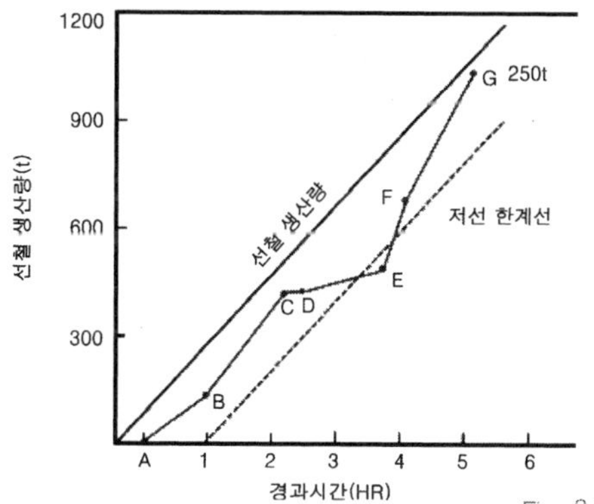

Fig. 8-2 **250톤 노의 저선 관리도**

이상과 같은 예에서도 알 수 있듯이 출선구의 생성도와 배출 속도의 평형을 고려하지 않으면 E점과 같이 저선 능력을 초과할 가능성이 있다. 특히 최근의 대형 고로에서는 1일의 출선 시간이 24시간을 넘고 언제나 출선하고 있는 상태이므로 종래와 같이 1회의 출선을 단위로 해서 관리도를 쓰는 것은 의미가 없으며 작업자가 항상 노내 저선 한계를 고려 배출 상황을 수시 관찰하여 「그림 8-2」에서 E점과 같은 저선 능력을 초과 시에는 동시 출선이 될 수 있도록 조치를 취해야만 한다.

3) 장입 변경과 저선재 관리

장입 변경이 있을 때는 낙하 장입 횟수를 조사해서 저선재 관리도의 쓰는 방법을 변경해야할 필요가 있다.

가) 코크스 베이스가 일정한 경우

이 경우에는 장입 변경에 의한 선재 생성량의 변화를 낙하 장입 횟수만 늦추어 관리도의 생성 속도로 하면 좋다.

나) 코크스 베이스 변경의 경우

이 경우에는 코크스 베이스를 변경한 직후부터 1CH의 선재 생성량을 바꾸고 또 신 코크스 베이스로 강하 장입 후의 선재 생성량을 바꿀 필요가 있다. 예를 들면 다음과 같이 된다.

코크스 베이스 10톤/CH → 11톤/CH
선재생성량 25톤/CH → 27톤/CH
강하 장입횟수 50CH

베이스 변경 전의 선철 생성량은 장입 횟수 1회당 25톤, 베이스 변경 후의 선철 생성량은 장입 횟수 1회당

$$25 \times 11/10 = 27.5\text{톤}$$

Section 04 출선재 작업

고로 작업은 화입에서 취지까지 연속 작업으로서 장입된 원료는 환원 용해되어 노상에 모이게 된다. 이때 노상에 모인 용선은 매일 정시마다 통상 8~10회/일 출선구에서 배출시킨다.

배출된 용선은 대통의 스키머(Skimmer)에서 용선과 슬래그로 분리되어 슬래그는 슬래그 탕도를 통해 드라이 피트(Dry Pit) 또는 수재 처리가 되며 용선은 지탕도를 통하여 주상의 각 낙구 또는 경주통을 통하여 혼선차(OLC) 또는 토페토카(TLC)에 수선하여 제강에 공급된다.

출선구의 개공은 압축 공기를 동력원으로 한 개공기 또는 산소에 의하여 출선을 실시하며 출선구로부터의 출선, 출재는 충분히 실시하여 노내의 용융물이 충분히 배출될 수 있도록 노력해야 한다.

출선 출재가 불충분할 경우에는 송풍압력의 변동 등 노황에 악영향을 끼치게 된다. 노황 및 출선 출재가 순조로울 경우는 정기 출선을 행하지만 다음과 같은 경우 출선을 서두를 필요가 있다.

① 출선재가 배출이 불충분할 경우(관리도, 용선의 배출량 등 기타에 의거 판단)
② 노황이 냉기미로서 풍구에 재가 보일 때
③ 레이들 부족, 기타 양적인 제약이 있을 때
④ 출선구가 약하고 계속적인 출선 작업이 불가능할 시점
⑤ 감압, 휴풍이 예상될 경우

Section 05 물질 정산(Material Balance)

1 탄소 정산(Carbon Balance)

고로 조업에서는 탄소가 어떠한 정산를 이루고 있는가는 매우 중요한 것으로 항상 탄소 정산(Carbon Balance)를 파악하지 않으면 안된다.

1) 탄소 정산의 모델

고로내로 들어오는 탄소는 다음과 같은 경로로 들어온다.

① 코크스 중의 탄소(C)
② 중유 중의 탄소(C)
③ 소결광 중의 탄소(C)
④ 석회석, $CaCO_3$ 중의 탄소(C)

이들 탄소는 다음과 같은 경로로 배출된다.

- 노내를 강하하는 과정 중 풍구에서 연소하여 가스화하는 탄소, 또는 석회석과 같이 $CaCO_3 \rightarrow CaO + CO_2$로 분해해서 CO_2 가스로 되는 것 등 노내에서 가스화하는 경로
- 선철 중에 들어가는 탄소 및 노정에서 연진화하는 탄소로 구분할 수 있다. 이러한 경로는 다음 [표 8-3]과 같다.

Table 8-3 **탄소 입출 경로**

입 Carbon	출 Carbon	
코크스의 C 철광석의 C 중유의 C 소결의 C 석회석의 C	선철에 들어가는 C 연진으로 나가는 C	
	가스화하는 C	풍구 앞에서 O_2가 소비하는 C 풍구 앞에서 H_2O가 소비하는 C Si, Mn, P의 직접 환원이 소비하는 C 용해 손실이 소비하는 C

2) Carbon Solution 계산법

① 먼저 가스화하는 C를 계산한다.

(전입 C) − (선철에 들어가는 C) − (연진으로 들어가는 C)

② 노정 가스 분석치(CO_2%, CO%, N_2%, H_2%)로부터 전 가스 중량을 계산한다.

③ 전 가스 중량에서 CO_2 및 CO 가스 중량을 계산한다.

④ 여기서 석회석으로부터의 CO_2 중량을 빼서 노내에서 가스화한 C양을 계산한다. 한편 풍구 앞에서 소비되는 C 중 O_2가 소비하는 C양을 노정 가스의 N_2 중량으로부터 O_2 중량을 역산하여 이것에서 연소 C양을 산출한다. 또한 H_2가 소비하는 C양은 송풍 습도로부터 계산한다.

⑤ 선철 중의 Si, Mn, P%로부터 이것이 직접 환원을 받은 양에서 C양을 계산한다.

⑥ 가스화한 C양에서 풍구에서 소비되는 C 및 직접 환원에서 소비되는 C양을 뺀 나머지가 용해 손실로서 소비된 C양이 된다.

2 산소 정산

탄소 정산과 병행하여 중요한 정산에는 산소 정산이 있다.

1) 산소 정산의 모델

고로 내로 들어가는 산소는 다음과 같다.

① 풍구로 들어가는 공기 중의 O_2

② 풍구로 들어가는 수분 중의 O_2

③ 석회석으로 들어가는 CO_2 중의 O_2

④ 광석이 환원되어 가스화하는 O_2

⑤ Si, Mn, P가 환원될 때 발생되어 가스화 되는 O_2

즉, 풍구앞에서 가스화 하는 O_2 및 석회석과 같이 $CaCO_3 = CaO + CO_2$로 분해해서 CO_2로 되는 것, 철광석이 노내를 강하하는 과정에서 CO에 의해 환원되어 CO_2로 되는 것, H_2에 의하여 환원되어 H_2O 가스로 되는 것, 선철에 들어간 Si, Mn, P가 환원될 때 발생하는 CO와 노정에서 빠져나가는 CO, CO_2 둘로 나눌 수 있다.

이것을 모델로 나타내면 [표 8-4]와 같다.

Table 8-4 **산소 입출 경로**

입 산소	출 산소
• 풍구로부터 들어오는 공기 중의 O_2 • 풍구로부터 들어오는 수분 중의 O_2 • 석회석으로부터의 O_2 • 철광석으로부터의 O_2 • Si, Mn, P와 결합하고 있던 O_2	• 노정으로 나가는 CO 및 CO_2 중의 O_2 • 노정에서 나가는 H_2O 중 철광석 환원에 사용되었던 O_2

3 기타 재료의 정산

1) S의 정산

장입 S양 중 80~85%는 코크스로부터 들어오며 최근에는 사전 처리의 철저로 고S 철광석의 사용량이 극히 제한되고 있다.

철광석 중 S 함량이 0.1% 이상일 때는 주의해서 사용해야 한다.

장입 S양의 대부분은 탈황되어 슬래그 중에 들어가며 일부는 가스화하여 노정으로 방산한다.

2) Mn의 정산

장입 Mn양의 대부분은 소결광, 전로재, Mn광으로부터 들어오며 소결광에 대해서는 소결 원료의 Mn 분광에 들어가는 경우와 많은 차이가 있지만 장입 Mn양의 조정은 Mn 광석으로 행하는 것이 보통이며 제강선을 취재할 경우에는 회수율이 약 55~75%이다. 즉, 장입 Mn양이 $10kg_f/t$, 광재량이 $300kg_f$이라면 슬래그 중의 MnO%는 다음과 같다.

$$\frac{10 \times 0.3}{300} \times 12.9 \times 100 = 12.9\%$$

3) P의 정산

장입 P의 양은 철광석, 소결광으로부터도 상당량 들어오지만 선철 중의 P량이 높을 경우에는 먼저 P 함량이 높은 전로재의 사용량을 감소하지 않으면 안된다.

저인선을 취재하는 경우에는 절대 사용량이 많은 소결광과 코크스의 원료인 소결 원료와 석탄의 P가 낮은 상품을 선택하지 않으면 안된다.

수입 광석에도 0.1% 이상의 P를 함유하는 것이 있기 때문에 장입 변경 시에는 주의해야 한다.

P의 회수율은 거의 100%에 가까우나 슬래그 중에도 약간량의 P_2O_5가 함유된다.

4) TiO_2의 정산

장입 TiO_2의 대부분은 소결광으로부터 들어오나 이것은 소결광 원료 중 사철을 함유한 경우가 대부분이다.

출재구로부터의 유선이 원인이 되고 있는 경우에는 TiO_2 양을 $3kg_f$ 이하로 할 필요가 있으며 전로재나 TiO_2가 높은 광석을 사용할 수 없다.

Ti의 회수율은 30~60%이며 노내 온도의 정도, 염기도 등에 따라 달라진다.

5) Cu의 정산

장입 Cu 양의 대부분은 소결광으로부터 들어오며 특히 유산재에는 Cu 함량이 높으므로 저 Cu철을 제조 시에는 소결 원료로 유산재의 사용을 감소시키지 않으면 안 된다. 수입 광석 중에도 Cu가 0.05% 이상인 것이 있기 때문에 주의하지 않으면 안 된다.

회수율은 보통 100%라고 하지만 함유량이 적은 광석이 모임으로 총계에 상당한 오차가 생겨 실제 회수율은 100% 이상으로 나타날 경우가 있으므로 특히 저Cu철을 취재 시에는 회수율의 경향을 알아둘 필요가 있다.

4 노정 가스 분석치와 풍량, 가스 양과의 관계

1) 간단한 노정 가스 양의 계산

공기 중의 질소 가스는 노내에서 미환원되므로 다음 식이 성립된다.

$$V \times 0.79 = G\left(N_2\% \times \frac{1}{100}\right)$$

$$G = V \times 0.79 \times \frac{1}{N_2\%} \times 100$$

- 노정 가스 양 : GNm^2/min
- 지정 풍량 : VNm^2/min
- 공기 중의 $N_2\%(= 0.79)$

노정 가스 중의 질소는 보통 $N_2 = 100 - (CO_2 + CO\% + H_2)$로써 구한다.

통상 조업에서는 $CO + CO_2 = 40\sim4\%$, $H_2 = 2\sim5\%$이기 때문에

$G = V \times 0.79 \times \dfrac{1}{58.51} \times 100 = \left(\dfrac{1.36}{155}\right) \times V$라 할 수 있다.

즉, 노정 가스 양은 소풍량의 대개 14배로 생각하면 좋다.

또한 통상 노정 가스 양은 시간당으로 나타내는 경우가 많기 때문에 이것으로 풍량과 가스 양과의 관계는 다음과 같이 나타낼 수 있다.

Table 8-5 **풍량과 가스량과의 관계**

송풍유량 Nm^2/min	1,000	2,000	3,000	4,000
노정 가스 양 Nm^2/Hr	84,000	168,000	252,000	330,000

2) 탄소 정산을 기초로한 선철 톤당 노정 가스 양

탄소 정산으로부터 가스화하는 탄소 양은 다음과 같이 구할 수 있다.

$$CO = \left[C.R \times fc \times \frac{1}{100} + Oil \times C\% \times \frac{1}{100} + L \times CO_2\% \times \frac{1}{100} \times \frac{C}{CO_2 + S \times C\% + 1,100}\right]$$
$$- \left[1,000 \times C\% \times \frac{1}{100} + D \times C\% \times \frac{1}{100}\right] kg/_t\text{-PIg}$$

한편 노정 가스 $1m^3$를 생각해서 그 중에 C양이 어느 정도일까를 알기 위해서는 노정 가스 중의 $CO+CO_2\%$의 C 양을 구하면 된다.

$$X = (CO + CO_2) \times \frac{1}{100} \times \frac{12}{22.4}\ (kg/m^3\text{-Gas})$$

따라서 노정 가스(G)는 다음과 같은 식으로 구할 수 있다.

$$G(Nm^3/t\text{-Iron}) = \frac{CO}{(CO + CO_2)} \times \frac{1}{100} \times \frac{12}{22.4}$$

3) 탄소 정산을 기초로한 선철 톤당 풍량의 계산

노정 가스 양을 구한 후 선철 톤당 풍량은 다음 식으로 구할 수 있다.

$$A = G \times N_2\% \times \frac{1}{100} \times \frac{1}{0.79}$$

5 강하 시간과 가스 속도의 계산

1) 강하 시간의 계산

고로 내용적 V에 대하여 장입물이 몇회 장입되는가를 계산하여 1일 몇회 장입이 행해지는가로부터 강하 시간을 추정할 수 있다. 강하 시간을 구하는 식은 다음과 같다.

$$T = \frac{24}{n} \times \frac{V}{u} \text{ (Hr)}$$

- T : 강하시간(Hr)
- V : 고로의 유효 내용적(m^3)
- n : 1일의 장입횟수
- u : 1Charge의 용적(m^3)

강하시간을 파악하는 것이 필요한 경우는 다음과 같은 때이다.

① 노황이 노열 상승 혹은 저하일 경우 증광 혹은 감광 시 장입된 몇시간 경과 후 노상에 닿는가를 판단해서 풍온이나 습분의 액션의 타이밍을 맞출 때

② 예정 휴풍 시 감광을 정확하게 풍구에 강하시키기 위해서는 몇시간 전에 감광시켜야 하는가를 계산할 경우

2) 노내 가스의 체류 시간

현지 고로 조업에서 노내에 공기가 송풍되어 풍구 앞에서 코크스를 연소하여 가스화한 후부터 노내에서 반응, 환원한 후 노외로 방출될 때까지 어느 정도의 시간을 요하는가를 구할 수 있다.

① **일반적으로 다음과 같은 식으로 구한다.**

$$T = \frac{\epsilon V}{v}$$

- T : 노내 통과 소요시간(sec)
- V : 풍구 레벨에서 Stock까지의 체적(m^3) = 노내 유효 내용적
- v : 단위시간 노내에서 발생하는 가스양(m^3/sec)
- ϵ : 노내 공극률

② **V의 추정** : 이것은 조업하고 있는 고로의 풍구 수준에서 노정의 평균 장입물 표면 수준까지의 용적을 생각해도 된다. 물론 노벽의 침식 정도, 냉각 방법 등에 따라 크게 영향을 받기 때문에 일반적으로 결정하기는 곤란하다.

장입선은 각 노마다 다르며 따라서 유효 내용적도 다르다.

③ **ϵ의 추정(ϵ : 공격률)** : 이 ϵ의 추정은 실제 매우 어려우며 장입 방법, 장입물의 성상, 온도 분포, 노의 형상, 치수 등에 의해 변하게 된다.

Owen Rice는 Lake Ore에 대하여 0.36이란 값을 추정 값으로 제시하고 있는데 압축율을 고려하여 용해대에서 25%, 예열내에서 50%, 용해물의 발생 범위는 유효 내용적의 1/2로 가정하면(즉, 온도 분포나 장입물의 성질에 영향을 받음), 용해물이 존재하는 영역에서는 $\frac{0.25 + 0.50}{2}$ = 0.375로 단순히 평균하고, 다시 이 0.375와 용해물이 존재하지 않는 나머지 영역의 0.50과의 평균 $\frac{0.371 + 0.50}{2}$ = 0.44를 대체적인 공극이라고 보아도 별로 문제가 되지 않는다.

④ **v의 추정** : 이 경우 가스의 표준 상태 발생량을 구하고 풍압과 노정 압력의 평균 및 풍구 앞의 이론 연소 온도와 노정 온도의 평균을 취하여 v는 다음과 같은 식으로 표현할 수 있다.

$$v = \frac{P.C.G}{86{,}400} \times \frac{1.03(t_1 + t_2 + 546)}{273(p_1 + p_2 + 2.06)}$$

- P : 출선량
- C : 코크스비
- G : 가스 발생량
- 86,400 : 일일 초수(sec)
- t_1 : 풍구 앞의 이론 연소 온도
- t_2 : 노정 온도
- p_1 : 송풍 압력
- p_2 : 노정 압력

⑤ **이상을 총괄하면 다음과 같이 나타낼 수 있다.**

$$T = \frac{0.441 \times 86{,}400 \times 273 \times V(p_1 + p_2 + 2.06)}{1.03 \times P \times C \times G(t_1 + t_2 + 546)}$$

$$= 1.007 \times 10^7 \times \frac{V(p_1 + p_2 + 2.06)}{P \times C \times G(t_1 + t_2 + 546)}$$

Section 06 열 정산

고로의 열정산은 크게 두 가지 방법이 있다.

노정 가스 중에는 아직 연료로서 충분히 활용할 수 있는 CO 가스, H_2 가스가 포함되어 있다. 이것은 고로의 연료로서 사용되는 코크스 중에 C가 CO_2까지 연소되지 못하고 CO까지만 연소된 것으로 볼 수 있다.

열정산의 제1법칙은 장입 코크스가 실제로 노내에서 발생한 열량(즉, CO까지만 연소)을 입열로 생각하고 노정의 발열량은 출열로 하지 않고 현열만을 출열로 하는 것이며, 제2법칙은 장입 코크스의 총괄 열량(즉, CO_2까지의 연소)을 입열로 하고 따라서 노정 가스의 발열량도 출열로 고려하는 방법이다.

1 열정산이 갖는 의미

1) C가 CO로 되는 열

이 항목은 C가 풍구 앞에서 CO로 변할 때의 연소열을 계산하는 항으로 고로 입열의 60% 가까이를 점하는 것으로 탄소 정산으로부터 구한 풍구 앞에서 산소가 소비하는 C 양(kg_f/t-Pig) 1kg_f당 2,495kcal의 발생열이 생기는 것으로 계산한다.

2) 각 광석의 환원 발생율

이 항목은 우선 선철 톤당 Fe_2O_3 중의 Fe 양 , Fe_3O_4 중의 Fe 양, FeO 중의 Fe 양을 구하여 각각 제1단계로서 CO 가스에 의하여 간접 환원되어 Fe와 CO_2가 되며 이때 발열량은 각각 55kcal/kg_f−Fe, 28kcal/kg_f−Fe, 58kcal/kg_f−Fe을 발생한다고 가정하여 실제로는 그 환원을 받는 분위기에 의하여 샤프트 하부 이하에서는 발생한 CO_2가 즉시 C와 반응하여 용해 손실 반응을 일으킨다고 가정하여 계산하고 있다.

3) 송풍 현열

선철 톤당 풍량에 그 때의 온도 및 그 비열을 곱한 값

4) 송풍 중 수분 현열

상기 풍량에 함유되어 있는 선철 톤당의 수분량 kg_f/t−Pig에 풍량 및 그 비열을 곱한 것이다.

2 출열 항목

1) 직접 환원 Si, Mn, P

용선 중에 들어간 Si, Mn, P는 모두 SiO_2, MnO, P_2O_5와 C의 반응으로 환원되는 것으로 이 반응의 반응열이 흡열이며 출열 항목이다.

2) Solution Loss

철광석 직접 환원의 의미를 분해해보면 다음과 같이 철의 환원을 모두 간접 환원으로 입열의 항목으로 하고 있기 때문에 직접 환원을 받아 환원될 때 소비된 탄소는 모두 Solution Loss로써 계산하여 구할 수 있다.

$$CO_2 + C \rightarrow 2CO\text{(Solution Loss)}$$
$$2CO + 2FeO \rightarrow 2Fe + CO_2$$
$$2FeO + C \rightarrow 2Fe + CO_2$$

C 1kg_f당 반응 열량 3,140kcal을 곱한 것이 출열로서 구해진다. 실제 계산치로부터도 볼 수 있는 바와 같이 이 흡열량은 출열량의 약 1/4에 해당할 정도로 큰 것이다.

3) 석회석의 하소

석회석의 분해열로서 석회석 중의 CO_2kg_f당 열량 966kcal를 곱하여 계산한다.

4) 용선이 가지고 나가는 열

용선이 갖는 열량은 그 성분, 온도에 따라 당연히 변하지만 1kg_f당 450kcal로 해서 계산하고 있다.

5) 송풍 중 수분 분해 열

풍구 앞에서 송풍 중 수분은 C와 반응하여 H_2와 CO 가스를 발생하나 그때 흡열하는 열량 H_2Okg_f당 1,547kcal에 수분량을 곱하여 계산한다.

6) 노정 가스 중의 수분이 갖고 나가는 열

노정 가스 중 수분은 장입물 중 수분 이외의 노내에서 H_2 가스가 광석의 환원에 의하여 발생한 H_2O도 있으나 이 열정산에서는 이것을 무시하고 있다. 장입물 중의 수분은 우선 100℃까지의 가열, 증발열(536kcal/H_2Okg_f), 100℃에서 노정 온도까지의 과열로 나누어 계산한다.

7) 노정 가스가 가지고 나가는 열

CO_2, CO, H_2, N_2의 각 비열이 다르기 때문에 각 성분마다 계산한다. 각 가스량은 탄소 당량을 계산한 양을 사용하여 각 비열을 비열표에 나타난 값을 이용하여 계산한다.

8) 중유의 분해열

중유는 풍구앞에서 H_2와 CO로 분해되나 이때의 분해열 500kcal/kg_f에 중유비를 곱하여 계산한다.

9) 복사, 전도, 기화로 잃은 열

이 항목은 전 출열의 15% 정도가 되며, 주로 풍구, 보시, 노저 등의 냉각수가 빼앗아 가는 열, 열풍관에서 풍구에 들어갈 때까지의 잃는 열 등이 있으나 이들은 입열 합계에서 계산할 수 있는 출열 합계를 뺀 나머지가 된다.

9

신제철법

Section 01 용융 환원 기술

Section 02 코렉스법

Section 03 파이넥스법

Section 04 기타 용융 환원법

Section 05 기타 특수 제철법

제선공학

Iron Making Engineering

CHAPTER

09 신제철법

Section 01 용융 환원 기술

1 용융 환원법의 종류

1) 용융 환원법

석탄(Coke)을 사용하지 않고 용선을 생산하는 제철법으로서 석탄과 철광석을 소결 및 코크스 공정의 예비 처리 과정 없이 사용하며 산소 대신 공기를 사용하는 제철법이다.

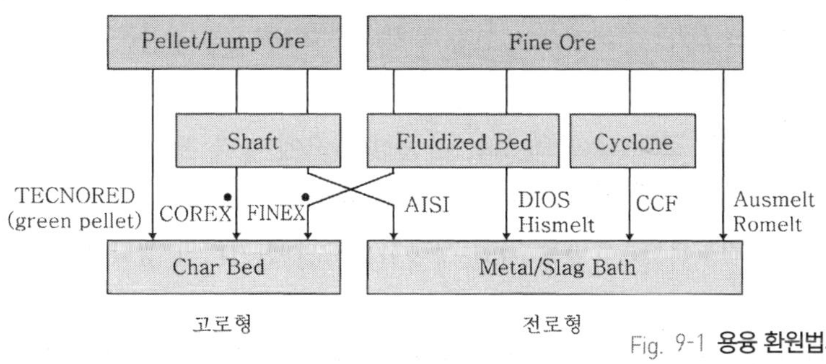

Fig. 9-1 **용융 환원법의 개략도**

2) 종류

① **고로형**(Corex법, Finex법, Tecnored법, SC법, XR법, Plasmasmelt법)

② **전로형**(DIOS법, Hismelt법, CCF법, AISI법, Romelt법, Ausmelt법)

2 각종 용융 환원법의 비교

Table 9-1 **각종 용융 환원법의 특징**

제조법	설비능력(만톤/년)	형식	원료	연료	개발사
코렉스법(Corex)	60	샤프트로+고로형 용융로	괴광석, 펠릿	석탄, 산소	VAI
파이넥스법(Finex)	80	3단유동로+고로형 용융로	분광석(-8mm)	석탄, 산소	VAI, 포스코
디오스법	15	2단유동로+전로형 용융로	분광석(-8mm)	석탄, 산소	일본철강연맹
히스멜트법	10	유동로+전로형 용융로	분광석(-6mm)	석탄, 공기	Rio-Tinto
CCF법	15	사이클론+전로형 용융로	분광석(-2mm)	석탄, 산소	Hoogovens

3 용융 환원 공정의 개발에 따른 효과

① **설비 투자 절감** : 일반탄과 분광석을 직접 활용함으로써 코크스로 및 소결로에 대한 설비 투자비를 생략할 수 있다.

② **설비 규모 축소 가능** : 초기 투자가 적어 연 50만톤 정도로도 경제적 운영이 가능하다.

③ **생산 탄력성 증가** : 전체적으로 고정 투자비가 적어 소량 생산이 가능하므로 다양한 강종을 생산할 수 있는 탄력성 부여가 가능하다.

④ **기존 공정과의 조화** : 소규모 생산 가능성 제고에 따라 제강 등 이후 공정의 다양한 요구 사항을 수용할 수 있어 기술 적응성이 향상된다.

⑤ **원료비 절감** : 분탄, 분광을 직접 사용함으로써 전처리의 생략과 사용 원료의 폭이 대폭 향상된다.

⑥ **공해 감소** : 공해의 주된 원인인 코크스 제조 및 원광석 소결 공정이 없으므로 작업장 내외 환경을 대폭 개선할 수 있다.

Section 02 코렉스법

1 코렉스법의 특징

고로 조업 방식은 철광석을 굵은 덩어리로 만들기 위해서 한 번 쪄 주는 소결 공정과 유연탄을 코크스로 만드는 코크스 공정 등 두 개의 선 공정이 필요하다. 코렉스 공법은 이러한 선 공정을 없애고 철광석과 무연탄을 미세가루로 부수어 바로 코렉스 노에서 태우는 방식이다. 코렉스 공법은 우리나라뿐만 아니라 세계 여러 나라에서 가장 선호하고 있는 용융환원 제철법이다. 세계 철광석 시장의 80%를 점하는 분광을 사용할 수 없고 괴광만 사용하기 때문에 원료 확보가 쉽지 않은 단점이 있다.

오스트리아의 Voest Alpine사가 개발한 Coal Ore Reduction법의 원료 및 연료는 8~30mm의 철광석, 펠릿(pellets)등과 0~50mm의 고휘발분 일반탄을 사용하고 있다.

Shaft형 예비 환원로에서는 용융 환원로에서 발생한 1,000~1,200℃의 기스를 800℃로 낮춰 광석을 90%까지 환원이 가능하다. 용융 환원로에서는 100%산소를 이용, 석탄을 연소시켜 환원 광석을 용융히여 용선을 제조한다.

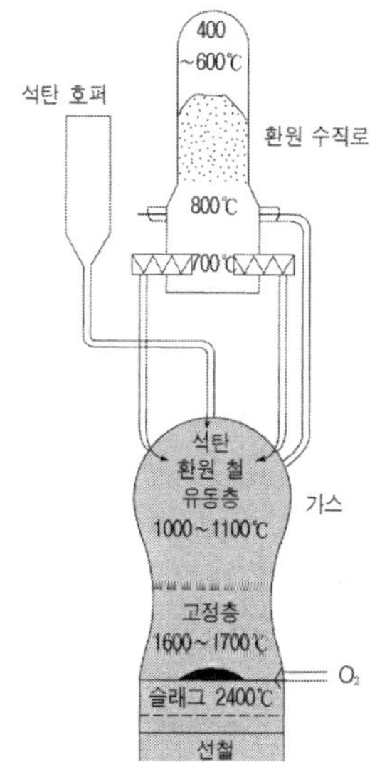

Fig. 9-2 **코레스(COREX)법**

2 코렉스법의 장단점

1) 장점

코렉스법은 제조 원가 및 투자비를 절감할 수 있으며, 기존 고로법에 비해 소결, 코크스 설비가 필요 없으므로 SO_2 등 공해물질 발생량이 적어 환경 규제에 능동적 대응이 용이하고, 고로 대비 생산량 조절이 용이하여 수요 변화에 신축적 대응이 가능하다.

2) 단점

단점으로는 대량 생산 체제 구축이 미흡하고, 원료비가 고가이며, 공정 중에 발생하는 가루형태의 석탄을 처리해야 한다는 것이다.

3) 코렉스 조업에 따른 효과

① 석탄과 광석을 직접 이용할 수 있어 원료 선택의 폭이 증대
② 조업의 시작, 중지가 비교적 용이하기 때문에 생산 탄력성이 증대
③ 소결 및 코크스화 공정의 생략에 의해 생산비 및 조업의 비용을 절감
④ 부수적으로 발생하는 에너지 발생량의 조정이 쉽고, 에너지 탄력성이 풍부
⑤ 소비 에너지 절감이 가능하고, 수소분이 높은 일반탄 사용이 가능하므로 CO_2 발생량을 낮출 수 있음
⑥ 규모의 확대와 분광 사용비율을 증가시키는 것이 중요

4) 고로법과 코렉스법의 비교

Table 9-2 **고로법과 코렉스법 비교**

고로법	코렉스법	
	특성	효과
• 고가 원료탄 사용 • 고품위 철광석 사용 • 소결 가공 필요 • 고로 유지 곤란 • NO_2, SO_2 등 공해 유발	• 소결로나 코크스로가 필요 없음	• 설비비, 부지 절감 • SO_2, NO_2 발생이 없어 공해 방지
	• 예비 환원, 용융 환원으로 분리 제련	• 노황 측정 용이 • 자유로운 화입 및 휴지 가능
	• 분광 사용 가능	• 열교환, 반응시간 단축, 설비비 소형화
	• 가스 발생량 조절 가능	• 환원로 발생가스가 고칼로리이므로 연료로 사용 가능
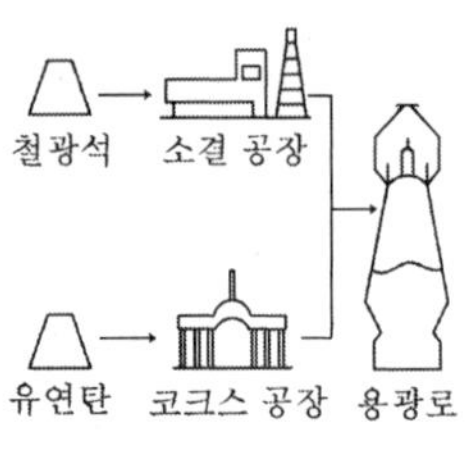	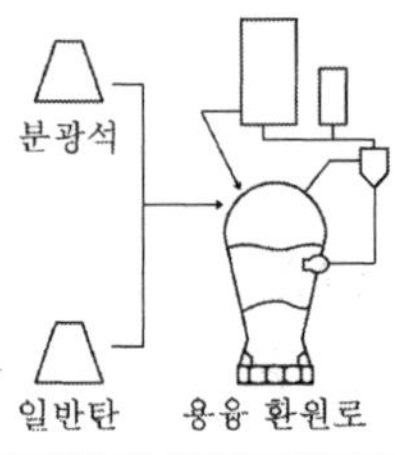	

3 코렉스 설비 구성 및 기능

1) Stock House

가) Ore Handling

광석은 Tripper Car에 의해 Ore Bin에 저장되고 Vibrating Feeder에 의해 배출되며, 분광 장입 억제를 위해 하부 스크린에 의해 −8mm를 제거하고 이 분광은 수직 벨트 콘베이어를 통해서 분광 Bin에 저장하였다가 괴광과 혼합하여 장입하거나 외부로 배출한다. 괴광은 12시간 정도 사용 가능하며 평량 호퍼에서 평량 후 중계 호퍼를 경유하여 Skip으로 예비 환원로에 장입된다.

나) Coal Handling

Coal이 용융로에 장입될 때 수분이 많으면 열손실 과다와 타르 분해를 저해하여 환원 가스 저하와 타르에 의한 설비 고장을 유발할 수 있어 건조가 필수적이다.

Coal 건조는 진동, 유동층 드라이어에 의해 이루어진다. 이 드라이어는 수분을 함유한 Coal이 열간 가스가 수직으로 통과하는 다공질 진동판에 장입되면 열간 가스는 약간의 유동을 시키면서 Coal을 건조한다. 각 드라이어는 코렉스 가스 또는 COG를 연소시켜 발생시키는 열간 가스 발생기(Hot Gas Generator)와 연결되어 있다.

열간 가스 발생 시스템은 연소관, 혼합관, 혼합 공기 팬, 연소 공기 팬, 연소 가스 팬 그리고 열간 가스 발생기의 작동을 위해 필요한 밸브와 장치로 구성되어 있다. 폐가스는 부압 시스템에 의해 백필터(Bag Filter)를 통과하여 대기 중으로 방출된다. 열간 가스 발생기를 포함한 전체 Coal 건조 시스템은 중앙 제어실에 의해 제어되고 운전된다.

건조된 Coal은 Stock House로 보내져 광석과 같은 방법으로 용융로에 장입된다.

2) 장입 설비

가) Skip 설비

Skip 설비는 평량된 원료를 장입 설비까지 운반하는 설비로 기존의 벨트 컨베이어의 경우는 원료를 운반할 수 있는 경사각이 Max 18.5° 정도로 많은 설비 공간을 필요로 하지만 Skip은 45~60° 정도에서 조업이 가능하므로 설비 공간 및 설비비 측면에서 유리하다.

나) Coal Charging

Coal과 부원료는 Double Flap Gate에 의해 바닥까지 닫힐 수 있는 Skip Feeding Bin에 Skip에 의해 장입된다.

중간 저장 호퍼로부터의 장입은 용융로(Melting Gasfier)에서의 Coal 유동의 제어를 위한 적정 속도로 스크루 컨베이어에 의해 행해진다. 저장 호퍼 내의 Coal 레벨은 재장입을 시작하는 최소 한계를 기초로 연속적으로 공급된다.

다) Ore Charging

환원로(Reduction Shaft) 위의 고정 호퍼 시스템은 Coal 장입 시스템과 유사한 방법으로 작동된다. 환원로에 장입은 샤프트 내의 장입물 분포 장치를 통하여 공급 호퍼에 의해 직접적이고 계속적으로 행해진다.

호퍼 내의 레벨은 연속적으로 측정하며 Low Signal에 의해 재장입이 시작된다.

3) 코렉스 타워 (Corex Tower)

가) 환원로 (Reduction Shaft)

환원로는 코렉스 타워의 철구조물에 의해 지지되며 용융로의 상부에 위치한다. 장입물은 고정 호퍼 시스템을 통하여 Changing Bin에 장입되고 분포 제어 장치인 Spider에 의해서 적정한 Notch를 따라서 환원로에 장입된다.

용융로에서 생성된 환원 가스는 Bustle을 통하여 환원로로 들어오고 광석을 90% 정도 환원된 Sponge Iron(DRI)로 만든다. 환원로의 저면에는 6개의 수냉 스크루 피더(Screw Feeder)가 설치되어 있으며, 스크루 피더의 구동은 유압에 의해 속도가 제어되면서 가동된다. 스크루 피더는 용융로로 공급되는 6개의 파이프 내로 광석을 전달된다. 온도 측정을 목적으로 환원로 내에는 여러 개의 열전대가 중요한 지점에 설치되어 있고 장입물 레벨을 측정하기 위하여 정상 조업 조건이 아닌 상황에서 초음파 형태의 레벨 측정기가 이용된다.

나) 용융로 (Melting Gasfier)

용융로 내에서 Coal은 산소에 의해 가스화하며, DRI는 일부 직접 환원을 거쳐 약 1,500℃ 정도에서 용선와 슬래그로 용해된다. Coal은 용융로의 상부로부터 장입 시스템에 의해 장입되고 DRI는 환원로로부터 DRI 스크루에 의해 배출되어 Down Pipe를 거쳐 용융로 내로 떨어진다. 산소는 용융로의 하부에서 풍구를 거쳐 용융로로 취입된다. Coal의 가스화로 생성된 가스는 내화재로 축조된 관(Generator Gas Inliner)을 통하여 배출되며 환원로에서 사용하기 적정한 온도로 냉각하기 위해서 냉각 가스를 첨가한 이후 열간 싸이클론(Hot Cyclone)을 통과한다. 열간 싸이클론에서 분리된 연진은 Char 유동층 상부로 연진 버너를 통하여 취입되어 재회수된다.

Coal의 가스화가 이루어지는 용융로 돔부는 단열재 내화물이 축조되고 공냉에 의해 냉각되며 비상시에 대비하여 스프레이 냉각 시스템이 설치되어 있다.

DRI가 용융되는 하부 셀(Shell) 영역은 냉각을 위한 내화물과 스태브(Stave)가 설치된다. 노내 상황 판단을 위해 Char 유동층 레벨을 측정하는 방사선 레벨 사운딩과 온도 측정을 위한 열전대가 설치되고 출선구는 0°와 180° 방향으로 2개 설치된다.

다) 가스 청정 설비

용융로에서 생성된 발생 가스는 내화물이 축조된 배관을 통하여 배출되어 냉각 가스를 첨가하여 환원 가스의 온도를 낮춘다. 환원 가스가 환원로에 들어가기 전에 열간 싸이클론에서 연진은 집진된다. 집진된 연진은 싸이클론 아래의 상부 연진 호퍼(Upper Dust Hopper)와 하부 연진 호퍼(Lower Dust Hopper)를 거친 후 질소를 이용한 압송 시스템에 의해 용융로와 연결된 연진 버너로 공급되어 산소와 함께 환원로 내부로 취입된다.

환원 가스의 온도 조절에 필요한 냉각 가스의 생산을 위해 열간 싸이클론에서 집진된 가스 중 일부는 예비 스크러버와 교정 벤투리 스크러버, 미스트 엘리미네이터(Mist Eliminator)를 거치는 습식 청정 라인을 통해 냉각되고, 냉각된 냉각 가스는 압축기에 의해 가압되어 환원 가스의 온도 보정을 위해 이용된다.

환원로에서 환원을 마치고 배출되는 Top Gas는 감속기를 거친 후 위와 유사한 습식 스크러버 시스템을 거쳐 정제되고 냉각되어 발생 가스 중의 과잉 가스와 합해져 가스 홀더에 저장되어 발전소로 보내어지고 일부는 연소시켜 배출하게 된다.

결국 코렉스 공정은 산소를 이용 Coal 연소에 의한 환원 가스를 안정되게 생산하고, 환원로에 공급하기 위하여 제어가 필요하며, 효과적인 제어를 위해 가스 청정 시스템으로 압력 제어를 행하도록 구성되어 있다. 발생 된 가스의 압력은 발전소에서 효율적인 사용을 위하여 0.09~0.1Bar 범위로 제어된다.

4) 냉각 시스템

코렉스 공장의 냉각수 시스템은 냉각되는 장치의 종류, 필요로 하는 수질, 오염 정도에 따라 4가지 냉각수 시스템 즉, 기계 냉각수, 스테브 냉각수, 프로세스 냉각수, 2차 냉각수로 나누어 진다.

가) 기계 냉각수 (Machine Cooling Water)

기계 냉각 시스템은 두 개의 독립적인 냉각 회로로 나누어진다. 고온부의 임계 냉각 회로는 산소 풍구, 방사선 레벨 측정기, 연진 버너의 냉각에 이용된다. 비 임계 냉각 회로는 발생 가스 라이너 내부, DRI 스크루 컨베이어, Coal 라이너 내부와 Coal 스크루 컨베이어, 연진 버너 등의 냉각에 이용된다. 시스템 내의 열전달은 고온부에서 폐쇄 시스템으로 이루어지므로 양질의 물 즉, 연수가 필요하다.

나) 스테브 냉각수 (Stave s Cooling Water)

용융로의 고온 영역인 하단부와 셸은 폐쇄 냉각 시스템인 스테브 냉각에 의해 냉각된다. 물 공급 회로의 구성은 내부 파이프와 연결된 하부 냉각, 스테브 냉각으로 되어 있다.

나) 프로세스 냉각수 (Process Cooling Water)

주로 철과 철산화물 잔류물뿐만 아니라 미분 Coal과 산화 미분 입자 등에 의해서 오염되고 가열되는 Top 가스, 냉각 가스, 잉여 가스 스크러버 내의 프로세스 가스의 청정 및 냉각에 이용된다. 따라서 순환수의 분리 및 재냉각은 개방 수냉 회로로 구성할 필요가 있다.

라) 2차 냉각수 (Secondary Cooling Water)

폐쇄 냉각수 시스템으로 구성된 2차 냉각수 시스템은 기계 냉각 시스템과 스테브 냉각 시스템의 열교환기에서의 냉각을 목적으로 이용된다. 열교환기에서 가열된 물은 재냉각을 위하여 냉각탑을 거쳐 수조로부터 펌핑되어 다시 수집조(Collecton Pond)로 되돌아 간다. 순환수의 수질을 유지하기 위하여 바이패스 필터(By−Pass Filter) 시스템이 설치되어 있다.

4 코렉스 원료 및 연료

1) 광석의 환원 특성

코렉스 환원로 내에서의 광석 환원 반응은 고로와 유사한 특성을 가지고 있으나 용융로에서 Coal의 가스화 반응 시 수소 가스가 다량 발생되어 수소 가스에 의한 환원 비율이 상당히 높은 것이 특징이다.

특히 온도 및 압력 변동에 의한 환원 거동이 고로 대비 다르게 나타난다고 볼 수 있다. 즉, 환원로 내 장입물 온도 상승 시 FeO가 Fe로 변화하는 광석의 환원 반응 중 CO 가스에 의한 발열 반응은 억제되어 CO 가스 이용률은 저하하며, 수소 가스에 의한 흡열 반응은 활발히 진행되어 환원로내 장입물 온도를 낮추는 방향으로 조업이 이루어진다. 따라서 환원로 내의 장입물 온도는 낮을수록 발열 반응인 CO 가스에 의한 환원 반응이 증가되어 열적인 면에서 유리하다. 단 환원 온도가 저하하면 광석의 환원 반응 속도가 문제가 될 수 있어 가스 이용률, 환원 속도, 열 밸런스를 고려하여 설정할 필요가 있다. 광석 환원 속도에 미치는 환원 온도의 영향은 환원 온도 상승에 따라 환원 속도는 급격히 증가한다. 그러나 환원 온도가 800℃ 이상에서는 환원 속도 증가가 둔화되어 850℃ 수준 이상부터는 환원 온도가 증가하여도 환원 속도는 거의 일정하게 유지되므로 가스 이용률 증가, 환원 속도 유지를 고려할 때 환원 속도는 약 850℃ 수준이 최적이라고 할 수 있다.

환원로 내에서의 장입물 용융으로 행깅이 발생할 경우 현재까지는 조업 중 용융된 장입물의 제거 방법이 없어 치명적인 사고가 발생되므로 환원로 내의 장입물 온도를 최저 용융점 이하로 관리하여야 한다. 최저 용융점을 갖는 물질로는 Coal의 열분해 시 발생하는 H_2S가 환원된 Fe와 반응하여 생성되는 FeS로서 용융 온도가 약 900℃ 수준으로 850℃로 조업할 경우 문제는 없다고 할 수 있다.

고로 조업과 비교 시 차이점은 수소 가스 환원량 차이와 탄소 용해 손실 반응량 차이를 들 수 있다. 수소 환원의 경우 고로는 풍구 전에서 취입되는 스팀에 의해 고온부에서 발생하고 노심 코크스 내에서 반응이 진행하여 수성 가스 반응에 의해 CO, H_2 가스의 재생산이 이루어져 환원율 및 환원 속도 측면에서 코렉스보다 유리한 잇점이 있다. 또한 CO 가스 환원의 경우도 1,000℃ 이상 고온부에서 코크스 충진층 내에서 탄소 용해 손실 반응으로 CO 가스의 재생산이 일어나 일정량의 CO 가스를 산소 취입 없이도 확보할 수 있는 잇점이 있다. 그러나 코렉스의 환원로 내 반응은 850℃ 이하의 저온부에서 반응과 코크스 충진층이 없는 광석층 안에서의 환원 반응으로 고로 대비 환원 가스 생산을 위한 산소 취입량이 증가하게 되고, 다량의 수소 가스에 의한 환원 반응으로 CO 가스에 의한 환원에서 발생하는 발열량을 잠식하게 되어 환원로의 온도는 상부로 갈수록 점진적으로 저하한다.

결과적으로 코렉스에서는 고로 내에 존재하는 열보전대 영역이 없으며 열복사가 우수한 질소 가스가 존재하지 않기 때문에 가스와 장입물 간의 열전달이 고로 대비 적으며, 비열이 높은 코크스가 없는 상태에서 예열과 승열 진행으로 노정 온도 상승이 용이하다. 노점 온도의 상승은 열밸런스 측면에서 불리하나 환원에 의해 발생한 H_2O 가스의 응축 방지 및 Zn, 알칼리류의 노외 배출 강화로 부착물 생성의 위험성이 적은 장점이 있다.

2) 광석의 환원 특성

광석의 환원 속도에 영향을 주는 주요 인자로는 온도와 압력이 있으며, 동일한 가스 조성하에서 환원 온도가 저온에서부터 상승함에 따라 광석의 환원 속도는 급격히 상승하지만 850℃ 이상의 환원 온도에서는 증가 속도가 둔화하여 온도 상승에 따른 환원 속도 증가 효과는 적다.

3) 환원로 내 광석의 최저 용융점

환원로 내에서 최저 용융점을 갖는 물질은 용융로에서 발생한 H_2S가 환원로에서 FeO와 반응하여 광석 표면에서 발생하는 FeS이며, FeO가 존재하는 상태에서 공정점은 약 918℃ 선으로 광석의 용융 방지를 위해서는 장입물의 온도를 FeS의 공정점 이하로 관리할 필요가 있다. 가스 이용률 측면에서는 장입할 온도가 낮을수록 유리하며, 환원 속도 측면에서 850℃ 이상에서 환원 속도 둔화를 고려할 때 장입물 온도 900℃ 이하로 관리하기 위해서는 최적의 환원 온도는 850℃ 정도이다.

4) 광식의 기본 요구 조건

환원로 조업은 용융로의 열 밸런스와 직결되기 때문에 광석 환원이 중요하며 이를 위해 노내 균일한 가스류의 형성 및 통기성 확보가 필수적이다. 광석의 환원은 입도가 적을수록 유리하며, 통기성은 입도 범위가 적고 입도가 클수록 공극률 증가에 유리하다. 따라서 환원로 조건에 맞는 적정 입도 범위로 광석의 기본 요구 조건이 충족되어야 한다. 실제 조업에서 환원로 온도는 300~850℃ 범위로 광석의 열할성이 활발하게 진행되므로 열할성이 적은 광석의 사용이 요구된다.

고로 대비 C~2000코렉스 사용 광석의 입도 비교 및 입도 규제의 목적은 [표 9-3]과 같다.

Table 9-3 **코렉스 사용 광석의 사용 조건 및 입도 규제 목적**

구분		고로사용조건	코렉스 사용 조건		
			규제 범위	최적 수준	실적
정립광		8~30mm	6~30mm	8~20mm	8~30mm
펠릿		5~20mm	6~30mm	8~16mm	8~30mm
소결광		5~50mm	10~45mm	10~30mm	-
입도규제 목적	-6mm 이하	분 장입에 따른 가스류 불균일로 환원로 내 방향별 환원율 차이에 의한 용융로에서의 노열 변동 및 통기성 장애에 의한 생산성 저하를 방지함			
		미분광석의 용융에 의한 행깅 발생을 억제함			
		용융로에서 발생하는 가스에 의한 가스중으로의 배출 손실을 억제함			
	-30mm 이상	환원로 내 환원 속도 및 용융로 내의 열 밸런스를 고려하여 규제함			

5 코렉스용 석탄의 특성과 요구 조건

1) 석탄의 노내 반응

코렉스 공정에서는 환원로에서 90% 이상 환원된 환원철의 최종 환원 및 용해를 위한 열원과 CO 및 H_2 등의 고온 환원 가스 발생을 위해서 용융로에 입도가 8~50mm인 일반탄을 사용하고 있다. 초기에 석탄 중에 포함된 수분의 건조를 위해서 드라이어를 거친 일반탄은 용융로에 투입된 후에 용융로 돔부의 1,000℃ 이상 고온으로 인하여 급격히 열분해가 진행되면서 분화 현상과 함께 일반탄에 함유된 휘발분이 대부분 고정층 상부에서 방출되고 나머지는 탄소 및 회분으로 구성된 Char로 남게 된다.

이 때 석탄 Char는 괴상의 환원철 및 부원료 등과 함께 용융로의 고정층을 형성하게 된다. 용융로 고정층 영역의 하부에서는 풍구에서 공급되는 산소와 고정층 영역에서 하강하는 석탄 Char의 연소 반응에 의해서 다량의 연소열이 발생되면서 CO_2 가스가 형성되며 이 열로 회분은 용융되어 슬래그를 형성하게 된다. 또한 이때 발생된 연소열에 의해 괴상의 환원철 및 부원료 등도 용융된 상태로 존재하며, 생성된 CO_2 가스는 풍구 주위를 벗어나 상승하면서 고정층에 존재하는 석탄 Char과 반응하여 CO 가스를 생성한다(탄소 용해 손실 반응).

코렉스용 석탄은 이상의 노내 거동을 고려하여 선정되어야 하며, 이를 위해서 물리적, 화학적 특성과 고온에서의 반응 특성, 조업상의 경제성을 면밀히 검토하아여 한다.

2) 기본 요구조건

기본적으로 석탄은 공정에서 요구되는 충분한 양의 환원 가스를 발생시키고, 용융로 돔부의 온도를 980℃ 이상으로 유지시키며, 동시에 용선 온도 등 용융로의 노열을 유지시키기 위하여 충분한 열량을 노하부에 공급하여야 한다. 충분한 양의 가스를 발생시키기 위해서는 휘발분이 많은 석탄이 필요하고 충분한 열량을 노하부에 공급하기 위해서는 고정 탄소가 많은 석탄이 필요하므로 이 두가지는 기본적으로 상반된 특성을 요구하는 것이 된다. 이 두가지를 동시에 충족시키기 위해서 HCC(High Carbon Coal), LCC(Low Carbon Coal) 등 두가지 이상의 석탄을 배합하여 사용하고 있으며 노열의 안정적 유지를 위하여 코크스를 소량 사용하기도 한다.

석탄의 선정을 위해서 성분 분석, 고온 분화 특성, 반응성, 연소성 등 조업 측면에서의 검토와 함께 구매 가능성, 구매 가격, 안정적 품질, 연료비, 미분 발생량 및 처리 방법을 고려한 경제성 검토가 동시에 이루어져야 한다.

가) 공업 분석 (Proximate Analysis)

석탄의 공업 분석은 실험실에서 가장 손쉽게 행할 수 있는 분석으로 휘발분, 고정 탄소, 회분의 함량을 무게 백분율로 나타낸다(통상 수분은 제외시킴). 회분의 함량이 일정한 경우 휘발분이 많다는 것은 가스 발생량이 많음을, 고정 탄소 함량이 적고 Char의 생성량이 적음을 의미한다. 회분이 많은 경우는 발열량이 적고 또 석탄 회분의 상당 부분이 SiO_2이므로 슬래그 염기도 조정을 위해 조업 시 슬래그량이 많아지게 된다.

나) 원소 분석 (Ultimate Analysis)

원소 분석은 휘발분과 고정 탄소에 대하여 5대 구성 원소인 C, H, O, N, S 함량을 분석하는 것이며 통상 회분을 포함했을 경우의 무게 백분율로 나타낸다. 일반적으로 O 성분이 많은 석탄은 생성 기간이 오래되지 않은 석탄이고 불안정하며, 오래된 석탄일수록 O 성분이 작아지고 반응에 대하여 안정한 경향을 가지며 발열량도 커지는 경향을 가진다. 공업 분석과 원소 분석의 결과를 가지고 가스 발생량 및 성분을 대략적으로 유추 가능하며, S 성분이 많을 경우 용선 품질에 미치는 영향을 고려하여야 한다.

다) 화학 분석 (Ash Analysis)

석탄의 회분은 대부분이 산성 성분인 SiO_2와 Al_2O_3로 이루어져 있으므로 염기성인 부원료의 첨가로 적정 염기도를 가진 슬래그 성분을 맞추어 주어야 한다. 특히 슬래그의 유동성과 융점은 출선 작업과 노열 유지에 결정적인 영향을 미치므로 4성분계($SiO_2 \cdot Al_2O_3 \cdot CaO \cdot MgO$)의 상태도를 고려하여 장입 계산을 실시하여야 한다. 또한 회분 중의 알칼리 화합물(Na_2O, K_2O)은 노벽 또는 배관 내에 부착물을 형성시키고 연와의 강도를 저하시키는 역할을 하는 것으로 알려져 있으므로 석탄의 선정 시 고려해야 한다.

라) 고온 분화 (Thermal Decrepitation)

용융로에 장입된 석탄은 돔 및 고정 베드 상부에서 급격한 열충격 및 탈휘반응에 의해서 분화되고, 고정 베드내에서 CO_2와의 반응 및 장입물 상호 간의 마찰에 의하여 분화된다. 석탄의 분화 정도가 클 경우 Char의 평균 입도가 작아지고, 이는 고정 베드내에서의 통기성 및 통액성을 악화시키고 노열 감소의 원인이 된다. 또한 분화된 Coal 입자는 풍구에서 발생하는 연소 가스의 상승에 의해 유동화되어 노열을 감소시키거나 용융로 외부로 배출되어 연진 재처리 및 후처리 설비에 부하를 가중시키고 결과적으로 연료비 상승의 원인이 된다. 따라서 코렉스에서는 석탄을 장입한 후 고온 분화에 의해 발생되는 −2mm 이하의 분이 장입한 석탄 총량의 5% 이하로 유지되는 석탄을 사용한다. 고온 분화의 정도를 정량적으로 평가하기 위하여 열분화지수(TDI : Thermal Decrepitation Index)를 사용하고 있다.

마) CO_2 반응성

용융로의 고정층 영역에서 석탄 Char과 CO_2의 반응성이 좋으면 탄소 용해 손실 반응이 빨리 진행되면서 석탄 Char에 함유된 탄소를 많이 소모하기 때문에 고열을 필요로 하는 용융로 하부에서 열원 부족의 원인이 될 뿐만 아니라 석탄 Char의 입도도 감소하여 고청층에서 가스의 통기성 및 용융물의 통액성에 악영향을 준다. 따라서 가능한한 고정층 영역에서 탄소 용해 손실 반응이 늦게 진행되도록 석탄 Char과 CO_2의 반응성이 낮은 석탄을 사용하는 것이 용융로의 원활한 조업을 위해서 유리하다.

바) 미분 발생량

코렉스에서 사용하는 석탄의 입도는 설비 설계 사양에서 8~30mm로 되어 있다. 따라서 괴탄의 회수율이 높은 석탄이 요구되지만, 일반적으로 산지 또는 항구에서 괴탄만을 선별하여 판매하지는 않고 또한 수송, 입하, 야드 적치, 불출, 선별, 빈 입조 등의 과정에서 필연적으로 미분이 발생하기 때문에 괴탄 회수율에 따른 경제성, 야드 운용 방안, 장기 재고, 미분 처리 방안을 반드시 사전에 검토하여야 한다. 석탄의 종류에 따라 다르지만 38~56%의 괴탄 회수율을 나타내고 있다. 괴탄 회수율을 높이기 위해서 입도 조건을 상향 조정할 경우 입하탄의 성분이 불균일해지고 회분이 증가하는 경향이 있으므로 주의해야 한다.

6 노내 반응 이론

1) 반응 이론 측면의 특징

현재까지 개발되고 있는 용선 제조를 위한 process는 광서을 어떻게 한원시키고, 용융시켜 원하는 품질의 용선을 얻을 수 있는가에 대한 방법론적인 측면에서 크게 두가지로 분류할 수 있다.

첫째, 광석을 고체 상태에서 가스로 환원시켜 용융시키는 방법으로 현재의 고로법에 적용하는 것이다.

둘째, 광석을 용융시킨 후 고체 탄소에 의해 환원시키는 방법으로 코렉스 법에서 사용하는 것이다.

고로에 있어서 직접 환원과 간접 환원의 코크스비에 미치는 영향은 그동안 많은 연구가 진행되어 있으며, 그 중에서도 대표적으로 Gruner나 M.A.Pavlov 등의 이론이 대표적이다. Gruner는 C 소비량은 간접 환원율을 상승시키는 만큼 감소한다고 하였다. 그러나 M.A.Pavlov는 간접 환원은 발열 반응이고 직접 환원은 흡열 반응이지만, 간접 환원은 직접 환원에 비해 3배의 환원제로서의 C를 필요로 하기 때문에, 100% 간접 환원을 시키는 것이 연료비를 최소로 하는 것은 아니라는 주장을 하였으며 [그림 9-3]과 같이 나타낼 수 있다.

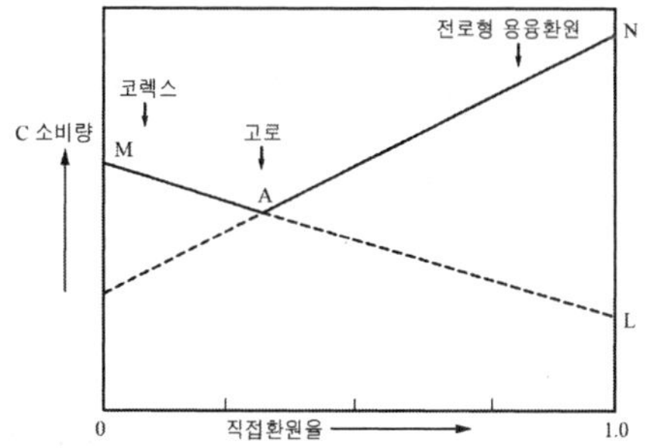

Fig. 9-3 제칠법과 직접환원율의 관계

그림에서 선 ML은 한원에 소요되는 C량을 표시한 것으로 직접 환원율이 증가하면 C에 의한 환원 반응이 저하하기 때문에 환원에 의한 C량은 감소하게 된다. 선 KN은 열원으로서의 C소요량으로서 직접 환원이 증가할수록 흡열량이 증가하여 열원의 C가 증가하게 된다. 코렉스법의 경우는 간접 환원이 90%, 직접 환원이 10%이기 때문에 열원에 필요한 C보다는 환원에 필요한 C가 높다. 하지만 전로형 용융 환원 공정에서는 직접 환원율이 높기 때문에 환원에 필요한 C량보다 열원으로서 소요되는 C가 높다.

2) 환원로 반응 이론

환원로에서의 주요 반응은 광석의 가스 환원 반응(간접 환원)과 석회석과 백운석의 하소(calcine) 반응으로 나눌 수 있다.

• CO에 의한 환원 반응

$3Fe_2O_3 + CO \rightarrow 2Fe_3O_4 + CO_2$	$\Delta H - 52.7 MJ/kmol$
$Fe_3O_4 + CO \rightarrow 3FeO + CO_2$	$\Delta H + 36.5 MJ/kmol$
$FeO + CO \rightarrow Fe + CO_2$	$\Delta H - 17.1 MJ/kmol$

• 수소에 의한 환원 반응

$3Fe_2O_3 + H_2 \rightarrow 2Fe_3O_4 + H_2O$	$\Delta H - 11.7 MJ/kmol$
$Fe_3O_4 + H_2 \rightarrow 3FeO + H_2O$	$\Delta H + 77.6 MJ/kmol$
$FeO + H_2 \rightarrow Fe + H_2O$	$\Delta H + 24.0 MJ/kmol$

수소 가스에 의한 환원은 환원 속도는 빠르지만 CO 가스 환원에 비해 흡열 반응으로 환원로 내의 열손실을 수반하여, 산소 소비량 감소 효과는 있으나 연료비 증가의 원인이 되므로, 환원로의 조업은 수소 가스에 의한 환원을 억제하고, CO 가스 환원에 의한 환원을 증가시키는 방향으로 조업을 진행하는 것이 유리하다.

한편, 원료로 사용하는 정립광의 맥석 성분은 대부분이 SiO_2, Al_2O_3로 적정 슬래그 성분을 관리하기 위해서는 석회석을 사용하는데, 고로 대비 무연탄 사용에 따른 황(S) 장입량이 많아 탈황 능력을 향상시키기 위해 슬래그 중 MgO를 증가시킬 목적으로 다량의 돌로마이트도 사용한다. 따라서 이러한 부원료들의 하소가 환원로 내에서 일어나게 되는 것이 고로 대비 코렉스의 특징이라고 할 수 있다.

• **돌로마이트의 반응**

$$CaCO_3 \rightarrow CaO(s) + CO_2 \qquad -760kcal/CaO-kg$$
$$MgCO_3 \rightarrow MgO(s) + CO_2 \qquad -700kcal/MgO-kg$$

코렉스 환원로의 조업 조건은 노내에 코크스 층이 존재하는 고로의 괴상대와는 달리, 광석과 부원료만으로 채워져 있으므로 장입물의 하중이 크고, 순산소 송풍에 의해 만들어진 환원 가스를 사용함으로써, 질소를 다량 함유한 공기를 송풍하는 고로 대비 환원 가스의 부피가 적다. 또한 노내에 고상과 기상만이 존재함에 따라, 고로의 융착층 부근의 조건 즉, 고상과 액상 그리고 기상이 동시에 존재하는 조건과는 다르기 때문에 노내 압손이 작아 환원 가스의 유속도 낮다.

단, 상기 조건들은 노내 상황이 정상적으로 양호한 경우를 지칭하며, 코렉스 환원로에서 광석이나 부원료의 분화 특성에 의존되는 바가 크다. 즉, 환원로 내에 장입된 광석의 열할성 또는 환원 분화성이 나쁠 경우 환원로 내의 통기성은 급격히 나빠질 소지가 있으며, 부원료의 경우에도 분화되는 정도에 따라 환원로 노황이 크게 영향을 받을 수 있다.

또한, 용융로에서 발생된 환원 가스는 다량의 분진을 함유하고 있으므로 환원 가스의 제진 장치에 이상이 발생될 경우 가스 중의 분진 농도의 증가는 곧바로 환원로 통기성의 악화를 가져와 환원로 노황에 직접적인 영향을 미친다는 점 또한 코렉스 환원로의 조건이다.

3) Free board zone & Fluidized bed

Free board zone은 가스로 충진된 공간으로 장입된 무연탄이 급격한 열충격을 받으며 낙하하여 열충격에 의한 분화가 발생할 수 있는 영역으로서, 무연탄 및 직접 환원철(DRI : Direct Reduction Iron)의 체류 시간은 낙하 거리를 감안하면 수초 이내가 된다. 이 영역은 무연탄 중 휘발분이 가스화하여 상승하며 타르가 발생할 경우 dome부, 가스 청정 라인, 냉각 가스 압축기(cooling gas compressor) 등의 각종 기기에 부착되어 설비 고장의 주요 요인으로 작용하므로 타르 발생을 최대한 억제해야 하며, 휘발분의 가스화 반응이 온도 및 압력 조건에 따라 H_4, H_2O, CO_2가 발생할 수 있으며 이러한 가스는 환원로에서 환원 반응에 참여하지 못하므로 동일한 가스 유량에 대비하여 환원율의 저하가 발생하여 용융로의 열정산에까지 영향을 미치게 되어 전반적인 조업 상황이 악화될 수도 있다.

• **무연탄 휘발분의 분해 반응**

$C + H_2O \rightarrow CO + H_2$	$\Delta H + 118.5MJ/kmol$
$CO + H_2O \rightarrow CO_2 + H_2$	$\Delta H - 40.9MJ/kmol$
$C + CO_2 \rightarrow 2CO$	$\Delta H + 159.9MJ/kmol$
$H_2 + S \rightarrow H_2S$	$\Delta H - 20.1MJ/kmol$
$Fe + H_2S \rightarrow FeS + H_2$	$\Delta H - 75.3MJ/kmol$

따라서 가스화 반응이 H_2, CO 가스화를 최대한 조장하고 타르의 분해를 촉진하는 쪽으로 제어해야 한다. 이를 위해 가장 중요한 조업 제어 인자는 온도 조건이다. Dome부의 온도를 1,000℃ 이상으로 관리하는 이유가 여기에 있다.

또한 분화된 무연탄 분진이 외부로 배출되는지 여부를 결정짓는 인자로는 발생 가스의 유속 관리가 중요한데, 이를 제어할 수 있는 수단은 system pressure 및 풍구 유속 관리, 그리고 dust bunner를 위한 연소 관리이다.

Dust bunner의 연소 관리는 노내에서 발생된 분진을 연소 및 melting시켜 재순환하는 것을 막고, dome부에 열을 공급하는 수단으로서 사용된다. 그러나 분진 발생량에 비해 과다한 산소를 취입하게 되면 노내 가스의 2차 연소가 일어나 가스의 산화도를 증가시키며, 과도한 국부적 열량의 집중으로 주변 연와나 bunner의 손상이 우려되므로 주의를 요한다.

• **Dust bunner에서의 분진 연소 반응**

$C + \frac{1}{2}O_2 \rightarrow CO$	$\Delta H - 123.1MJ/kmol$
$C + H_2O \rightarrow CO + H_2$	$\Delta H + 118.5MJ/kmol$
$C + 2H_2 \rightarrow CH_4$	$\Delta H - 71.2MJ/kmol$

Fluidized bed는 초기 코렉스 개발 과정에서 논의되던 것으로서 풍구 상부의 장입물 층이 상승 가스류에 의해 유동화되는 개념을 적용하여 설명되었던 부분이지만, 현재는 Free board zone을 제외하고는 Fixed bed라 칭하는 것이 일반화되어 있다.

즉, 풍구 상부의 장입물 층이 상승 가스류에 의해 약간의 밀도 저하 현상이 있기는 하지만 초기 용융물 상부로부터 용융로 장입물 표면까지를 Fixed bed라 함이 일반적이다.

4) Fixed bed

Fixed bed는 용융로 내의 장입물 층이라고 할 수 있다.

무연탄의 휘발분 분해에 의한 가스 발생(char화), 직접 환원철의 미환원 부분(약 10%)에 대한 환원 반응 및 용융과, 부원료 중 미소성된 부분의 소성 반응, 용선의 침탄과 탈황 반응, 무연탄 char의 풍구전 산소에 의한 연소 반응 등 거의 대부분의 반응이 이 영역에서 이루어진다. 그러므로 Fixed bed는 용선의 품질이나 생산성과 직결되며, 용융로의 노황관리는 Fixed bed 층에 대한 상태를 진단하고 관리하는 것이라 할 수 있다.

실제 조업에서 Fixed bed 상태는 우선 그 층의 높이를 가능한 최대한으로 유지하고, bed층 장입물의 구성 즉, dome부위를 통해 장입되는 연료, 원료 및 부원료의 조절과 하부의 저선재 관리, 풍구로부터의 산소 취입량 및 취입 유속(산소량 및 system pressure에 의존) 등으로 제어한다.

- 풍구전 char의 연소 반응

$C + O_2 \rightarrow CO_2$ $\Delta H - 404.7MJ/kmol$

$C + CO_2 \rightarrow 2CO$ $\Delta H + 159.9MJ/kmol$

$C + \frac{1}{2}O_2 \rightarrow CO$ $\Delta H - 123.1MJ/kmol$

- 미환원 DRI의 환원 반응

$FeO + C \rightarrow Fe + CO$ $\Delta H + 179.0MJ/kmol$

$FeO + Fe_3C \rightarrow 4Fe + CO$ $\Delta H + 138.9MJ/kmol$

$Fe_3C + \frac{1}{2}O_2 \rightarrow 3Fe + CO$ $\Delta H - 133.1MJ/kmol$

- Metal-slag 반응

$FeS + CaO \rightarrow FeO + CaS$

$2FeO + Si \rightarrow 2Fe + SiO_2$

$FeO + Mn \rightarrow Fe + MnO$

$3Fe + C \rightarrow Fe_3C$

7 부원료의 특성과 요구 조건

1) 부원료의 특성

부원료 사용의 목적은 광석의 맥석 성분에 의해 생성되는 슬래그의 용융점을 저하시키고 유동성을 향상시켜 노전 작업의 작업 부하를 낮추며, 용선 품질 중 [S] 성분을 제어하는 데 있다.

코렉스에서 사용하고 있는 부원료에는 석회석, 백운석, 규석 등이 있다. 석회석 및 백운석은 환원로에 장입되어 예열 및 소성이 된 상태에서 용융로에 장입되고, 규석은 SiO_2 함량이 95% 이상으로 염기도 조정 시 사용하며, 용융로로 무연탄과 함께 예열이 되지 않은 상태에서 장입된다. 규석의 입도는 용융로에서 발생되는 가스에 의한 배출 및 손실이 되지 않는 범위 내에서 최대한 낮게 관리하여 용융로 장입시 반응 표면적을 증가시켜 용융성을 확보하여 규석 장입에 따른 열손실을 최대한 적게한다.

환원로에 장입되는 석회석은 CaO 성분이 50% 이상으로 상당히 높으며, 백운석은 MgO 성분이 19% 이상으로 부원료 중에서는 MgO 성분이 높아 용선 중 [S] 제어를 위한 염기도(B3) 변경 시 사용량을 조절하고 있다. 특히 환원로에 장입되는 부원료는 광석과 함께 강하하면서 소성이 이루어지며 환원로내 장입물 온도가 850℃를 유지할 경우 노내 체류시간 동안 90% 이상의 소성률을 확보할 수 있어야 한다. 백운석 및 석회석의 입도가 30mm 이상일 경우는 90% 이상의 소성률을 확보하려면 각각 6시간, 8시간 이상이 소요되므로 입도 규제를 하여 소성률을 확보하여야 한다.

환원로에 장입되는 연료는 열충격, 부원료 장입 시 낙하에 의한 충격, 가열에 따른 결정의 이방성, 열팽창 특성에 의한 내부 응력 증대, 기계적인 마찰에 의한 마모가 발생하여 분화되는 특징 등을 가지고 있다. 특히 부원료로 장입되는 백운석 및 석회석은 환원로에서 소성되고, 원석에 비하여 강도가 취약한 생석회 및 경소백운석들은 전반적으로 크랙이 형성되어 강도가 저하되어 분화되기 쉽다. 또한 입자 상호 간 기계적 마찰에 의하여 미분 발생이 증가할 수 있다. 따라서 열활성이 우수한 부원료의 선정이 중요하다.

부원료의 분화는 소성 반응 시 많이 발생하며 환원로 내 환원 가스의 통기성을 저해하므로 주요 관리 인자로 선정하여 관리하고 있으며 석회석은 백운석보다 열간 분화율이 낮은 것으로 나타나고 있어 부원료 사용량 조정 시 가능한 석회석을 많이 사용하고 있으나, 슬래그의 융점 관리 및 염기도(B2, B3) 측면에서 석회석 사용에 한계가 있으므로 이를 고려하여 사용 비율을 조정해야 한다.

환원로 내 부원료의 소성 반응은 흡열 반응이며, 장입물의 온도가 낮거나 걸림(hanging) 및 슬립(slip) 발생 시 소성 반응이 저하된 상태에서 용융로로 장입될 경우 dome 부위에서 소성 반응 진행으로 dome 온도 저하 및 노열 저하의 원인이 되며, dome 온도 확보를 위해서 무연탄이나 직접 환원철 screw speed 저하로 생산량 저하를 유발할 수 있다.

2) 부원료의 요구 조건

① **입도** : 환원로로 장입되는 백운석 및 석회석은 광석 입도와 동일한 10~30mm로 하여 입도 편차에 의한 공극율 저하를 방지한다. 규석의 입도는 용융로 장입 시 반응 표면적을 최대한 확보하기 위해서 4~10mm로 규제하고 있다.

② **소성률** : Dome 온도 및 노열 저하 방지를 목적으로 부원료의 소성률은 90% 이상 확보가 가능하도록 정하고 있다.

③ **분화율** : 환원로 내 환원 가스의 통기성 장애 방지를 위해 분화율이 적은 부원료 선정이 필수적이다.

3) 부원료 사용비 조절

부원료 사용량 조정은 슬래그 량(slag volume)과 염기도와 밀접한 관계를 가지고 있다. 즉, 용선 성분 제어를 목적으로 염기도 증가를 위한 부원료 중 석회석과 백운석 량을 많이 사용할 경우 슬래그 량 상승으로 노황 안정 시에는 큰 문제는 없으나, 노열 저하 시 출선 작업 중 대탕도에서 출선재 관리에 어려움이 따르며, 석회석과 백운석 량을 적게 사용할 경우 환원로에서 단위 부피당 광석의 밀도를 증가시켜 장입물 온도 상승으로 환원 가스 원단위 감소에 의한 광석의 환원율 저하가 우려되므로 적정량의 부원료 사용량 조정이 요구된다.

석회석과 백운석 량은 동일한 상태에서 고연료비 조업하에서는 무연탄 소모량 증가로 무연탄의 회분중 SiO_2 소모량 증가 및 규석 장입량 증가로 염기도 저하가 예상되므로 skip당 규석 장입량을 감소시켜 염기도를 조정할 필요가 있으며 용선 품질 중 [S]가 상승하는 특징이 있으므로 석회석 장입량을 증가하여 용선 품질을 제어한다. 이와 반대로 노황 안정시나 코크스 사용비 증가 등 저연료비 조업하에서는 염기도 상승이 예상되므로 skip당 규석 장입량을 증가시킬 필요가 있다.

규석은 예열이 되지 않은 상온 상태에서 용융로로 장입되므로 가능한 사용량을 적게 하여 연료비를 저하시킬 수 있다. 환원로로 장입되는 광석의 성분 및 용융로로 장입되는 무연탄의 회분 성분에 따라 규석 사용량은 조정할 수 있다.

8 코렉스 조업

1) 조업 제어

조업 제어의 가장 기본적인 사항은 광석의 환원 및 용융에 필요한 가스 유량과 열원 확보를 위한 제어로 주로 산소 유량과 무연탄 비율의 제어에 의해 행하여진다.

[그림 9-4]는 코렉스 제어 기본 흐름도로서 목표 용융 속도(melting rate) 즉, 용선 생산량이 결정되면 광석의 전철(T.Fe) 산화도 등의 성상 조건에 의해서 환원에 필요한 소요 가스 유량 및 용융에 필요한 소요 열량이 설정된다.

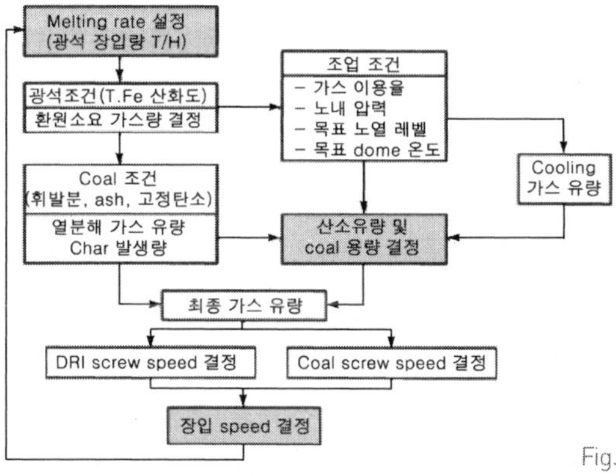

Fig. 9-4 **조업 제어 흐름도**

코렉스 조업 특징상 소요 가스량이 결정되면 소용 열량이 충족되므로 목표 가스 유량 설정이 우선되고 다음 단계로 무연탄 조건 즉, 휘발분, 고정탄소, 회분 함량에 의해 무연탄의 열분해 후 가스 유량과 char 발생량이 결정되므로 이에 따라 가스 발생에 필요한 산소 유량, 무연탄의 장입량이 결정된다.

하지만 이 과정에서 char 연소량, 가스 이용률, 광석의 환원율 등에 의해 영향을 받는 열 레벨과 dome 온도에 영향을 받는 환원 가스 발생에 필요한 제어량을 보정하여 최종적으로 산소 유량과 무연탄 장입량이 결정된다. 이상과 같은 방법으로 코렉스 반응계 내에 가스 유량과 열 레벨이 설정되면 직접 환원철 screw feeder 및 무연탄 screw feeder 속도를 제어하게 된다.

2) 산소 유량과 조업 제어

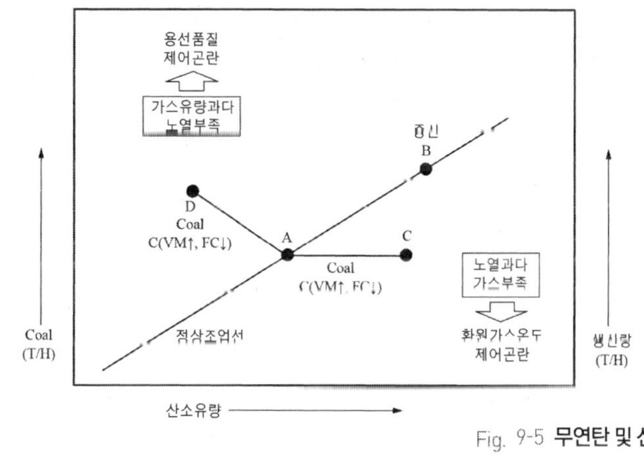

Fig. 9-5 **무연탄 및 산소 관계 조업선**

실질적인 제어 수단인 산소 유량과 무연탄 사용량과의 관계를 [그림 9–5]에 나타내었다. 그림에서 직선식을 무연탄 및 광석의 일정 품질 조건하에서 정상 상태의 최적 조업 밸런스로 보면 현재 A점에서 조업 중인 것으로 가정한다면 조업선을 B점으로 이동시키면 가스 유량과 열량이 동시에 증가하게 되어 생산량이 증가한다는 것을 의미한다.

이 경우 고로에서는 노내 광석량 증가(ore/coke비 증가)에 의해 융착대 위치 변화로 노내 가스 이용률 증가, solution loss 감소 현상이 나타나고, 이 효과로 인하여 송풍량의 증가 없이 동일 원료 및 연료 조건에서 연료비 저하로 증산이 가능하지만 코렉스에서는 반응을 제어하는 융착대가 없어 증산은 필수적으로 가스 유량 증가 및 풍구전 열 레벨 상승에 의해 가능하다.

조업선을 C점으로 이동할 경우 즉, 산소량이 증가하고 무연탄 사용량이 저하하는 것으로 이 경우는 주로 무연탄의 휘발분이 저하하고 고정탄소가 증가하여 휘발분 열분해 가스량 저하로 풍구전 산소에 의한 char의 연소에 의해 가스 유량을 확보해야 할 경우로 노내 과열에 의한 용선 온도 상승 등의 효과는 있지만 dome 온도의 상승으로 냉각 가스 소요 증가 등 비경제적인 조업이 될 수 있고, 환원로 광석이 가스 부족으로 미환원될 경우는 용융로에서 직접 환원에 의한 흡열로 인하여 열 레벨이 저하하여 dome 온도를 유지할 수도 있다.

D점 즉, 산소 유량 감소, 무연탄 원단위 상승하는 경우는 C점과는 반대로 무연탄 휘발분 증가, 고정탄소 감소로 가스 유량의 과다 발생을 의미하며 dome부에서의 휘발분 열분해 열량 과다 소요 등으로 dome 온도가 저하하고, 풍구저 char 연소 열량 감소로 노내 열 레벨이 저하하는 경우이다.

3) 조업 보조 제어

코렉스의 조업 제어는 기본적으로 모든 제선 공정과 같이 노내에서 용융물을 배출할 수 있는 적정 온도를 확보하기 위한 노열 제어와 용선의 품질을 확보하기 위한 품질 제어를 위한 기본 조건을 형성시키는데 있다. 조업 보조 제어항목으로는 다음과 같은 것들이 있다.

① 환원로에서 장입되는 직접 환원철을 용융시켜 적정 온도를 유지하기 위해 풍구에서 열량의 투입을 제어하는 용융 속도(melting rate) 제어

② 투입된 열량을 효율적으로 이용하기 위한 장입물과 가스 간의 열전달 효율의 제어와 품질 확보를 위한 반응 시간 제어를 담당하는 Fixed bed 레벨 제어

③ Fixed bed 확보를 위해 장입되는 무연탄이 열분해하면서 발생되는 타르의 억제와 용융로 상하부 열 밸런스 제어를 위한 dome 온도 제어

④ 노내 가스 유속의 제어로 열효율 개선과 dome부의 분진 발생 억제 등을 위한 시스템 압력 제어

⑤ 광석의 환원율 제어를 위해 가스 온도 및 유량을 제어하는 환원율 제어

⑥ 환원에 요구되는 가스량을 환원로에 투입하기 위한 환원로 통기성 제어

코렉스 조업 제어의 특징으로는 [표 9-4]와 같다.

Table 9-4 **코렉스 조업 제어의 특징**

제어인자	제어목적	판단인자	영향인자	제어설비 및 방법
1. 환원율 제어	용융로 노열 및 품질 유지	• DRI 샘플 분석 • 환원로 수직 T/C 가스조성	• 환원가스유량 • 환원가스온도 • 강하속도	• Top 가스유량 밸브 • DRI screw rpm • 환원 가스온도
2. 용융속도 제어	노열유지 및 생산량 제어	• 광석 batch 수 • DRI screw rpm	• 환원율 • 용선온도 • Dome온도	• DRI screw rpm • 산소유량, 노열
3. 환원로 통기성 제어	환원 가스유량 확보 및 가스분포 균일	환원로 차압	• 장입물입도 • 광석분화 • 환원로온도	• 환원가스유량 • 장입물 강하속도 • T/G온도 및 가스분포
4. Fixed bed 제어	용융로 노열 및 품질 유지	용융로 레벨러	• 탄특성 • 단징입속도 • 노열, 돔온도	• Coal screw rpm • 산소유량 • 돔온도, 시스템압력
5. Dome 온도제어	타르 발생 억제	Dome T/C 가스 조성	• 탄특성, 장입량 • 산소유량 • 가스유속	• Coal, DRI screw • Dust bunner 02 • 시스템압력, Fixed bed
6. 시스템 압력 제어	Dome 온도 및 노열 제어	Excess 가스 압력계	• 산소유량 • 탄특성 • 가스발생량	• Excess gas line valve • 산소유량, 가스발생량 • 탄 장입량
7. 노열제어	용선품질 및 유동성 확보	용선온도	• 산소유량, 환원율 • 용융속도 • Fixed bed	• 산소유량, 환원율 • 용융속도 • 코크스비
8. 용선 품질제어	용선품질 및 유동성 확보	용선 및 슬래그 성분분석	• Fixed bed 레벨 • 노열, 환원율 • 용융속도	• 부원료 장입량 • Fixed bed level • 노열

Section 03 파이넥스법

1 파이넥스법의 특징

파이넥스법은 가루 형태의 철광석을 가공없이 유동로에 투입, 환원 반응으로 철 성분을 분리하여 용융로에서 유연탄과 녹여 최종 선철을 제조하는 방법이다. 이 공법은 코크스 공정이나 소결 공정 등의 예비 처리 공정이 필요 없으며, 고로 대비 설비 투자비는 20%, 제조 원가는 15% 절감할 수 있고, 환경 오염 물질(NO_2, SO_2, CO_2 등)도 고로에 비해 크게 줄일 수 있는 친환경 기술(유동 환원로가 탈황 작용, 용융로에서 순산소를 사용하기 때문)이라 할 수 있다.

또한 저렴한 일반탄을 사용할 수 있어 고가의 원료를 사용하는 코렉스법보다 비용면에서 효율적이고 진일보한 기술이라 할 수 있다.

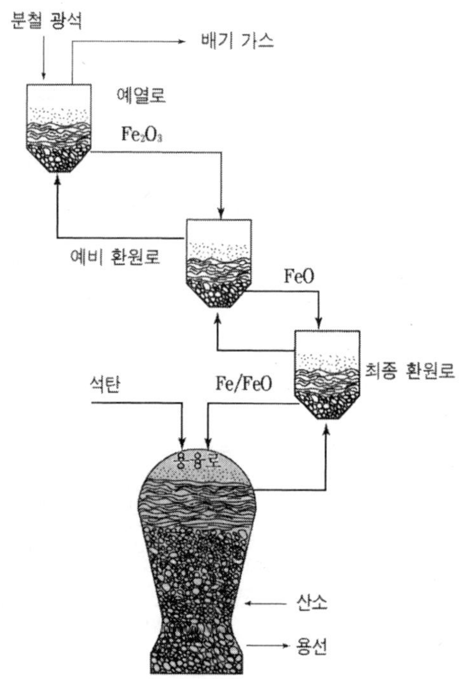

Fig. 9-6 **파이넥스법**

2 파이넥스 조업 효과

파이넥스법 조업에 따른 효과는 기존 용광로에 비해 설비비가 절감되고, 공해 배출량이 감소하며, 조업인력을 감축할 수 있고, 생산 소요시간이 단축되어 생산원가를 10~15% 절감할 수 있다.

3 용광로법과 파이넥스법 비교

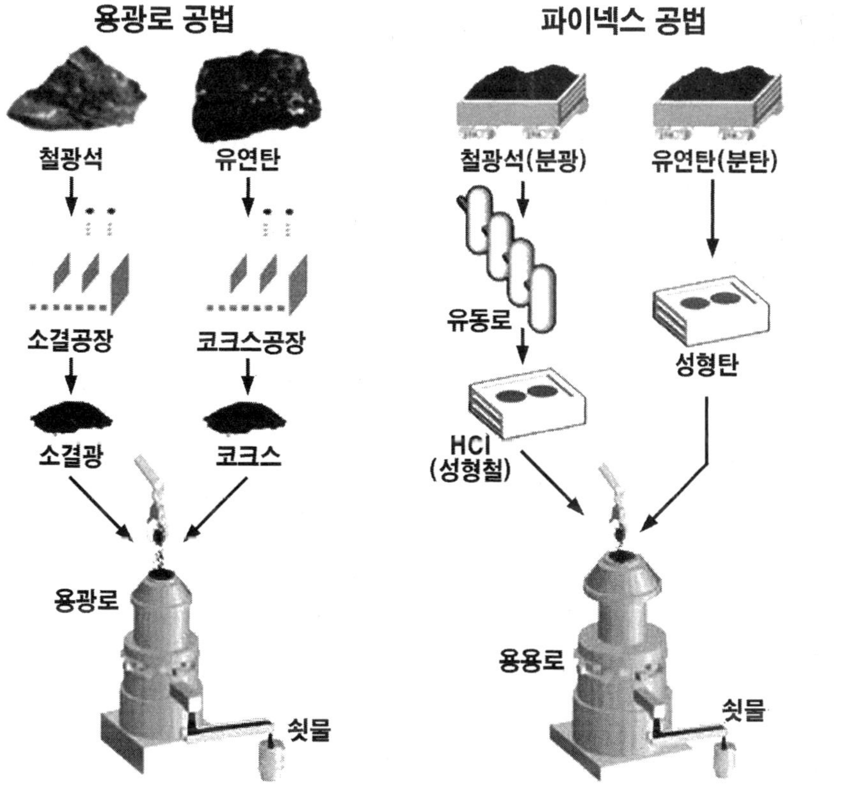

소결공장 : 분광석을 덩어리로 만드는 공정
코크스 : 석탄을 구워 덩어리로 만드는 공정

유동로 : 분광석에 붙어 있는 산(녹)을 떼어내는 공정
용용로 : 철에 붙은 불순물을 제거해 녹이는 공정

Fig. 9-7 고로법과 파이넥스법의 비교

Section 04 기타 용융 환원법

1 디오스(DIOS)법

1) 특징

① 원료 및 연료는 8mm 이하의 분광과 일반탄을 사용

② 설비 유지 및 가동이 용이

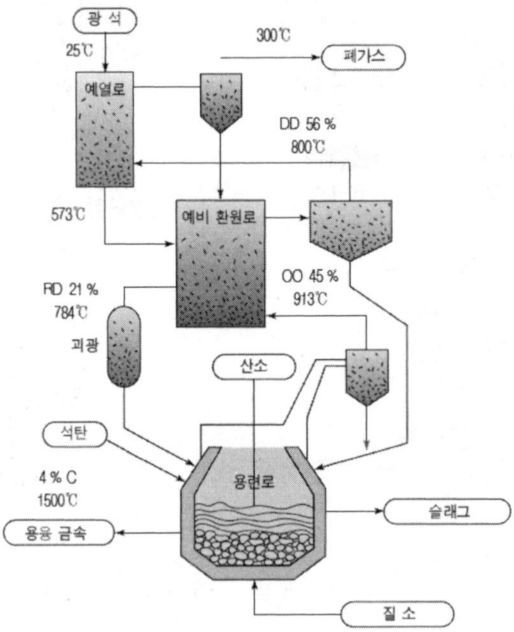

Fig. 9-8 디오스(DIOS)법의 개략도

2) 제조 순서

① 굉식은 민저 예비로에시 500℃끼지 가얼하면서 5% 기랑 휜원

② 800℃의 환원 가스로 20% 정도 환원

③ 휜원물을 석탄과 함께 전로형 용융 환원로에 장입하여

④ 랜스를 이용하여 상부 산소 취입 및 하부의 질소 취입으로 교반하며 용선을 제조

2 하이 스멜트(Hi-Smelt) 법

하이 스멜트법은 전로를 이용한 고철 용해 기술을 기본으로 고철 대신 분광을 취입하는 대체 기술로 개발된 방법으로 연료로 일반탄과 분탄 모두 사용 가능하며, 철광석은 순환 유동층 형태의 예비 환원로와 전로형 용융 환원로를 거쳐 용선으로 제조할 수 있다. 분광과 분탄이 함께 용융 환원로 상부에서 투입되어 용탕 표면에 장입되면, 열풍을 취입하여 용탕을 강하게 교반하면서 석탄을 연소시켜 열원을 확보하고, 디오스법과 유사하나 열풍로가 필요하므로 용융물 내에서 석탄이 연소하므로 열효율 측면에서 유리하다.

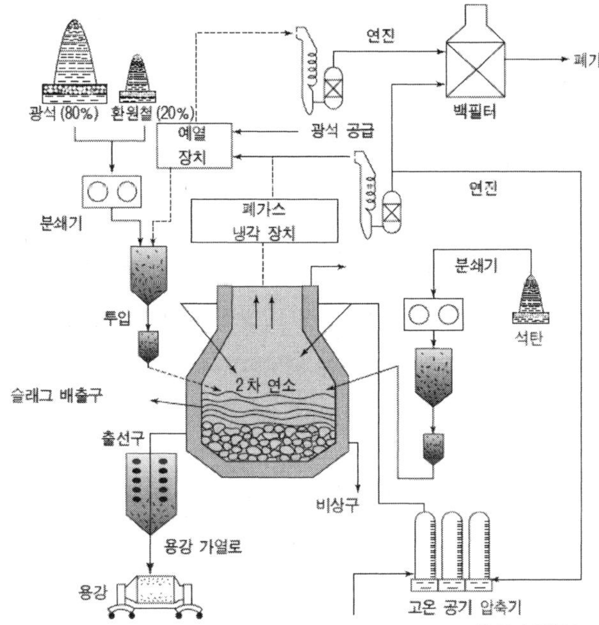

Fig. 9-9 하이 스멜트(Hi-Smelt)법의 개략도

Section 05 기타 특수 제철법

1 전기 제선법

1) 개요

전기 제선법은 전기의 아크열로 가열하고, 철광석을 고체 탄소(분코크스, 무연탄 등)로서 환원하여 용선을 제조한다. 전기 제선을 할 경우 선철 톤당 2,000~2,500kWh의 전력을 소비하므로, 전력 원가가 저렴한 지역에서는 생산성이 있지만 우리나라의 경우에는 생산성이 떨어진다.

하지만 Ti을 많이 함유한 철광석이나 사철은 일반 고로용 원료로는 부적당하므로, 일본 등에서 전기 제선법으로 처리하고 있다. 또한 스웨덴의 경우는 저인(P) 선철을 제조할 목적으로 전기 제선법을 채용하고 있다.

2) 전기 제선 설비

전기 제선로는 밀폐식과 노정 개방식으로 나누어지는데, 밀폐식은 튀슬란드-홀(Tysland-Hole)법과 데마(Dema)법이 있고, 노정 개방식은 에루(Heroult)법이 있다.

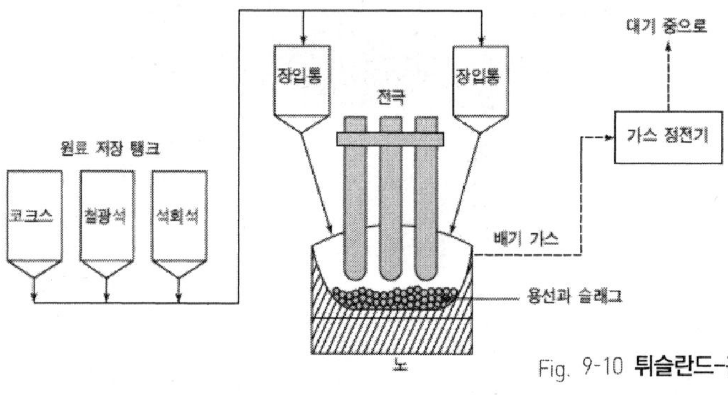

Fig. 9-10 **튀슬란드-홀법의 개략도**

[그림 9-10]은 튀슬란드-홀법의 개략도를 나타낸 것이다. 전극으로는 제델베르그식 자소성 연속 전극을 보통 사용하는데, 얇은 강판으로 만든 원통 안에 탄소질(또는 흑연) 분말과 페이스트(paste)를 잘 혼합하고 압축하여 하강하면서 전열 및 노열에 의하여 고정구 부근에서 고화 및 소성된다.

33,000kVA 전기 제선로의 경우 전극의 지름은 1.5m 정도이며, 노상 지름은 약 12m 정도이며, 11,000kVA 단상 변압기 3기를 사용하며, 2차 전압은 120~245V를 부하에 따라 약 25단계로 조절하고, 역률을 개선하기 위해 11,000kVA 진상 콘덴서 3개가 설치되어 있다.

3) 특징

전기 제선의 특징은 사용 원료의 종류, 입도가 광범위한 점이다. 가스의 통과층이 짧아서 통기성이 나쁜 100mesh 정도의 분광을 50% 정도까지 처리할 수 있고, 노내에 공기를 취입하지 않으므로 10% TiO_2 이상의 함티탄 철광(또는 사철)을 처리할 수 있다.

환원제는 강도가 높은 코크스 대신 약점결탄으로 제조한 코크스 분말이나 무연탄을 사용한다. 노의 상황 변화나 전력 공급의 사정 변화에 따라 부하를 제한하거나 또는 단속 조업을 할 수 있다.

전기 제선에서도 제강용 선철을 주로 제조하지만, 고로보다 환원제를 적게 사용하고 선철의 성분 조절이 쉽다. 따라서, 저인 선철, 저황 선철, 주물용 선철, 고규소 선철 등을 제조할 수 있다.

전기 제선로에는 공기를 취입하지 않으므로, 발생하는 가스의 양이 적지만 높은 발열량을 가지고 있다. 이 때문에 밀폐식 전기로에서 배기 가스를 포집하여 철광석(또는 펠릿)을 예열, 예비 환원하는 데 이용하고 있다.

2 미드렉스(Midrex) 법

미국의 미드랜드 로스 회사에서 개발한 방법으로, 펠릿은 노의 상부에서 장입하며, 환원 가스는 노의 하부에서 불어넣으면 환원 가스와 펠릿이 상호 반대 방향으로 흐르면서 교차되므로 장입물의 온도를 올리면서 환원이 진행되어 선철을 제조한다. 환원제 주성분은 수소이므로 흡열 반응이 일어난다.

미드렉스 해면철은 금속화율이 92% 이상, C는 약 1%인데 0.7~2% 범위에서 조절이 가능하다. 미드렉스법은 다공질 해면철이 다시 산화되는 것이 큰 단점이므로, 화학액을 도포하거나 냉간 단광 방법을 사용하여 재산화를 방지한다.

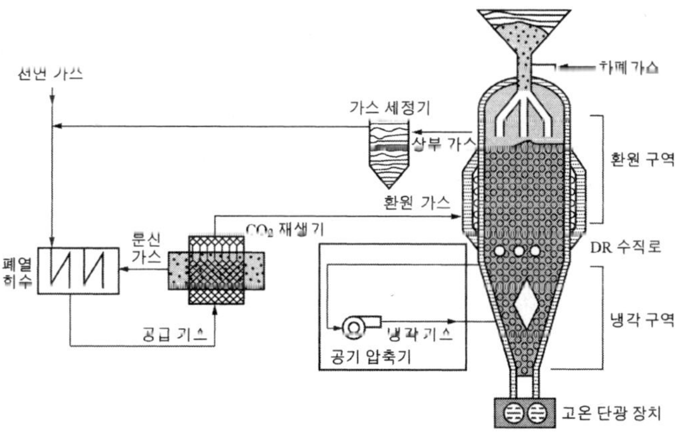

Fig. 9-11 **미드렉스(Midrex)법의 개략도**

3 하일법 (Hyl) 법

하일법은 미드렉스법과 같이 반응기가 용광로 형태이나 고압(2~4기압)조업을 하는 것이 특징이며, 천연 가스를 개질하여 환원 가스로 사용한다.

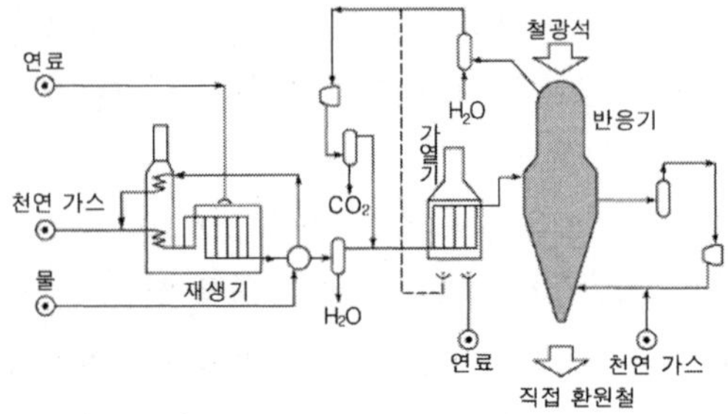

Fig. 9-12 **하일(Hyl)법의 개략도**

4 피오르 (FIOR) 법과 핀메트 (FINMET) 법

① **피오르법** : 괴광이나 펠릿이 아닌 분광을 그대로 사용하는 기술

② **핀메트법** : 피오르법을 개조한 것

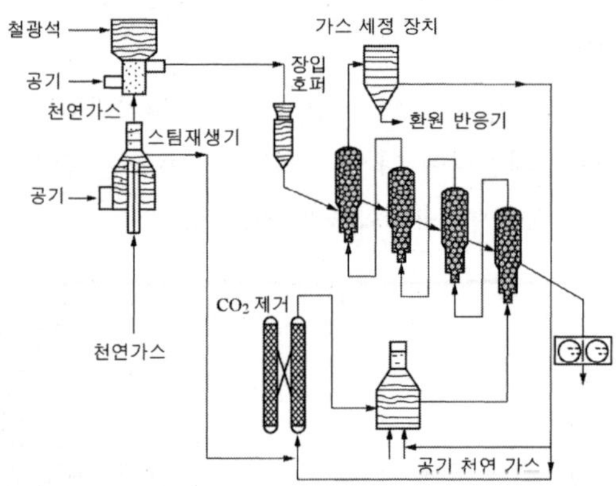

Fig. 9-13 **핀메트(FINMET)법의 개략도**

5 탄화철(Iron Carbide) 법

① 저온(570℃)의 환원 가스를 사용

② 환원 가스로 분광으로부터 탄화철을 생산하는 공정

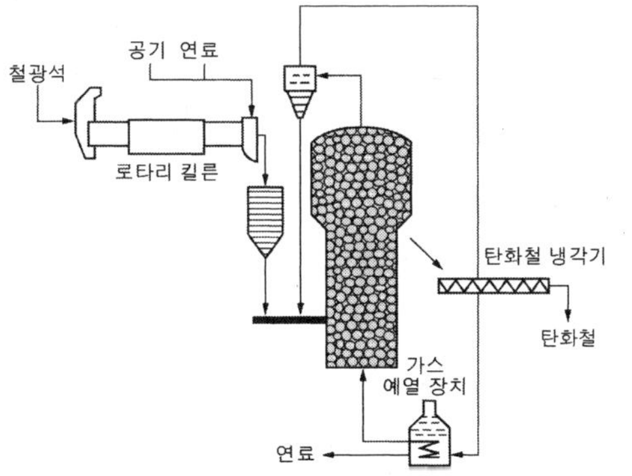

Fig. 9-14 **탄화철(Irion Carbide)법의 개략도**

저 자

- **김종찬** 신성대학교 초빙교수
- **정우현** 현대제철 금속제련기술사
- **윤진상** 한국브로베리스타(주) 상무이사
- **김종관** 공군군수사령부 기계기술사

NCS 기준에 맞춘

제선공학

2017년 9월 5일 1판 인쇄
2023년 10월 5일 2판 발행

저 자 **김종찬 · 정우현 · 윤진상 · 김종관**
발 행 인 오정자

발 행 처 **삼원북스**
전 화 02-3662-3650, 4650
팩 스 02-6280-2650
등 록 제2017-000048호
홈페이지 www.samwonbooks.com
I S B N 979-11-92394-53-4 93580

정 가 20,000원